Jaime Frejlich

ÓPTICA

oficina de textos

Grafia atualizada conforme o Acordo Ortográfico da Língua Portuguesa de 1990, em vigor no Brasil a partir de 2009.

Capa Malu Vallim
Diagramação Casa Editorial Maluhy & Co.
Projeto gráfico Douglas da Rocha Yoshida
Preparação de texto Gerson Silva
Revisão de texto Marcel Iha

Dados Internacionais de Catalogação na Publicação (CIP)
(Câmara Brasileira do Livro, SP, Brasil)

Frejlich, Jaime
Óptica / Jaime Frejlich. – São Paulo : Oficina de Textos, 2011.

Bibliografia.
ISBN 978-85-7975-018-2

1. Física 2. Óptica (Física) I. Título.
11-04109 CDD-535

Índices para catálogo sistemático:
1. Óptica : Física 535

Rua Cubatão, 959
CEP 04013-043 São Paulo SP
tel. (11) 3085 7933 fax (11) 3083 0849
www.ofitexto.com.br
atend@ofitexto.com.br

Apresentação

Óptica, de Jaime Frejlich, traz uma competente apresentação dos fundamentos da ciência da luz aliada às bases de aplicações no registro e processamento de imagens.

Com muitos anos de experiência em pesquisa sobre materiais fotossensíveis e fotorrefrativos, holografia, registro holográfico estabilizado e suas aplicações, Frejlich é um cientista respeitado por seus pares e também professor dedicado. Seu trabalho como pesquisador e professor no Instituto de Física Gleb Wataghin, da Unicamp, granjeou-lhe uma reputação mundial e contribuiu para a formação de centenas de estudantes e pesquisadores.

Suas duas experiências, como professor e como pesquisador, favorecem o sucesso da presente obra. A atividade científica garante o contato com a fronteira do conhecimento na área e garante as ilustrações e exemplos atualizados e desafiantes para os estudantes. A experiência didática garante a organização apropriada dos temas e a preocupação com a clareza e precisão da exposição.

A obra começa apresentando a Óptica Geométrica, usando para isso a formulação matricial, a qual facilita sobremaneira o desenvolvimento de aplicações ao projeto de sistemas ópticos. Em seguida, a obra trata da propagação da luz e de suas características fundamentais, como onda eletromagnética. Naturalmente, o livro passa à análise dos fenômenos de interferência e ao estudo das propriedades de coerência, com um bom número de exemplos bem trabalhados. Estabelecidas as bases, passa-se ao tratamento da difração e da Óptica de Fourier, em um capítulo bastante detalhado, proporcional à abrangência e à relevância do tema para as aplicações modernas. Finalmente, trata-se da holografia e da Óptica em sólidos. Vários apêndices descrevem temas assessórios, extremamente úteis para detalhar o exposto nos capítulos e ilustrar certos procedimentos experimentais, como o alinhamento do intereferômetro de Michelson e de sistemas de lentes.

Ajudam o estudante os numerosos exemplos resolvidos e apoiados em experimentos didáticos reais. Da mesma forma, são de grande ajuda as propostas experimentais para os diferentes capítulos, baseadas na experiência acumulada ao longo dos anos em que o Prof. Frejlich ministrou o curso de Óptica na Unicamp. Em alguns trechos, como nas seções sobre coerência e espectro de potência, difração e processamento de sinais e em alguns apêndices, o autor buscou apresentar alguns tratamentos matemáticos complicados de uma forma mais acessível aos estudantes de graduação. Isso tem um custo, é claro, reduzindo o rigor matemático nos enunciados.

Óptica, de Jaime Frejlich, tratando de uma área de conhecimento extremamente atual e de grande impacto na tecnologia moderna, auxiliará de forma efetiva os estudantes a se iniciarem, com base nos fundamentos físicos dos fenômenos envolvidos, na Óptica aplicada ao registro e processamento de imagens.

CARLOS HENRIQUE DE BRITO CRUZ

Professor do Instituto de Física Gleb Wataghin (Unicamp)

Diretor Científico da Fundação de Amparo à Pesquisa do Estado de São Paulo (Fapesp)

Introdução

Este livro reúne material produzido ao longo de muitos anos de ensino de Óptica no Instituto de Física da Universidade Estadual de Campinas. O livro está dividido em duas partes: Teoria e Apêndices. A primeira parte é o texto propriamente dito; a segunda compõe-se de alguns apêndices como apoio ao texto principal, incluindo assuntos puramente teóricos, como o teorema de Bernstein, o teorema de Whittaker-Shannon, conceitos sobre funções aleatórias e outros. Incluem-se aí, também, assuntos de caráter prático, como o apêndice que trata do alinhamento de lentes, o que trata de fotodetectores etc.

A primeira parte inicia-se com um estudo sobre Óptica Geométrica na formulação matricial, o que permite abordar a maioria dos problemas de cálculo de sistemas ópticos de uma forma simples, rápida e muito didática. Os Caps. 2 e 3 tratam de assuntos clássicos, como propagação e polarização da luz. O Cap. 4 aborda questões mais complexas referentes à interferência da luz, utilizando elementos da teoria de funções aleatórias e transformações de Fourier, para oferecer uma formulação mais rigorosa das questões da coerência e do espectro de potência da luz. O tratamento da difração, no Cap. 5, é baseado principalmente na Óptica de Fourier, com um destaque específico para o processamento de imagens. O Cap. 6, referente à holografia, enfatiza a teoria da informação, além de apresentar alguns materiais fotossensíveis interessantes para o registro de imagens e hologramas em geral. O Cap. 7, sobre propagação em meios anisotrópicos e Óptica não linear, que finaliza a parte teórica, oferece apenas uma introdução sobre assuntos de grande importância, mas que estão fora do escopo deste livro, sendo geralmente objeto de cursos específicos.

Nos capítulos teóricos foram incluídos abundantes exemplos ilustrativos. No final de cada capítulo, existe uma lista de problemas, muitos deles com as soluções indicadas, bem como alguns experimentos ilustrativos da parte teórica, cujo objetivo é incentivar a realização de atividades experimentais para consolidar os assuntos tratados. Alguns desses experimentos estão muito bem detalhados e podem ser diretamente implementados; outros estão apenas sugeridos, ficando por conta do interessado a tarefa de complementar as lacunas para viabilizar sua implementação prática. Em alguns casos, apresentam-se também resultados experimentais selecionados entre os produzidos por estudantes, para servir de exemplo e também, às vezes, para alertar sobre as dificuldades experimentais que podem surgir.

Agradecimentos

Quero agradecer a todos que, direta ou indiretamente, contribuíram para a realização deste livro, seja fazendo aportes concretos, como fotografias e resultados experimentais, os quais agradeço explicitamente no texto, seja contribuindo de maneira mais sutil, mas não menos relevante, por meio de discussões e intercâmbio de ideias sobre os mais diversos assuntos dos quais direta ou indiretamente se nutre este livro.

Agradeço também aos que são ou foram colaboradores, aos meus ex-alunos, àqueles que continuam presentes, em pessoa ou nas lembranças, e que fizeram possível este livro. A todos eles, meus mais sinceros agradecimentos.

Jaime Frejlich

Sumário

Óptica Geométrica

1

Este capítulo trata da Óptica Geométrica e utiliza uma abordagem matricial para descrever a trajetória da luz nas lentes e nos sistemas de lentes, e a formação de imagens a partir do traçado de raios (*ray tracing*) (Nussbaum, 1968). No início, essa abordagem matricial pode parecer um pouco mais complicada que a tradicional, mas logo se verá que ela simplifica muito os cálculos, sobretudo para sistemas mais complexos. Fica a ressalva de que nos limitaremos à Óptica paraxial e não levaremos em conta nenhum tipo de aberração.

1.1 Matrizes ópticas

O percurso que um raio de luz faz desde que é emitido por um objeto até formar uma imagem na saída de um sistema de lentes pode ser descrito por matrizes. Operacionalmente é muito fácil e elegante. No que segue, não levaremos em conta as aberrações ópticas que as lentes normalmente produzem.

1.1.1 Refração e translação

Na Fig. 1.1, pode-se ver a trajetória de um raio através de uma lente. Convencionaremos colocar um subíndice "1" para as quantidades referentes à primeira interface ar-vidro da lente, e "2" para a segunda. A quantidade levará uma "prima" se for à direita da superfície. Assim, x_1 na figura é a altura onde o raio de luz atinge a interface do lado do ar, e x_1', do lado do vidro. Nesse caso, obviamente, $x_1 = x_1'$, mas $n_1 \neq n_1'$.

Vamos calcular a refração do raio na primeira interface por meio da lei de Snell:

$$n_1 \operatorname{sen} \theta_1 = n_1' \operatorname{sen} \theta_1' \qquad \textbf{(1.1)}$$

$$\theta_1 = \alpha_1 + \phi \qquad \theta_1' = \alpha_1' + \phi \qquad \textbf{(1.2)}$$

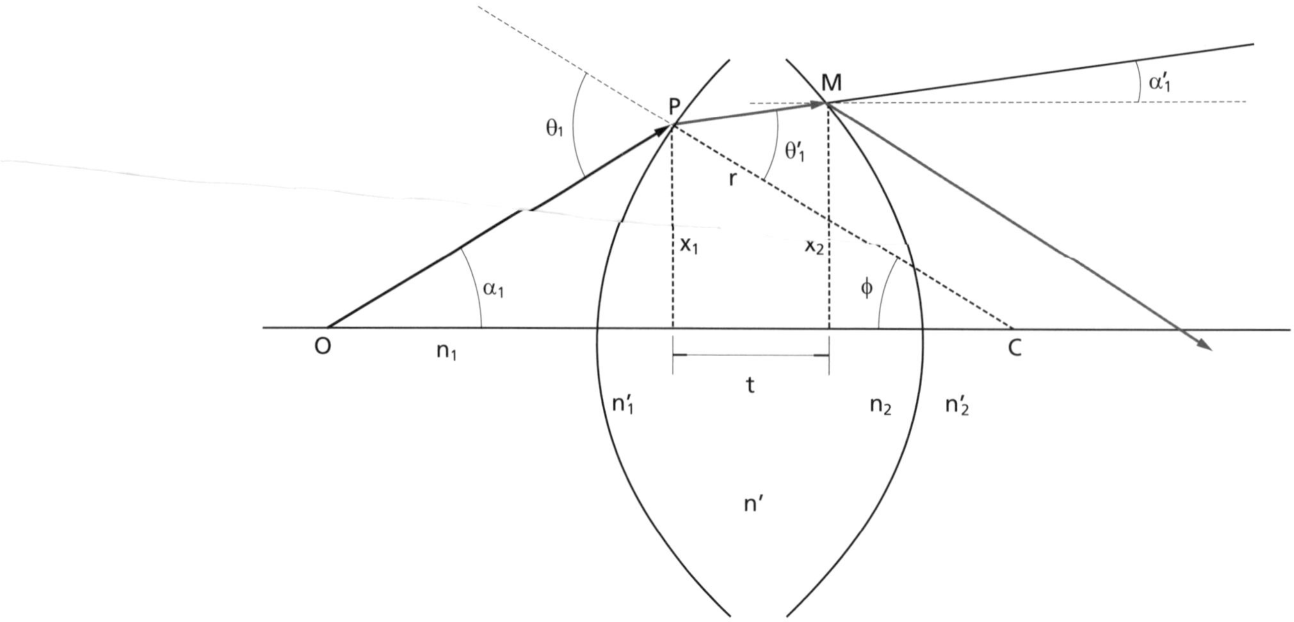

Fig. 1.1 Um raio sai do ponto **O** fazendo um ângulo α_1 com o eixo óptico da lente, incide no ponto **P** da primeira superfície da lente com um ângulo de incidência θ_1 e refrata com um ângulo θ_1', propagando-se dentro da lente (com índice de refração $n_1' = n_2$) até a outra superfície, onde refrata no ponto **M** para fora da lente, propagando-se fora da lente (no ar, com índice de refração $n_1 = n_2'$) até cortar o eixo óptico. O centro de curvatura de primeira superfície da lente está em **C** e o seu raio de curvatura é r. A segunda interface da lente, na figura, tem um raio de curvatura com sinal oposto ao da primeira interface. Se este último foi considerado positivo, o segundo será necessariamente negativo. Supomos uma aproximação paraxial onde x_1 e x_2 são muito menores que r e, consequentemente, a distância t é aproximadamente igual à espessura máxima da lente. O desenho está propositadamente desproporcionado para facilitar a visualização dos elementos

Utilizando ângulos muito pequenos (aproximação paraxial), podemos reescrever a Eq. (1.1):

$$n_1(\alpha_1 + \phi) = n_1'(\alpha_1' + \phi) \tag{1.3}$$

ou seja
$$n_1\left(\alpha_1 + \frac{x_1}{r}\right) = n_1'\left(\alpha_1' + \frac{x_1}{r}\right) \tag{1.4}$$

finalmente
$$n_1'\alpha_1' = n_1\alpha_1 - kx_1 \qquad k \equiv \frac{n_1' - n_1}{r} \tag{1.5}$$

o que pode ser escrito como uma matriz:

$$\begin{bmatrix} n_1'\alpha_1' \\ x_1' \end{bmatrix} = \begin{bmatrix} 1 & -k \\ 0 & 1 \end{bmatrix} \begin{bmatrix} n_1\alpha_1 \\ x_1 \end{bmatrix} \tag{1.6}$$

que representa apenas o efeito de refração de primeira interface. Por sua vez, a translação da primeira até a segunda interface *dentro* da lente pode ser escrita, matricialmente, da seguinte forma:

$$\begin{bmatrix} n_2\alpha_2 \\ x_2 \end{bmatrix} = \begin{bmatrix} 1 & 0 \\ \frac{t}{n_1'} & 1 \end{bmatrix} \begin{bmatrix} n_1'\alpha_1' \\ x_1' \end{bmatrix} \tag{1.7}$$

1.1.2 Descrição de uma lente

A descrição completa de uma lente, supondo o raio vindo da esquerda para a direita, se faz então com uma sequência de matrizes que representa sucessivamente a refração na primeira interface $\mathcal{R}_1$, a translação dentro da lente $\mathcal{T}$ e a refração na segunda interface $\mathcal{R}_2$. Assim:

$$\mathcal{S} = \mathcal{R}_2 \mathcal{T} \mathcal{R}_1 \qquad |\mathcal{S}| = 1 \tag{1.8}$$

onde as matrizes são:

$$\mathcal{R}_1 = \begin{bmatrix} 1 & -k_1 \\ 0 & 1 \end{bmatrix} \qquad k_1 = \frac{n_1' - n_1}{r_1} \tag{1.9}$$

$$\mathcal{T} = \begin{bmatrix} 1 & 0 \\ \frac{t}{n_1'} & 1 \end{bmatrix} \tag{1.10}$$

$$\mathcal{R}_2 = \begin{bmatrix} 1 & -k_2 \\ 0 & 1 \end{bmatrix} \qquad k_2 = \frac{n_2' - n_2}{r_2} \tag{1.11}$$

Substituindo as expressões das Eqs. (1.9), (1.10) e (1.11) na Eq. (1.8), e rearranjando, resulta:

$$S = \begin{bmatrix} b & -a \\ -d & c \end{bmatrix} \tag{1.12}$$

onde:

$$a = k_1 + k_2 - k_1 k_2 t/n \tag{1.13}$$

$$b = 1 - k_2 t/n \tag{1.14}$$

$$c = 1 - k_1 t/n \tag{1.15}$$

$$d = -t/n \tag{1.16}$$

$$k_i = \frac{n_i' - n_i}{r_i} \qquad i = 1,2 \tag{1.17}$$

sendo que $n = n_1' = n_2$. Note que os determinantes das matrizes de refração e de translação valem sempre 1 (um). O mesmo vale para os produtos dessas matrizes.

1.1.3 Traçado de raios

Seja o ponto **P** à distância ℓ na frente do vértice $\mathbf{V}_1$ da lente na Fig. 1.2. Desse ponto, colocado uma distância **x** acima do eixo óptico, sai um raio fazendo um ângulo α_1 com o referido eixo, num meio com índice de refração n_1. Após atravessar a lente, ele chegará ao ponto **P'**, a uma distância ℓ' à direita do vértice $\mathbf{V}_2$ e a uma distância **x'** por debaixo do eixo, com um ângulo α_2', num meio com índice de refração n_2', como indicado na figura. A sequência de translações e refrações pode ser descrita pela sequência de matrizes correspondentes da seguinte forma:

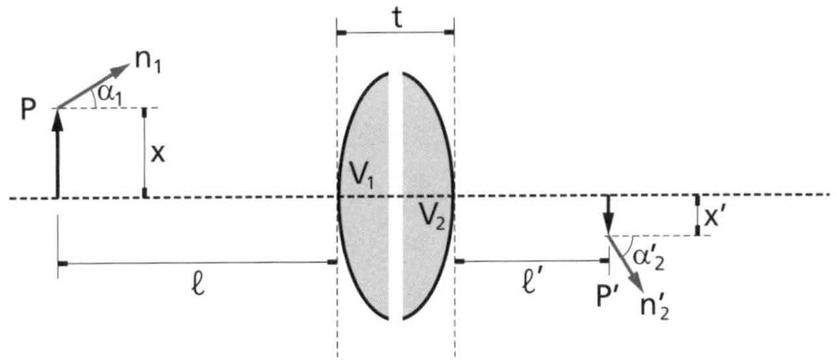

Fig. 1.2 Traçado de raios

$$\begin{bmatrix} n_2'\alpha_2' \\ x' \end{bmatrix} = \begin{bmatrix} 1 & 0 \\ \ell'/n_2' & 1 \end{bmatrix} \begin{bmatrix} b & -a \\ -d & c \end{bmatrix} \begin{bmatrix} 1 & 0 \\ \ell/n_1 & 1 \end{bmatrix} \begin{bmatrix} n_1\alpha_1 \\ x \end{bmatrix} \tag{1.18}$$

No que segue, adotaremos a seguinte convenção:

- para espaço-objeto (entrada) sempre à esquerda da lente, todas as distâncias nesse espaço serão positivas se medidas à esquerda do vértice mais à esquerda dessa lente;
- para espaço-imagem (saída) que se convenciona estar à direita da lente, todas as distâncias nesse espaço serão positivas se medidas à direita do vértice da direita dessa lente;
- o mesmo se aplica a sistemas de lentes com espaço-objeto à esquerda da primeira lente e espaço-imagem à direita da última.

1.1.4 Formação de imagem

Pode-se calcular o produto das três matrizes 2 × 2 na Eq. (1.18), resultando uma outra matriz:

$$\begin{bmatrix} 1 & 0 \\ \ell'/n_2' & 1 \end{bmatrix} \begin{bmatrix} b & -a \\ -d & c \end{bmatrix} \begin{bmatrix} 1 & 0 \\ \ell/n_1 & 1 \end{bmatrix} = \begin{bmatrix} b - a\ell/n_1 & -a \\ \frac{b\ell'}{n_2'} - d - \frac{a\ell\ell'}{n_2'n_1} + \frac{c\ell}{n_1} & c - \frac{a\ell'}{n_2'} \end{bmatrix} \tag{1.19}$$

Se o ponto P' é a imagem de P, pode-se simplificar a matriz na Eq. (1.19) assim:

$$\begin{bmatrix} b - a\ell/n_1 & -a \\ \frac{b\ell'}{n_2'} - d - \frac{a\ell\ell'}{n_2'n_1} + \frac{c\ell}{n_1} & c - \frac{a\ell'}{n_2'} \end{bmatrix} = \begin{bmatrix} 1/\beta & -a \\ 0 & \beta \end{bmatrix} \tag{1.20}$$

onde β é a amplificação, e o elemento "0" na matriz indica que o tamanho da imagem não pode depender de qual seja o ângulo do raio que sai do objeto para formar a imagem. O termo $1/\beta$ na matriz deriva do fato de que o determinante dessa matriz deve ter valor 1.

1.1.5 Planos cardinais

Utilizando as matrizes, podemos calcular as posições dos planos cardinais. De agora em diante, também assumiremos que fora das lentes temos apenas ar, de forma que $n_1 = n_2' = 1$.

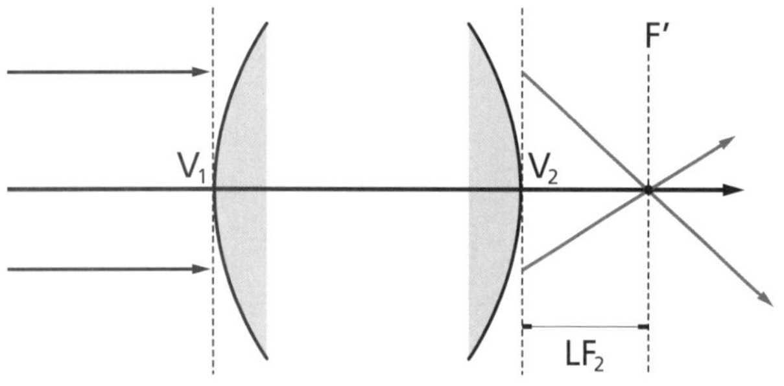

Fig. 1.3 Plano focal imagem

Plano focal

Podemos calcular as posições dos planos focais de entrada (F) e de saída (F'), medidos desde os vértices de entrada (V_1) e de saída (V_2) da lente, respectivamente. Para o primeiro caso, basta substituir, no elemento 22 da matriz na Eq. (1.20):

$$l' \Rightarrow \infty \tag{1.21}$$

o que resulta em $1/\beta = 0$ e que, considerando o elemento 11 da primeira matriz na Eq. (1.20), nos permite calcular:

$$\ell = LF_1 = b/a \qquad (1.22)$$

Inversamente, fazendo agora a substituição $l \Rightarrow \infty$ no elemento 11 e atentando para o elemento 22 da matriz na Eq. (1.20), resulta (ver Fig. 1.3):

$$\ell' = LF_2 = c/a \qquad (1.23)$$

Planos principais

Os planos principais de entrada (H) e de saída (H'), representados na Fig. 1.4, são definidos, na relação objeto-imagem, como os planos onde a imagem é direita e de igual tamanho que o objeto. Substituindo então ℓ e ℓ' por LH_1 e LH_2, respectivamente, considerando que, nesse caso $\beta = 1$, e atentando para os elementos 11 e 22 na primeira matriz, na Eq. (1.20), resulta:

$$LH_1 = \frac{b-1}{a} \qquad (1.24)$$

$$LH_2 = \frac{c-1}{a} \qquad (1.25)$$

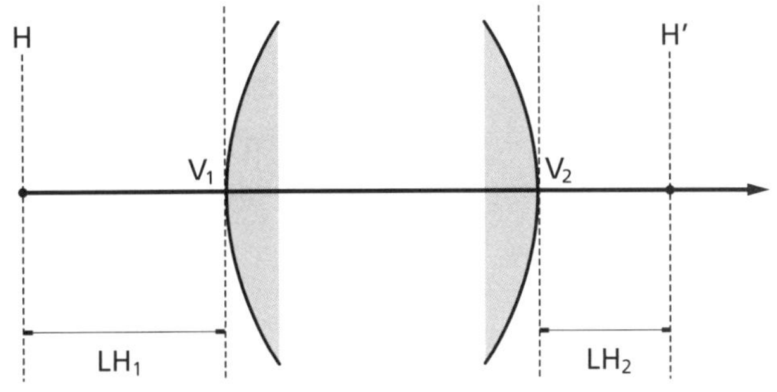

Fig. 1.4 Planos principais

Distância focal

As correspondentes distâncias focais (f_1) e (f_2), que são medidas a partir dos planos principais, são então:

$$f_1 = LF_1 - LH_1 = 1/a \qquad (1.26)$$

$$f_2 = LF_2 - LH_2 = 1/a \qquad (1.27)$$

Pontos nodais

São dois pontos, representados na Fig. 1.5 sobre o eixo óptico, um no espaço de entrada (N) e outro no de saída (N'), onde os raios conservam a inclinação, isto é, onde

$$\alpha_1 = \alpha'_2 \qquad x_1 = x'_2 = 0 \qquad (1.28)$$

Escrevendo na forma matricial:

$$\begin{bmatrix} n'_2\alpha'_2 \\ x'_2 \end{bmatrix}_{N'} = \begin{bmatrix} 1/\beta & -a \\ 0 & \beta \end{bmatrix} \begin{bmatrix} n_1\alpha_1 \\ x_1 \end{bmatrix}_N \qquad (1.29)$$

e substituindo:

$$\alpha_1 = \alpha'_2 \qquad x_1 = 0 \qquad (1.30)$$

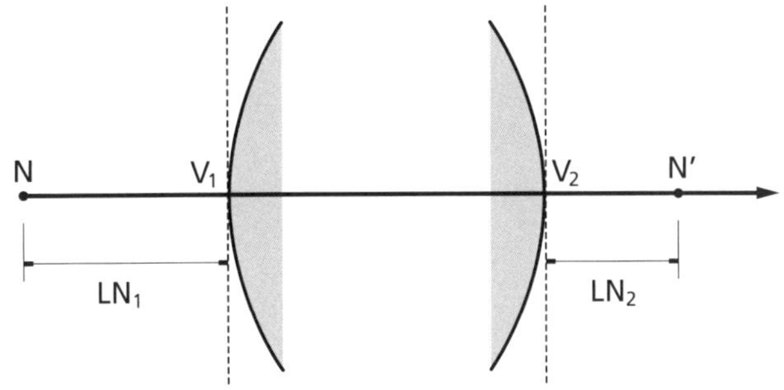

Fig. 1.5 Pontos nodais

na Eq. (1.29), obtemos:

$$n_2'\alpha_2' = n_1\alpha_1\frac{1}{\beta} - ax_1 \tag{1.31}$$

Pela definição de ponto nodal na Eq. (1.30), substituindo na Eq. (1.31), sempre com $n_2' = n_1 = 1$, tem-se:

$$\beta = 1 \tag{1.32}$$

o que significa que N e N' estão nos planos H e H', respectivamente, e ambos, pela condição $x_1 = x_2' = 0$, sobre o eixo óptico.

1.1.6 Traçado geométrico

A definição dos planos e pontos cardinais nos permite utilizá-los para traçar raios e calcular a formação de imagens de forma puramente geométrica, como no caso representado na Fig. 1.6.

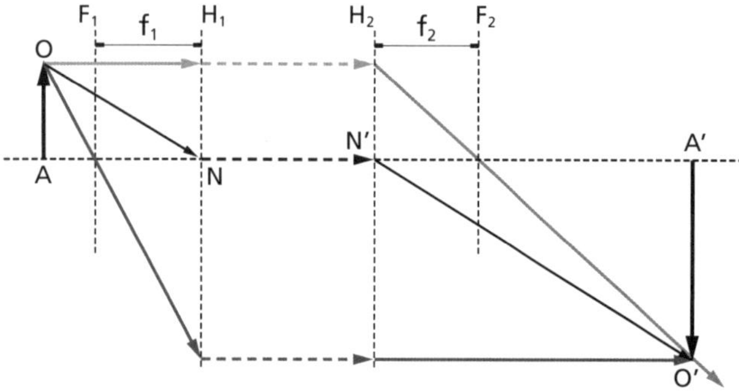

Fig. 1.6 Planos e pontos cardinais da lente grossa da Fig. 1.7 sem a própria lente

Sabendo a posição dos planos e pontos cardinais, podemos calcular a imagem $\overline{A' - O'}$ a partir do objeto $\overline{A - O}$ utilizando alguns raios de trajetória conhecida, lembrando que se trata de uma representação abstrata e que as trajetórias mostradas na Fig. 1.6 nem sempre são reais. Da figura, podemos calcular:

$$\ell_o/h_o = \ell_i/h_i \qquad A \equiv h_i/h_o = \ell_i/\ell_o \tag{1.33}$$

onde A é a amplificação da imagem com as definições:

$$\ell_o \equiv \overline{A - N} \qquad \ell_i \equiv \overline{A' - N'}$$
$$h_o \equiv \overline{A - O} \qquad h_i \equiv \overline{A' - O'} \tag{1.34}$$

Temos também que:

$$\frac{h_o}{\ell_o - f} = \frac{h_i}{f} \qquad \frac{h_o}{f} = \frac{h_i}{l_i - f} \tag{1.35}$$

onde f é a distância focal e de onde chegamos à bem conhecida fórmula:

$$\frac{1}{\ell_o} + \frac{1}{\ell_i} = \frac{1}{f} \tag{1.36}$$

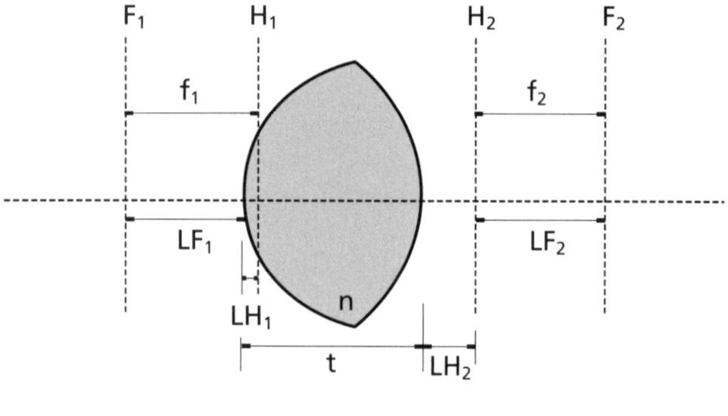

Fig. 1.7 Lente grossa com seus planos cardinais

1.1.7 Exemplo

Seja o caso de uma lente plano-convexa grossa, como indicado na Fig. 1.8, com as características: 12 mm de espessura no centro, 39,24 mm de raio de curvatura e índice de refração de 1,785. Calcule as posições dos planos focais e principais, bem como a distância focal.

$$k_1 = 0$$

$$k_2 = (1 - 1{,}785)/(-39{,}24) = 0{,}020\,\text{mm}^{-1}$$

$$a = 0 + 0{,}02 = 0{,}02\,\text{mm}^{-1}$$

$$b = 1 - 0{,}02 \times 12/1{,}785 = 0{,}8655$$

$$c = 1$$

$$d = -12/1{,}785 = -6{,}7227\,\text{mm}$$

$$LH_1 = (b-1)/a = (0{,}8655 - 1)/0{,}02 = -6{,}725\,\text{mm}$$

$$LH_2 = (c-1)/a = 0$$

$$LF_1 = b/a = 0{,}8655/0{,}02 = 43{,}275\,\text{mm}$$

$$LF_2 = c/a = 1/0{,}02 = 50\,\text{mm}$$

$$f = 1/a = 1/0{,}02 = 50\,\text{mm}$$

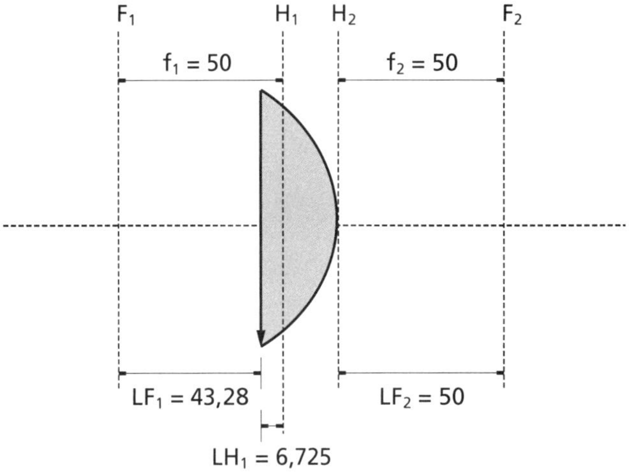

Fig. 1.8 Lente plano-convexa

1.1.8 Sistema de lentes finas

Um sistema formado por duas (ou mais) lentes finas pode ser representado por uma matriz. Para isso, identificamos as matrizes de cada uma das (duas) lentes e do espaçamento T entre elas:

$$\mathcal{S}_1 = \begin{bmatrix} b_1 & -a_1 \\ -d_1 & c_1 \end{bmatrix} \tag{1.37}$$

$$\mathcal{T} = \begin{bmatrix} 1 & 0 \\ D & 1 \end{bmatrix} \tag{1.38}$$

$$\mathcal{S}_2 = \begin{bmatrix} b_2 & -a_2 \\ -d_2 & c_2 \end{bmatrix} \tag{1.39}$$

onde:

$$a_i = \frac{1}{f_i'} = \frac{1}{f_i} \tag{1.40}$$

$$b_i = c_i = 1 \tag{1.41}$$

$$d_i = 0 \tag{1.42}$$

$$LH_i = LH_i' = 0 \qquad LF_i = LF_i' = \frac{1}{a_i} \tag{1.43}$$

e calculamos o produto das matrizes:

$$\mathcal{S} = \mathcal{S}_2\mathcal{T}\mathcal{S}_1 = \begin{bmatrix} b & -a \\ -d & c \end{bmatrix} \tag{1.44}$$

com os parâmetros:

$$a = \left(1 - \frac{D}{f_2}\right)\frac{1}{f_1} + \frac{1}{f_2} \tag{1.45}$$

$$b = 1 - \frac{D}{f_2} \tag{1.46}$$

$$c = 1 - \frac{D}{f_1} \tag{1.47}$$

Substituindo a expressão de a na Eq. (1.27), podemos calcular a distância focal do sistema de lentes:

$$f = \frac{f_1 f_2}{f_1 + f_2 - D} \tag{1.48}$$

Também podemos calcular as posições dos planos principais do sistema substituindo as expressões para a, b e c nas Eqs. (1.24) e (1.25). Assim:

$$LH = \frac{-Df_1}{f_1 + f_2 - D} \tag{1.49}$$

$$LH' = \frac{-Df_2}{f_1 + f_2 - D} \tag{1.50}$$

1.2 Diafragmas em sistemas ópticos

Num instrumento formado por várias lentes, como esquematizado na Fig. 1.9, os tamanhos das lentes devem ser calculados de forma a casar umas com as outras. Uma lente pequena demais pode ser a responsável por uma limitação indesejada da quantidade de luz no sistema, assim como uma lente grande demais pode ser desnecessária por não contribuir com a luminosidade do sistema, que estará limitado pelas outras lentes. Lentes muito pequenas ou muito grandes são prejudiciais porque afetam o desempenho do sistema ou aumentam desnecessariamente o tamanho e o custo do instrumento sem nenhuma vantagem técnica. Por isso, o tamanho de cada lente dentro do sistema deve ser calculado e adequado ao conjunto.

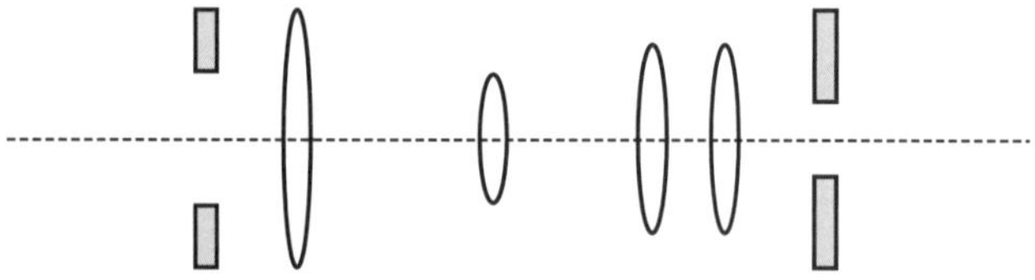

Fig. 1.9 Sistema óptico com múltiplas lentes

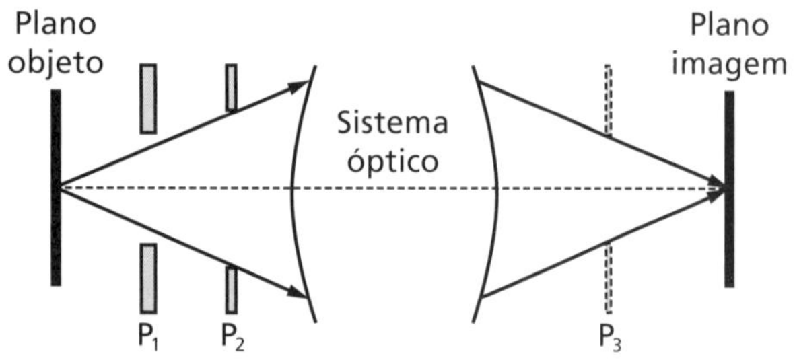

Fig. 1.10 Sistema óptico com múltiplas lentes e diafragmas

No caso ilustrado na Fig. 1.10, por exemplo, existem dois diafragmas reais P_1 e P_2 no chamado "espaço-objeto" e um diafragma imaginário P_3 no chamado "espaço-imagem". O diafragma que de fato está limitando a formação da imagem pelo sistema é P_2, razão pela qual ele é considerado a "pupila de entrada". A pupila imaginária P_3 na saída é apenas a imagem, no "espaço-imagem", da pupila P_2, e, seja imaginária ou real, ela é a "pupila de saída". Do ponto de vista da formação da imagem, P_1 é supérfluo e P_2poderia ser eliminado se P_3 fosse um diafragma real.

No caso do sistema simples formado por duas lentes iguais de diâmetro **d** e ilustrado na Fig. 1.11, que forma a imagem **A'** do ponto **A**, a pupila de entrada **PE** é calculada fazendo-se a imagem da última lente, pela primeira lente, no espaço-objeto. Isso leva a definir a posição

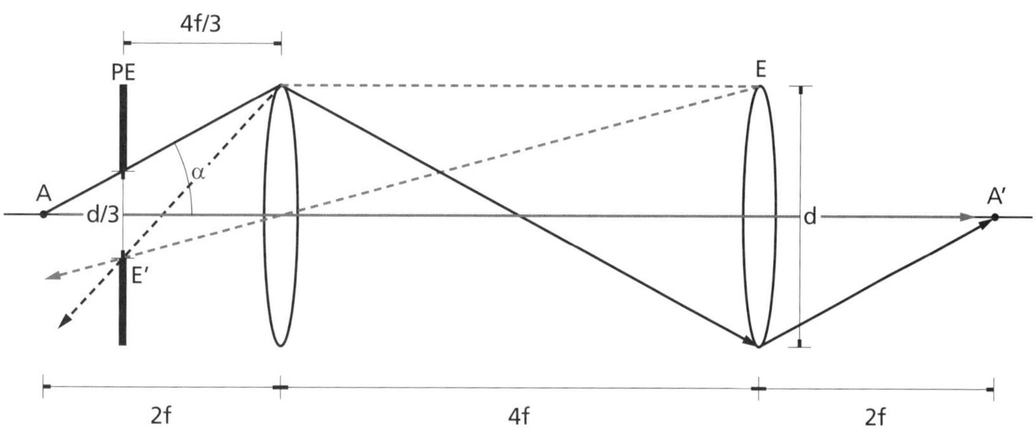

Fig. 1.11 Cálculo da pupila de entrada

(4f/3 na frente da primeira lente) da PE, seu diâmetro (d/3) e a abertura angular (α) do sistema. Esta última é uma medida da luminosidade do sistema, isto é, da quantidade de luz que entra e que será utilizada para formar a imagem.

1.2.1 Campo de visão

Na Fig. 1.12, mostra-se como calcular o campo de visão, que é simplesmente o tamanho do objeto que pode ser visto pelo sistema. Para isso, traçamos uma linha unindo o ponto mais afastado do eixo, no plano-objeto, que ainda possa chegar até a última lente. No caso, essa linha é a tracejada que une a borda da pupila de entrada, o centro da primeira lente e a borda da última. O diâmetro do campo, nesse caso, é **d/2**. Uma "lente de campo" pode aumentar bastante o campo desse sistema, como ilustrado na Fig. 1.13.

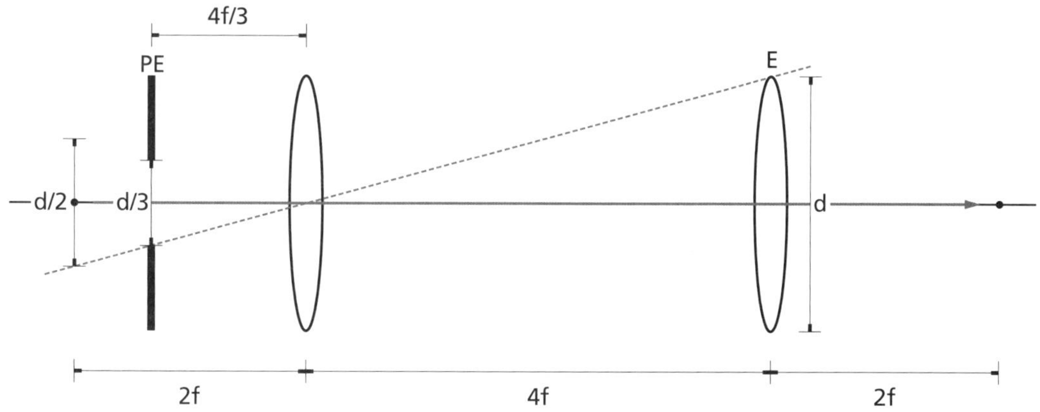

Fig. 1.12 Campo de visão do instrumento

A lente de campo **LC** – que, nesse caso, é idêntica às outras e está colocada no meio delas – faz a imagem da última lente cair exatamente sobre a primeira. Dessa forma, a pupila de entrada fica exatamente do mesmo tamanho e no mesmo lugar que a primeira lente. Como se vê pela Fig. 1.13, a abertura angular não muda, mas o campo fica agora maior e valendo **d**. Pode-se constatar também que nada muda na formação da imagem **A'** do objeto **A**.

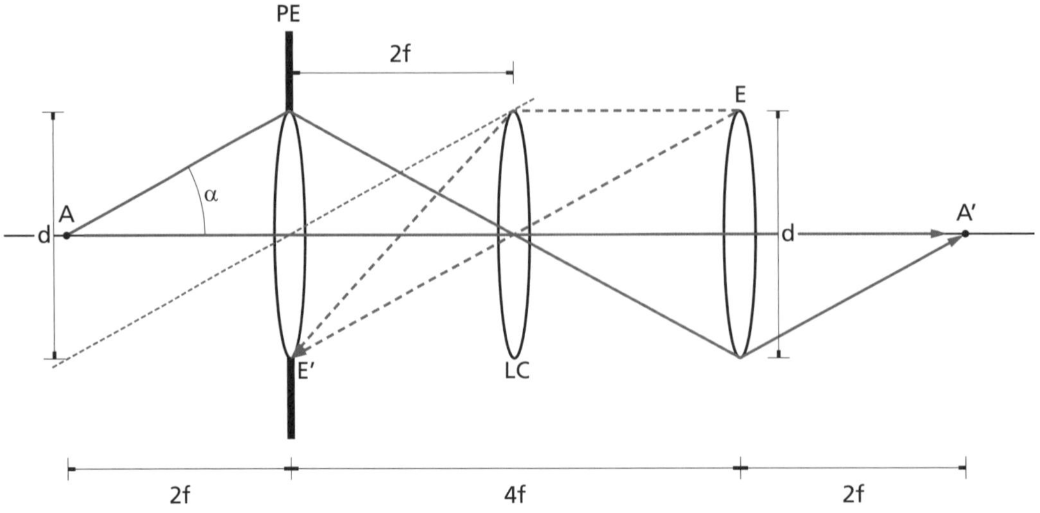

Fig. 1.13 Campo de visão do instrumento com "lente de campo"

1.3 Problemas

1.3.1 Planos cardinais

Um sistema óptico está formado por duas lentes convergentes, a primeira com $f_1 = 1$ cm e a segunda $f_2 = 9$ cm, separadas por uma distância de 20 cm, como ilustrado na Fig. 1.14.

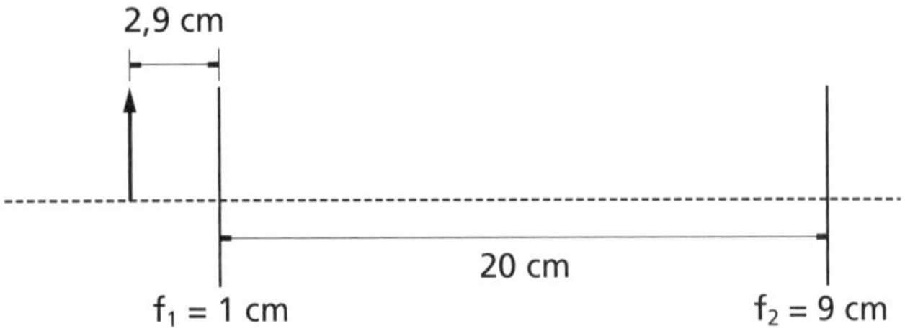

Fig. 1.14 Sistema de duas lentes convergentes

1. Calcule a posição dos planos principais e focais do sistema. Faça um desenho indicando as posições desses planos.

   Resp.: $LH_1 = 20\,\text{mm}$; $LH_2 = 180\,\text{mm}$; $f = -9\,\text{mm}$

2. Com base nos planos calculados, calcule (gráfica ou analiticamente) a posição da imagem de um objeto colocado 2,9 cm à frente da primeira lente. Em ambos os casos, faça um esquema indicando claramente as posições e distâncias.

   Resp.: $\ell' = 175{,}50\,\text{mm}$

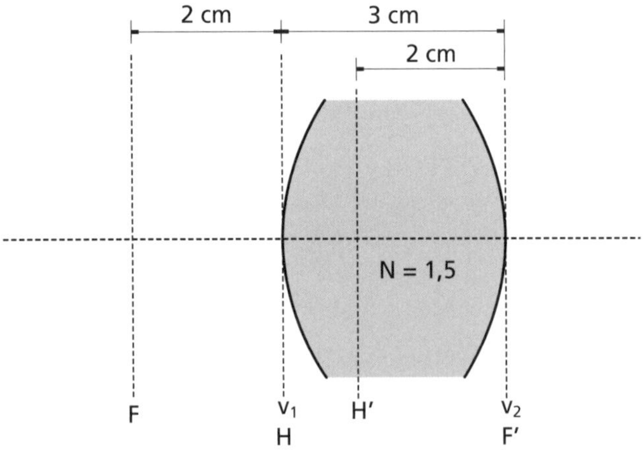

Fig. 1.15 Esquema de uma lente grossa

1.3.2 Lente grossa

Uma lente grossa, de 3 cm de espessura, tem os planos principais e focais posicionados como indicado na Fig. 1.15.

1. Calcule a matriz que representa a referida lente (distâncias em mm).

   Resp.: $\begin{bmatrix} 1 & -1/20 \\ 20 & 0 \end{bmatrix}$

2. Calcule (gráfica ou analiticamente) a posição e o tamanho de um objeto colocado 4 cm na frente do primeiro plano V_1 da lente, descansando sobre a linha do eixo óptico, e com 1 cm de altura.

   Resp.: $l = 40\,\text{mm} = 2f \Rightarrow l' = 20\,\text{mm};\ \beta = -1$

3. Calcule a matriz do sistema objeto-imagem para o item anterior (distâncias em mm).

   Resp.: $\begin{bmatrix} -1 & -1/20 \\ 0 & -1 \end{bmatrix}$

1.3.3 Sistema de lentes

No esquema da Fig. 1.16, vemos um sistema de duas lentes onde estão indicados os planos principais e focais. Um objeto está colocado a uma distância igual à distância focal à esquerda do plano focal de entrada do sistema, como indicado na figura. Calcule a posição e o tamanho da imagem utilizando:

1. um procedimento puramente gráfico;
2. algum procedimento numérico.

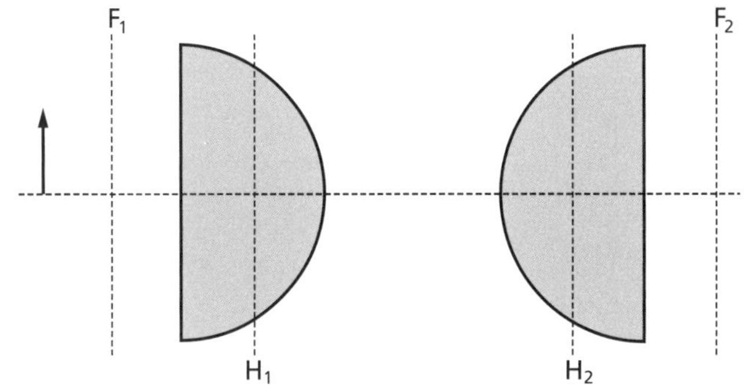

Fig. 1.16 Sistema de duas lentes grossas

1.3.4 Sistema de duas lentes

Preciso utilizar uma lente biconvexa grossa (espessura 16,6 mm) com distância focal de 55,14 mm. Seria possível ela ser substituída por duas lentes biconvexas iguais, mas com metade da espessura (8,3 mm), colocadas lado a lado para se obter a mesma distância focal da grossa? Quais as características dessas lentes? Suponha o mesmo vidro, com n = 1,5.

Resp.: Sim, é possível. Elas deveriam ter raio de curvatura de 106 mm (o da lente grossa seria de 52,23 mm), o que resultaria num foco de 107,4 mm para cada uma delas.

1.3.5 Lente divergente

Seja uma lente bicôncava simétrica, com raios de curvatura de 50 mm (com os sinais correspondentes), espessura no centro de 15 mm e índice de refração de 1,5.

1. Calcule as posições dos planos principais e dos planos focais, bem como o valor do foco, fazendo também um esquema gráfico ilustrativo.

   Resp.: Planos principais (entrada e saída): −4,76 mm (ver Fig.1.17); planos focais −47,62 mm

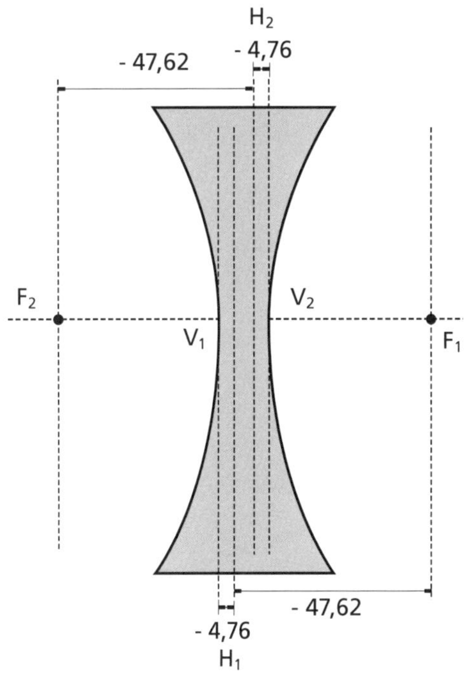

Fig. 1.17 Lente divergente, com planos principais em −4,76 mm em relação aos respectivos vértices, com foco valendo −47,62 mm

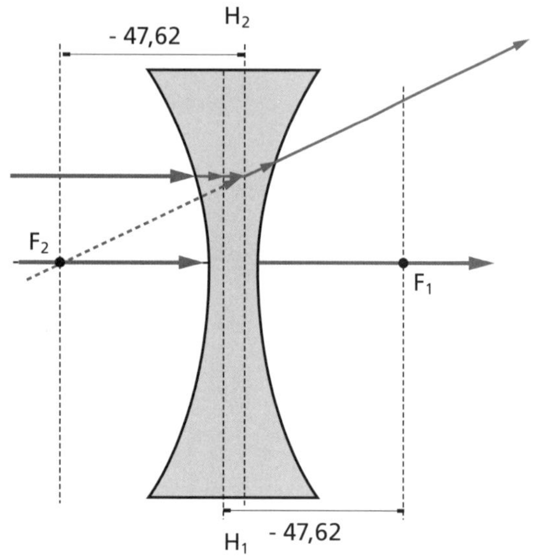

Fig. 1.18 Trajetória de raios paralelos incidindo na lente divergente, mostrando que emergem divergindo do ponto focal F_2

2. Mostre gráfica e analiticamente o percurso de raios incidindo na lente paralelamente ao eixo óptico.

   Resp.: Os raios emergem divergindo do ponto focal F_2, como ilustrado na Fig.1.18.

1.4 Experimento ilustrativo

1.4.1 Sistema de lentes

Trata-se de estudar experimentalmente uma lente ou sistema de lentes, para a caracterização da matriz do sistema e identificação dos planos cardinais.

Metodologia

1. Medir as características físicas (espessura no centro, raios de curvatura das superfícies etc.) de uma lente e, com essas informações, calcular os parâmetros (a, b e c) que caracterizam a matriz dessa lente. Em função deles, calcular os planos cardinais da lente.
2. Medir experimentalmente as posições dos planos cardinais e comparar esses resultados com os obtidos no item anterior. Para se medir experimentalmente os parâmetros de uma lente ou de um sistema de lentes, uma técnica recomendada é medir a amplificação de um objeto, pelo sistema, em função da distância da imagem (ℓ'), e a inversa da amplificação em função da distância do objeto (ℓ). É importante escolher corretamente as condições experimentais, de maneira a minimizar as incertezas experimentais: por exemplo, não medir distâncias perto do foco, pois, nessas condições, essas distâncias variam muito pouco e, consequentemente, os erros são grandes. A medida experimental pode ser feita por meio do gráfico β *vs* ℓ' (para calcular a e c) e $1/\beta$ *vs* ℓ (para calcular a e b), por regressão linear, como ilustrado nas Figs. 1.22 e 1.23.
3. A discrepância entre os valores medidos experimentalmente e os calculados a partir da medida sobre a lente pode decorrer de uma escolha errada do índice de refração da lente. Lembre-se de que o vidro óptico mais comum é o BK7 (ver Fig. 1.19), cujo índice varia bastante com λ. Procure recalcular os parâmetros da lente nas Eqs. (1.13-1.15), ajustando o índice de refração até obter uma melhor concordância com os resultados das regressões lineares. Trata-se também de uma forma interessante de achar o índice da lente.

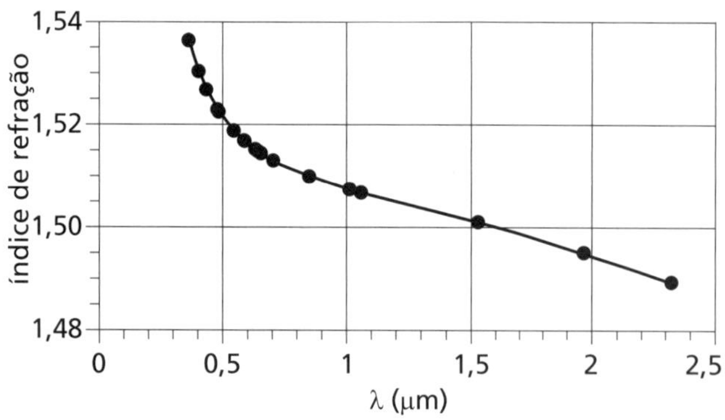

Fig. 1.19 Índice de refração - vidro BK7 Schott

4. Montar duas lentes (de preferência iguais e, se possível, alguma das que já foram estudadas no item anterior) num trilho e, mantendo o sistema de lentes fixo, repetir o procedimento de medida dos planos de uma lente, agora para o conjunto das duas. Escolha o espaçamento entre as lentes de forma a facilitar a medida, ou seja, para que a imagem não fique inconvenientemente pequena nem próxima demais das lentes. Verifique se o resultado experimental corresponde ao cálculo para o sistema feito a partir das matrizes das duas lentes.
5. Reposicione as duas lentes (agora sim as duas devem ser iguais) de forma que a distância entre ambas seja quatro vezes ($4f_1$) a distância focal ($f_1 = f_2$) de cada lente. Faça a imagem de um objeto (papel milimetrado transparente) colocado a uma distância $2f_1$ antes da primeira lente. Meça o "campo de observação" nessas condições. A seguir, coloque uma terceira lente, igual às anteriores, a igual distância entre as duas já existentes e verifique que o tamanho do "campo" do sistema aumentou significativamente. Quantifique esse aumento.

Exemplo

A Fig. 1.20 mostra uma objetiva fotográfica medida no experimento descrito anteriormente. Os gráficos nas Figs. 1.22 e 1.23 mostram as curvas de β *vs* distância imagem (L') e $1/\beta$ *vs* distância objeto (L), ambas as distâncias medidas desde os vértices das lentes de saída e de entrada, respectivamente. As posições dos planos principais de entrada e de saída (indicados na Fig. 1.21) calculadas desses gráficos são:

$$LH = -8{,}54\,\text{mm} \qquad LH' = -30{,}12\,\text{mm} \tag{1.51}$$

Fig. 1.20 Objetiva fotográfica estudada por Tatiane O. dos Santos

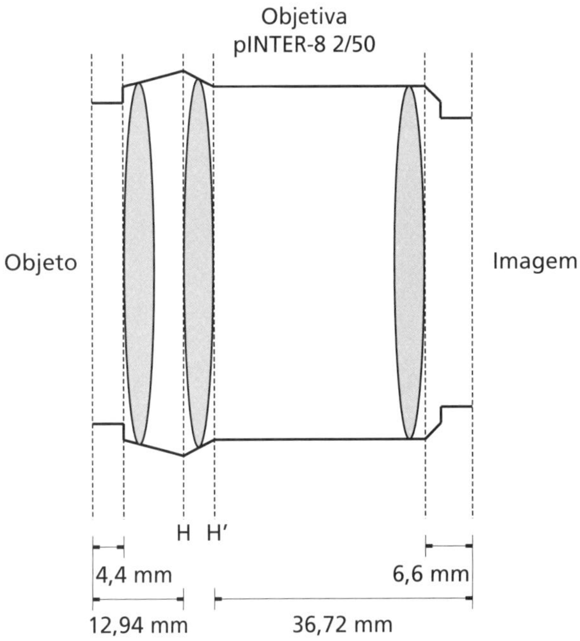

Fig. 1.21 Esquema da objetiva da Fig. 1.20, mostrando o possível arranjo do sistema de lentes e a posição dos planos principais e vértices das lentes

$$\text{foco } 1/a = (59 + 54)/2 \approx 56\,\text{mm} \tag{1.52}$$

O valor nominal do foco na lente está indicado como sendo 50 mm, e não 56 mm, como medido no experimento.

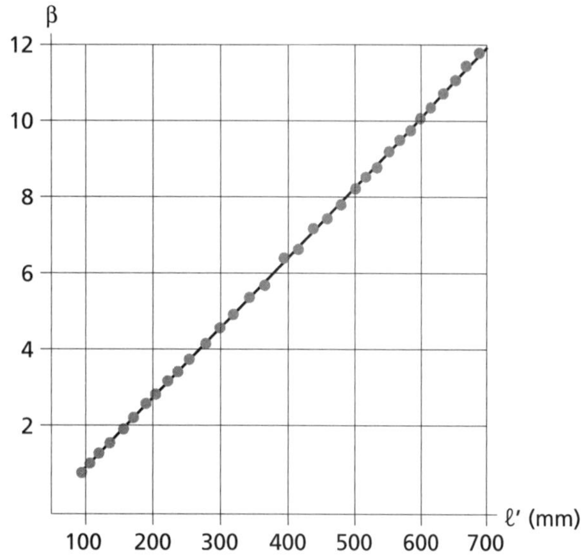

Fig. 1.22 Amplificação *vs* distância imagem $\beta = c - aL'$, dando $c = 0{,}44$ e $a = 0{,}0185\,\text{mm}^{-1}$ para o caso da objetiva da Fig. 1.20

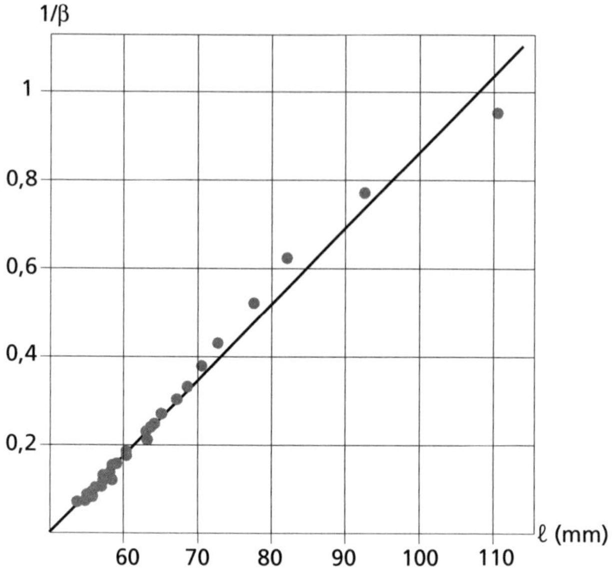

Fig. 1.23 Amplificação recíproca *vs* distância objeto $1/\beta = b - aL$, dando $b = 0{,}84$ e $a = 0{,}0169\,\text{mm}^{-1}$ para o caso da objetiva da Fig. 1.20

Propagação da luz

2

Neste capítulo trataremos da propagação da luz em meios isotrópicos, dando ênfase ao seu caráter ondulatório. A propagação em meios anisotrópicos será tratada no Cap. 7. Daremos especial atenção ao uso da formulação complexa para representar uma onda, ao uso de operadores vetoriais e à formulação da onda eletromagnética a partir das equações de Maxwell.

2.1 Ondas harmônicas

Uma onda harmônica plana e unidimensional propagando-se ao longo do eixo x, como a esquematizada na Fig. 2.1, pode ser descrita por:

$$a(x,t) = \cos(kx - \omega t) \quad \textbf{(2.1)}$$

$$\phi(P) = kx - \omega t \quad \textbf{(2.2)}$$

$$k \equiv 2\pi/\lambda \qquad \omega \equiv 2\pi/T \quad \textbf{(2.3)}$$

onde $\phi(P)$ representa a fase associada a um ponto P da onda que se propaga junto com ela; λ é o comprimento de onda e T é o período temporal.

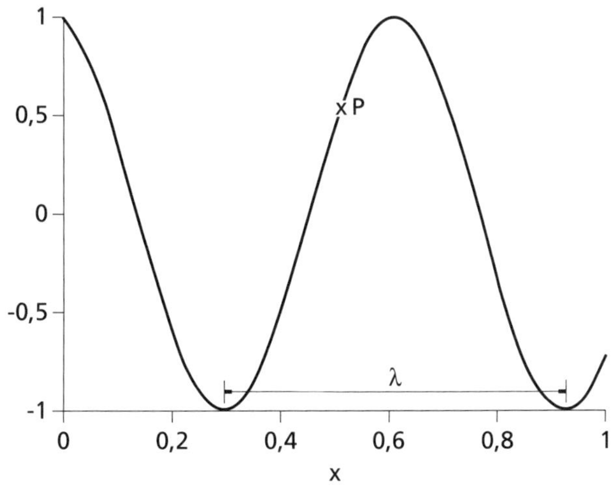

Fig. 2.1 Onda harmônica, com comprimento de onda λ, se propagando com velocidade v

Para calcular a velocidade de fase dessa onda, podemos calcular a velocidade desse ponto P. Considerando que a derivada total da fase desse ponto deve ser zero, pois a fase do ponto é invariante temporalmente, podemos calcular:

$$\frac{d\phi(P)}{dt} = \frac{\partial\phi(P)}{\partial x}\frac{dx}{dt} + \frac{\partial\phi(P)}{\partial t} = 0 \tag{2.4}$$

$$\frac{d\phi(P)}{dt} = k\frac{dx}{dt} + \omega = 0 \tag{2.5}$$

Definindo a velocidade de fase como:

$$v \equiv \frac{dx}{dt} \tag{2.6}$$

concluimos que:

$$v = \omega/k \tag{2.7}$$

2.1.1 Representação complexa

A onda na Eq. (2.1) pode ser escrita como a parte real de uma formulação complexa:

$$a(x,t) = \Re\{A(x,t)\} \tag{2.8}$$

$$A(x,t) = \mathcal{A}e^{i(kx - \omega t)} \qquad \mathcal{A} = |\mathcal{A}|\, e^{i\phi_a} \tag{2.9}$$

onde $\mathcal{A}$ é a amplitude complexa que inclui o termo de fase ϕ_a.

Onda harmônica plana em três dimensões

Até o momento, estávamos nos referindo a uma onda no espaço unidimensional. A expressão da onda em três dimensões pode ser formulada assim:

$$e^{i(\vec{k}.\vec{r} - \omega t)} \tag{2.10}$$

onde o vetor propagação $\vec{k}$ está indicando a direção e o sentido da onda, e $\vec{r}$ é o vetor posição. A fase é:

$$\phi = \vec{k}.\vec{r} - \omega t = k_x x + k_y y + k_z z - \omega t \tag{2.11}$$

e a velocidade pode ser calculada da seguinte forma:

$$\frac{d\phi}{dt} = \frac{\partial\phi}{\partial x}\frac{dx}{dt} + \frac{\partial\phi}{\partial y}\frac{dy}{dt} + \frac{\partial\phi}{\partial z}\frac{dz}{dt} - \omega t = 0 \tag{2.12}$$

$$k_x v_x + k_y v_y + k_z v_z - \omega = 0 \tag{2.13}$$

$$\vec{k}.\vec{v} = \omega \quad \Rightarrow \quad \boxed{\vec{v} = \frac{\omega}{k}\frac{\vec{k}}{k}} \tag{2.14}$$

2.1.2 Operadores vetoriais

Neste texto utilizaremos bastante os operadores gradiente, divergência e rotacional, simbolizados por ∇:

$$\nabla \equiv \hat{x}\frac{\partial}{\partial x} + \hat{y}\frac{\partial}{\partial y} + \hat{z}\frac{\partial}{\partial z} \qquad \text{“nabla”} \qquad (\hat{x},\ \hat{y} \text{ e } \hat{z} \text{ vetores unitários}) \tag{2.15}$$

que, quando aplicado a uma função escalar $\phi(x,y,z)$, resulta num vetor chamado "gradiente":

$$\nabla\phi = \mathbf{grad}\ \phi = \hat{x}\frac{\partial\phi}{\partial x} + \hat{y}\frac{\partial\phi}{\partial y} + \hat{z}\frac{\partial\phi}{\partial z} \qquad \text{"gradiente"} \qquad \mathbf{(2.16)}$$

que representa a máxima derivada direcional dessa função no espaço (x,y,z), e cuja variação infinitesimal $\mathrm{d}\phi$ ao longo de um vetor espacial (infinitesimal) $\mathrm{d}\vec{r}$ é calculada pelo produto escalar:

$$\mathrm{d}\phi = \nabla\phi.\mathrm{d}\vec{r} \qquad \mathbf{(2.17)}$$

Da expressão anterior fica fácil deduzir o significado do gradiente, pois o produto escalar à direita significa que $\mathrm{d}\phi$ resulta da projeção ao longo da direção do vetor $\mathrm{d}\vec{r}$, pelo que aquele valor será máximo quando esse vetor estiver alinhado com o vetor gradiente, daí o significado de máxima derivada direcional para éste.

O operador "nabla" (formalmente representado por um produto escalar) aplicado a um vetor $\vec{A}$ representa a "divergência" desse campo vetorial:

$$\nabla.\vec{A} = \mathbf{div}\vec{A} = \frac{\partial A_x}{\partial x} + \frac{\partial A_y}{\partial y} + \frac{\partial A_z}{\partial z} \qquad \text{"divergência"} \qquad \mathbf{(2.18)}$$

e a expressão:

$$\nabla.\vec{A}\ \mathrm{d}v \qquad \mathbf{(2.19)}$$

onde v representa o volume, descreve a diferença entre o fluxo das linhas de campo do vetor $\vec{A}$ que saem e que entram nesse volume infinitesimal $\mathrm{d}v$. Se $\nabla.\vec{A}$ é positiva ou negativa, significa que ali há linhas de campo se originando ou sumindo, respectivamente. Se ela é zero, indica que não há nem "fontes" nem "sumidouros" de linhas de campo, e que estas são, então, contínuas no volume. A integral da divergência num volume V limitado por uma superfície fechada S equivale ao fluxo total do campo $\vec{A}$ saindo desse volume, como representado pelo teorema de Gauss:

$$\int_V \nabla.\vec{A}\ \mathrm{d}v = \oint_S \vec{A}.\mathrm{d}\vec{s} \qquad \text{Gauss} \qquad \mathbf{(2.20)}$$

Lembremos o teorema de Gauss para o campo elétrico: se a divergência do campo elétrico é zero em V, o fluxo que sai e o que entra pela superfície fechada são iguais, o que significa que não há carga elétrica líquida (nem fonte – carga positiva –, nem sumidouro – carga negativa – para as linhas de campo) no volume V.

O "rotacional", representado pelo produto vetorial:

$$\nabla\times\vec{A} = \mathbf{rot}\,\vec{A} = \begin{vmatrix} \hat{x} & \hat{y} & \hat{z} \\ \dfrac{\partial}{\partial x} & \dfrac{\partial}{\partial y} & \dfrac{\partial}{\partial z} \\ A_x & A_y & A_z \end{vmatrix} \qquad \text{"rotacional"} \qquad \mathbf{(2.21)}$$

descreve a "circulação" do vetor. Assim, a expressão:

$$\nabla\times\vec{A}.\mathrm{d}\vec{s} \qquad \mathbf{(2.22)}$$

onde $d\vec{s}$ representa um vetor superfície infinitesimal, indica a circulação (ou seja, a integral de linha) do vetor $\vec{A}$ ao redor dessa superfície infinitesimal. A integral do rotacional sobre uma superfície S limitada por um circuito fechado ℓ equivale à integral de linha desse vetor $\vec{A}$ ao longo desse circuito fechado, o que se representa matematicamente pelo teorema de Stokes:

$$\int_S \nabla \times \vec{A}.d\vec{s} = \oint_\ell \vec{A}.d\vec{\ell} \qquad \text{Stokes} \tag{2.23}$$

Se o rotacional é zero no volume V, significa que esse campo é "conservativo" nesse volume, ou seja, que a integral de linha num circuito fechado é sempre zero nesse volume, o que também significa que podemos definir um "potencial" para esse campo, e que a integral de linha desse campo entre dois pontos depende apenas da posição desses pontos, e não do caminho escolhido para calcular a integral de linha.

Uma demonstração matemática das propriedades enunciadas nesta seção pode ser encontrada, por exemplo, no livro de Slater e Frank (Slater; Frank, 1947).

Operações frequentes

A formulação complexa da onda pode facilitar a execução de algumas operações, como:

$$\frac{\partial a(x,t)}{\partial t} = \Re\left\{\frac{\partial A(x,t)}{\partial t}\right\} = \Re\{-i\omega A(x,t)\} \tag{2.24}$$

$$\frac{\partial a(x,t)}{\partial x} = \Re\{ikA(x,t)\} \tag{2.25}$$

Porém, nem sempre se pode operar dessa forma. Por exemplo, para calcular a média de um produto:

$$\langle a(x,t)b(x,t)\rangle \equiv \frac{1}{T}\int_0^T a(x,t)b(x,t)dt \not\equiv \Re\{\langle A(x,t)B(x,t)\rangle\} \tag{2.26}$$

A desigualdade em (2.26) resulta do fato de que o operador "média temporal" é linear, mas o produto não o é. Para obter a média temporal de um produto, temos então que voltar às definições:

$$\begin{aligned}\langle ab\rangle = \langle \Re\{a\}\Re\{b\}\rangle &= \left\langle \frac{|\mathcal{A}||\mathcal{B}|}{2}\left[\cos(2kx - 2\omega t + \phi_a + \phi_b) + \cos(\phi_a - \phi_b)\right]\right\rangle \\ &= \left\langle \frac{|\mathcal{A}||\mathcal{B}|}{2}\cos(\phi_a - \phi_b)\right\rangle\end{aligned} \tag{2.27}$$

onde:

$$a(x,t) = \Re\{\mathcal{A}\,e^{i(kx-\omega t)}\} \qquad \mathcal{A} = |\mathcal{A}|\,e^{i\phi_a} \tag{2.28}$$

$$b(x,t) = \Re\{\mathcal{B}\,e^{i(kx-\omega t)}\} \qquad \mathcal{B} = |\mathcal{B}|\,e^{i\phi_b} \tag{2.29}$$

Em resumo, podemos então escrever:

$$\boxed{\langle a(x,t)b(x,t)\rangle = \frac{1}{2}\Re\{\mathcal{A}\mathcal{B}^*\}} \tag{2.30}$$

2.1.3 Velocidade de grupo

Batimento

Sejam duas ondas harmônicas de igual amplitude, mas com frequência e comprimento de onda levemente diferentes:

$$
\begin{aligned}
A(x,t) &= a\,e^{i[(\bar{k}+\delta k/2)x-(\bar{\omega}+\delta\omega/2)t]} + a\,e^{i[(\bar{k}-\delta k/2)x-(\bar{\omega}-\delta\omega/2)t]} \\
&= a[\,e^{i(x\,\delta k/2-t\,\delta\omega/2)} + e^{-i(x\,\delta k/2-t\delta\omega/2)}\,]\,e^{i(\bar{k}\,x-\bar{\omega}\,t)} \\
&= [2a\cos(x\,\delta k-t\,\delta\omega)]\,e^{i(\bar{k}\,x-\bar{\omega}\,t)} \qquad \textbf{(2.31)}
\end{aligned}
$$

O primeiro fator à direita na Eq. (2.31) representa a amplitude, enquanto o segundo representa a fase da onda resultante. Ambos os termos representam formalmente ondas propagantes, o que significa que tanto a fase quanto a amplitude desse batimento se propagam, como esquematicamente indicado na Fig. 2.2. Suas respectivas velocidades são calculadas na forma usual:

$$v=\bar{\omega}/\bar{k} \qquad \textbf{(2.32)}$$

$$v_g=\delta\omega/\delta k \qquad \textbf{(2.33)}$$

Podemos deduzir então que a velocidade da amplitude, chamada de "velocidade de grupo", é dada pela equação:

$$\boxed{v_g=\left[\frac{\mathrm{d}\omega}{\mathrm{d}k}\right]_{\bar{\omega}}} \qquad \textbf{(2.34)}$$

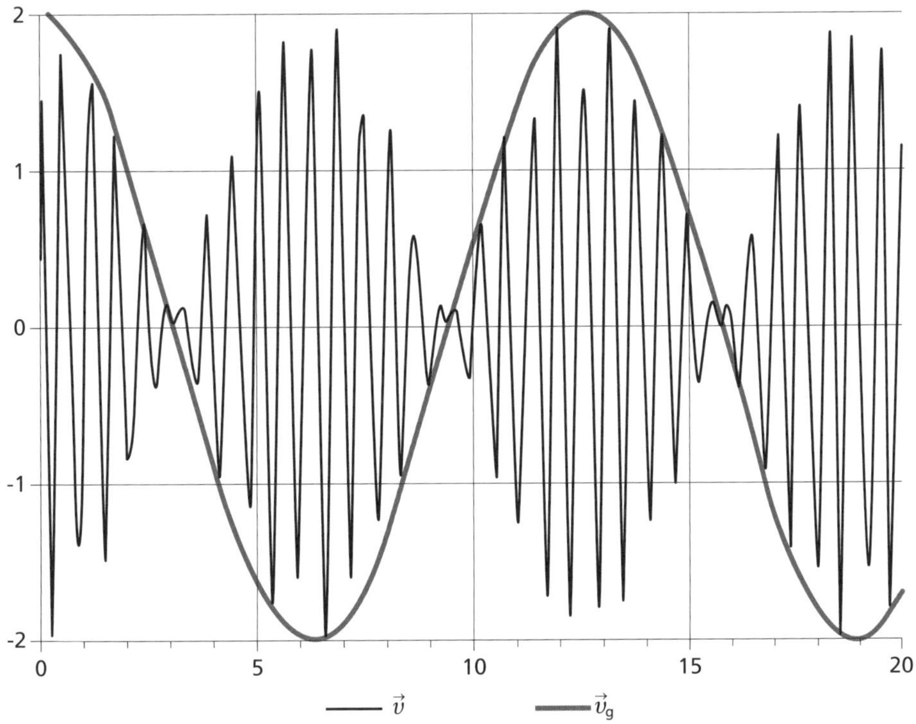

Fig. 2.2 Batimento resultante da soma de duas ondas com frequências e comprimentos de ondas pouco diferentes. A velocidade de fase está indicada como v e a de grupo, como v_g

Pulso

Vamos generalizar o resultado da Eq. (2.34) para um batimento, para o caso de um pulso formado por uma distribuição contínua de ondas descrita pela integral:

$$A(x,t) = \int_{\overline{\omega}-\Delta\omega_o}^{\overline{\omega}+\Delta\omega_o} \mathcal{A}(\omega)\, e^{i(kx - \omega t)}\, \mathrm{d}\omega$$

$$= e^{i(\overline{k}x - \overline{\omega}t)} \left[\int_{-\Delta\omega_o}^{+\Delta\omega_o} \mathcal{A}(\overline{\omega} + \Delta\omega)\, e^{i\Delta\omega[(\mathrm{d}k/\mathrm{d}\omega)_{\overline{\omega}}\, x - t]}\, \mathrm{d}\Delta\omega \right]$$

$$\text{para } \Delta\omega_o/\overline{\omega} \ll 1 \text{ e } \frac{\Delta k}{\Delta\omega} \approx \frac{\mathrm{d}k}{\mathrm{d}\omega} \tag{2.35}$$

O fator entre colchetes representa a amplitude desse conjunto de ondas (pulso) e, como no caso anterior, representa uma onda que se propaga com a chamada velocidade de grupo, que está formalmente indicada na exponencial dentro do termo de amplitude e vale:

$$v_g = (\mathrm{d}\omega/\mathrm{d}k)_{\overline{\omega}} \tag{2.36}$$

2.2 Ondas eletromagnéticas

A partir das equações de Maxwell, podemos desenvolver relações que levam à formulação de expressões de ondas, tanto para $\vec{E}$ como para $\vec{H}$, assim ficando matematicamente demonstrada a existência de ondas eletro-magnéticas.

2.2.1 Equações de Maxwell

As equações de Maxwell propriamente ditas são:

$$\nabla \times \vec{E} = -\frac{\partial \vec{B}}{\partial t} \tag{2.37}$$

$$\nabla \times \vec{H} = \vec{j} + \frac{\partial \vec{D}}{\partial t} \tag{2.38}$$

$$\nabla . \vec{B} = 0 \tag{2.39}$$

$$\nabla . \vec{D} = \rho \tag{2.40}$$

onde $\vec{E}$ e $\vec{H}$ são as intensidades dos campos elétrico e magnético, respectivamente; $\vec{j}$ é a densidade de corrente elétrica; $\vec{D}$ é o deslocamento elétrico; $\vec{B}$ é a indução magnética e ρ é a densidade volumétrica de carga elétrica.

As Eqs. (2.37) a (2.40) se complementam com as chamadas equações materiais:

$$\vec{D} = \varepsilon_0 \vec{E} + \vec{P} = \varepsilon_0 (1 + \chi) \vec{E} \tag{2.41}$$

$$\vec{P} = \varepsilon_0 \chi \vec{E} \tag{2.42}$$

$$\vec{B} = \mu_0 (\vec{H} + \vec{M}) \tag{2.43}$$

$$\vec{j} = \sigma \vec{E} \tag{2.44}$$

$$\varepsilon = \varepsilon_0 (1 + \chi) \tag{2.45}$$

onde ε_0 e ε são a permissividade elétrica do vácuo e do material, respectivamente; χ, a suscetibilidade dielétrica do material; $\vec{P}$, o vetor polarização do material; μ_0, a permeabilidade magnética do vácuo; $\vec{M}$, o vetor magnetização do material e σ, a condutividade. Vale lembrar que o termo $1+\chi=\epsilon$ representa a constante dielétrica do material.

Vamos nos restringir ao caso em que:

$$\rho = 0 \qquad \vec{M} = 0 \tag{2.46}$$

supondo também que o meio seja isotrópico, isto é, σ e χ independentes da direção de propagação.

Dada a propriedade:

$$\nabla \times \nabla \times \vec{A} = -\nabla^2 \vec{A} + \nabla(\nabla.\vec{A}) \tag{2.47}$$

e considerando a Eq. (2.37), tem-se:

$$\nabla \times (\nabla \times \vec{E}) = \nabla \times \left(-\frac{\partial \vec{B}}{\partial t}\right) \tag{2.48}$$

$$-\nabla^2 \vec{E} + \nabla(\nabla.\vec{E}) = -\mu_0 \frac{\partial}{\partial t}\left(\vec{j} + \frac{\partial \vec{D}}{\partial t}\right) \tag{2.49}$$

Como $\nabla.(\epsilon_0(1+\chi)\vec{E}) = \rho = 0$, então a Eq. (2.49) se reduz à expressão de uma onda amortecida:

$$\mu_0\varepsilon_0(1+\chi)\frac{\partial^2 \vec{E}}{\partial t^2} + \mu_0\sigma\frac{\partial \vec{E}}{\partial t} - \nabla^2\vec{E} = 0 \tag{2.50}$$

Começando da Eq. (2.38), uma equação de onda formalmente idêntica pode ser obtida para $\vec{H}$:

$$\mu_0\varepsilon_0(1+\chi)\frac{\partial^2 \vec{H}}{\partial t^2} + \mu_0\sigma\frac{\partial \vec{H}}{\partial t} - \nabla^2\vec{H} = 0 \tag{2.51}$$

A equação geral da onda plana no espaço, amortecida, pode ser escrita como:

$$\nabla^2\psi - \frac{1}{v^2}\frac{\partial^2\psi}{\partial t^2} - \gamma\frac{\partial\psi}{\partial t} = 0 \tag{2.52}$$

onde ψ representa o parâmetro oscilante; v, a velocidade de fase da onda e γ, a constante de amortecimento.

Ao compararmos a Eq. (2.52) com as Eqs. (2.50) e (2.51), podemos concluir que estas últimas representam ondas amortecidas com constante de amortecimento:

$$\gamma = \sigma\mu_0 \tag{2.53}$$

e velocidade de propagação:

$$v = \frac{c}{\sqrt{1+\chi}} \qquad c \equiv \frac{1}{\sqrt{\mu_0\varepsilon_0}} \qquad \epsilon = 1+\chi \tag{2.54}$$

onde c é a velocidade no vácuo e ϵ é a constante dielétrica do material.

É interessante comparar as expressões nas Eqs. (2.50) e (2.51) com a de uma oscilação mecânica unidimensional amortecida:

$$m\frac{\partial^2 x}{\partial t^2} + \gamma\frac{\partial x}{\partial t} + kx = 0 \qquad \textbf{(2.55)}$$

onde x representa a coordenada do oscilador.

Ao compararmos as Eqs. (2.55) com as Eqs. (2.50) e (2.51), deduzimos as seguintes relações formais:

$$\begin{array}{rcl} \text{termo de inércia:} & \mu_0\varepsilon_0(1+\chi) & \Rightarrow \quad m \\ \text{termo de amortecimento:} & \mu_0\sigma & \Rightarrow \quad \gamma \\ \text{termo de restituição:} & -\nabla^2 & \Rightarrow \quad k \end{array} \qquad \textbf{(2.56)}$$

2.2.2 Equação da onda eletromagnética

Para o caso de uma onda harmônica plana em três dimensões representada na formulação complexa, como na Eq. (2.10), encontramos as seguintes relações:

$$\begin{array}{rcl} \dfrac{\partial}{\partial t} & \Rightarrow & -i\omega \\ \nabla^2 & \Rightarrow & -k^2 \end{array} \qquad \textbf{(2.57)}$$

as quais, substituídas na Eq. (2.50), resultam em:

$$\left(k^2 - \mu_0\varepsilon_0(1+\chi)\omega^2 - i\omega\mu_0\sigma\right)\vec{E} = 0 \qquad \textbf{(2.58)}$$

que é a chamada formulação de Helmholtz para a equação da onda, para o caso de uma onda harmônica plana. Como a expressão dentro dos parênteses deve se anular para qualquer $\vec{E}$, então podemos, a partir dela, achar a expressão para a constante de propagação da onda e para o índice de refração:

$$k^2 = \frac{\omega^2}{c^2}\left[1 + \chi + i\frac{\sigma}{\omega\varepsilon_0}\right] \qquad \textbf{(2.59)}$$

$$n^2 = \frac{c^2}{v^2} = 1 + \chi + i\frac{\sigma}{\omega\varepsilon_0} \qquad \textbf{(2.60)}$$

2.2.3 Índice de refração complexo

Das Eqs. (2.59) e (2.60) fica claro que o vetor de onda e o índice de refração são quantidades complexas que podemos, em geral, escrever assim:

$$\vec{k} = \vec{\beta} + i\vec{\alpha} \qquad \textbf{(2.61)}$$

$$n + i\mathcal{K} \qquad \textbf{(2.62)}$$

A expressão da onda do campo elétrico fica, então, da seguinte forma:

$$\vec{E} = \vec{E}_0\, e^{i(\vec{k}.\vec{r} - \omega t)} \qquad \textbf{(2.63)}$$

ou seja,

$$\vec{E} = \vec{E}_0\, e^{-\vec{\alpha}.\vec{r}}\; e^{i(\vec{\beta}.\vec{r} - \omega t)} \qquad \textbf{(2.64)}$$

Se os vetores $\vec{\alpha}$ e $\vec{\beta}$ são paralelos, isso significa que o amortecimento da amplitude ocorre ao longo da direção de propagação da onda, e essa onda é denominada homogênea; caso contrário, é uma onda inomogênea. A onda inomogênea mais conhecida é a chamada onda evanescente, que se forma na reflexão total, ilustrada na Fig. 2.3, onde estão representados os planos de igual amplitude (linhas horizontais) e de igual fase (linhas verticais).

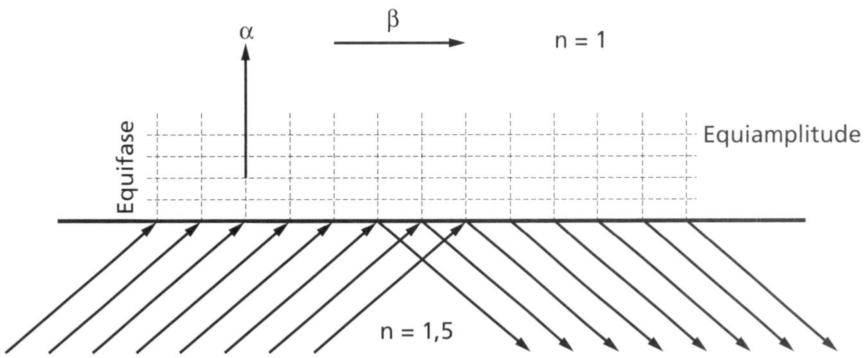

Fig. 2.3 Reflexão total e onda evanescente: os planos equiamplitude (paralelos à interfase) e os planos equifase, o primeiro definido por $\vec{\alpha}$ e o segundo por $\vec{\beta}$, são mutuamente perpendiculares

2.3 Efeito Doppler

O efeito Doppler (Fowles, 1975) refere-se à mudança de frequência e de comprimento de onda que sofrem as ondas ao se refletirem num objeto em movimento em relação à fonte emissora ou, alternativamente, emitidas por uma fonte em movimento em relação ao observador. O desenho da Fig. 2.4 esquematiza o primeiro caso.

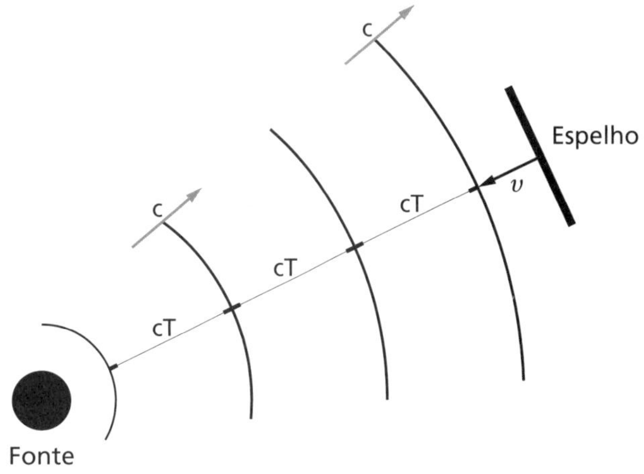

Fig. 2.4 Efeito Doppler entre uma fonte estacionária e um espelho se movendo na direção da fonte

Suponhamos uma fonte estacionária emitindo pulsos de luz com velocidade c e período T, e um espelho se movendo com velocidade v em linha reta ao encontro da fonte. O intervalo de tempo que transcorre para que dois pulsos de luz consecutivos atinjam o espelho (e se reflitam nele) será:

$$t = \frac{cT}{c+v} = T' \qquad \textbf{(2.65)}$$

que é exatamente o período desses pulsos ao se refletirem no espelho móvel. Resulta, então, que o período, a frequência e o comprimento de onda da onda refletida, vistos num referencial estacionário em relação à fonte, ficam modificados em relação à onda emitida pela fonte (sempre supondo $v/c \ll 1$). Assim:

$$T' = \frac{T}{1 + v/c} \approx T(1 - v/c) \quad (2.66)$$

$$\nu' = \nu(1 + v/c) \quad (2.67)$$

$$\lambda' = \frac{\lambda}{1 + v/c} \approx \lambda(1 - v/c) \quad (2.68)$$

Se levarmos em conta o efeito da Relatividade, teremos dois efeitos Doppler (Kacser, 1967), um longitudinal, como o que acabamos de estudar, mas cuja frequência vale agora:

$$\nu' = \nu \frac{\sqrt{1 + v/c}}{\sqrt{1 - v/c}} \quad (2.69)$$

e um outro, transversal, que modifica a frequência para:

$$\nu' = \nu\sqrt{1 - v^2/c^2} \quad (2.70)$$

e que não existe no contexto da Física não relativista. É obvio que os resultados são os mesmos caso o espelho esteja fixo e a fonte se mova com velocidade v ao seu encontro. Se o espelho (fonte) se afasta em linha reta da fonte (espelho), em lugar de se aproximar, v muda de sinal em todas as equações desta seção 2.3.

2.4 Problemas

2.4.1 Equação de onda

Verifique que

$$\left(\nabla^2 - \frac{1}{v^2}\frac{\partial^2}{\partial t^2}\right)\phi = 0 \quad (2.71)$$

$$\nabla \equiv \hat{x}\frac{\partial}{\partial x} + \hat{y}\frac{\partial}{\partial y} + \hat{z}\frac{\partial}{\partial z} \quad (2.72)$$

é a equação de uma onda onde v é a sua velocidade de fase.

2.4.2 Operadores vetoriais

Com base nas definições da seção 2.1.2, verificar as seguintes igualdades para o caso de uma onda harmônica plana tridimensional $\vec{A} = \vec{\mathcal{A}} e^{i(\vec{k}.\vec{r} - \omega t)}$:

$$\nabla.\vec{A} = i\vec{k}.\vec{A} \quad (2.73)$$

$$\nabla \times \vec{A} = i\vec{k} \times \vec{A} \quad (2.74)$$

2.4.3 Velocidade de grupo

1. Calcule a expressão da velocidade de grupo sabendo que, na região de interesse, o índice de refração responde à função:

$$n = A + B/\lambda^2 \quad (2.75)$$

Verifique que $v_g \leq v$ somente se $B \geq 0$.

2. Para o caso específico do vidro BK7 (ver gráfico na Fig. 1.19), calcule a velocidade de grupo para um pulso centrado em $\lambda = 1\ \mu$m se propagando nesse vidro.

Resp.: $v_g \approx 0{,}998\ c/n$, onde c é a velocidade da luz no vácuo e n é o índice de refração no material em questão.

2.5 Experimento ilustrativo

2.5.1 Medida do índice de refração pelo método do ângulo de desvio mínimo

Trata-se de um método (Jenkins; White, 1981) apropriado para medir o índice de refração de um prisma de material transparente (como vidro, p. ex.). O experimento é feito por meio de um goniômetro e de uma lâmpada de descarga com várias linhas espectrais que podem ser utilizadas para fazer medidas em diferentes comprimentos de onda (Fig. 2.5).

Fig. 2.5 Goniômetro usado no experimento do ângulo de desvio mínimo, mostrando a fonte de luz ao lado da fenda de entrada, o prisma a ser medido, e a ocular no outro extremo. Fonte: Cortesia do Eng. Antonio Carlos da Costa

O raio de luz selecionado refrata através do prisma, como indicado na Fig. 2.6, e, rotando-se o prisma, mede-se o menor valor para o ângulo δ, formado entre os raios emergente e incidente, que se chama ângulo de desvio mínimo δ_m.

1. Para cada linha espectral existe um ângulo de desvio mínimo δ_m que está relacionado com o ângulo α do vértice do prisma e com seu índice de refração n (Jenkins; White, 1981):

$$n = \frac{\text{sen}(\alpha + \delta_M)/2}{\text{sen}\,\alpha/2} \quad \textbf{(2.76)}$$

   O goniômetro permite medir o ângulo do vértice, como esquematicamente indicado na Fig. 2.7, o que finalmente permitirá calcular o índice. Estime a precisão da medida e compare-a com a dos outros métodos utilizados.

2. Repetindo o experimento para as diferentes linhas espectrais da lâmpada, podemos calcular a dispersão cromática do índice e comprovar se ela verifica a equação de Cauchy (Jenkins; White, 1981):

$$n = A + B/\lambda^2 + c/\lambda^4 + \cdots$$

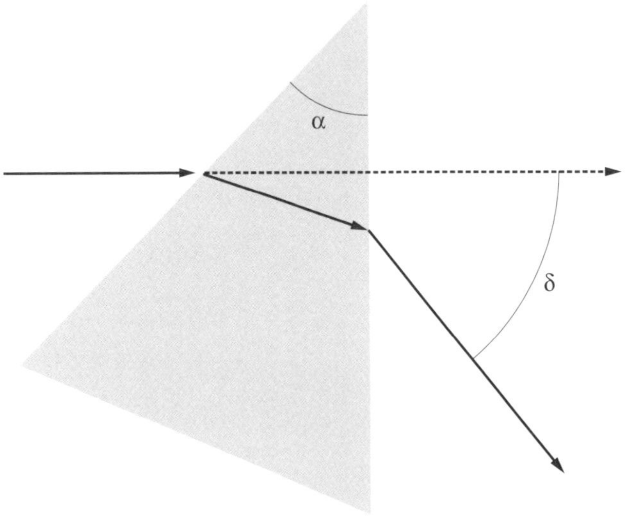

Fig. 2.6 Esquema experimental para a medida do ângulo de desvio mínimo

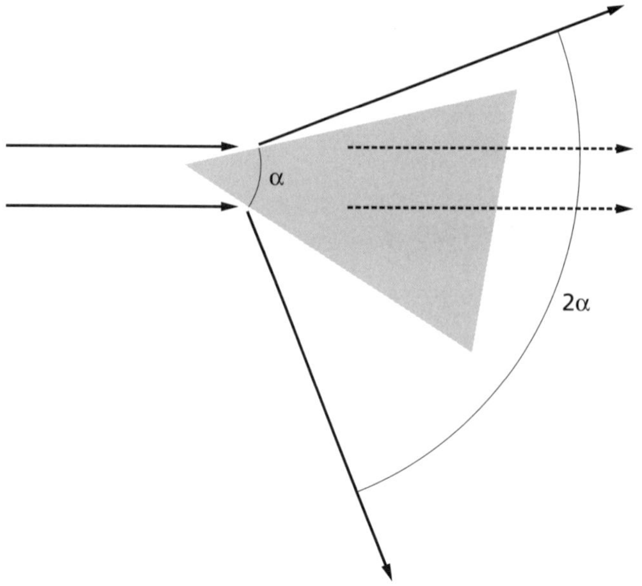

Fig. 2.7 Esquema para a medida do ângulo α do vértice do prisma

Natureza vetorial da luz 3

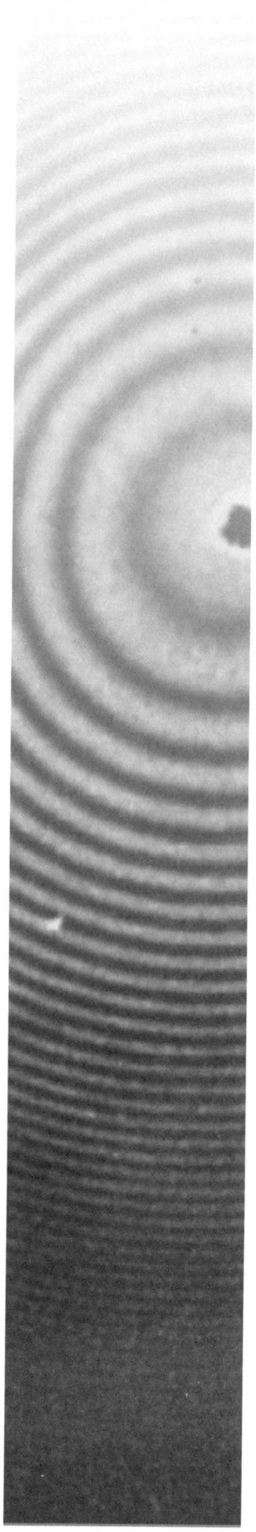

Neste capítulo trataremos das propriedades da luz que têm a ver com sua natureza vetorial. Abordaremos as relações entre os vetores campo elétrico, magnético e de Poynting, a partir das equações de Maxwell na sua formulação diferencial. Veremos o que acontece com a polarização da luz quando ela passa por lâminas de retardo de fase, que são materiais anisotrópicos. A abordagem geral da propagação da luz em meios anisotrópicos, porém, será tratada mais detalhadamente no Cap. 7.

3.1 Equações de Maxwell: relações vetoriais

No caso de uma onda harmônica plana, os operadores vetoriais ∇ e $\frac{\partial}{\partial t}$ podem ser substituídos da seguinte forma:

$$\nabla \Rightarrow i\vec{k} \qquad \frac{\partial}{\partial t} \Rightarrow -i\omega$$

Nesse caso, as equações de Maxwell ficam assim:

$$\begin{aligned}
&\varepsilon\nabla.\vec{E} = \rho = 0 & & i\vec{k}.\vec{E} = 0 \\
&\mu\nabla.\vec{H} = 0 & & i\vec{k}.\vec{H} = 0 \\
&\nabla\times\vec{E} = -\mu\frac{\partial\vec{H}}{\partial t} & \Rightarrow \quad & i\vec{k}\times\vec{E} = i\omega\mu\vec{H} \\
&\nabla\times\vec{H} = \vec{j} + \varepsilon\frac{\partial\vec{E}}{\partial t} & & i\vec{k}\times\vec{H} = \vec{j} - i\omega\varepsilon\vec{E}
\end{aligned} \tag{3.1}$$

3.2 Vetor de Poynting

O vetor de Poynting $\vec{S}$ representa o fluxo de potência (potência por unidade de superfície) de uma onda eletromagnética e se define como:

$$\vec{S} = \vec{E}\times\vec{H}$$

É possível verificar que, de fato, ele representa o fluxo de potência, começando pelo cálculo de sua divergência:

$$\nabla.\vec{S} = \nabla.(\vec{E}\times\vec{H})$$

$$\int_V \nabla.\vec{S}dv = \oint \vec{S}.d\vec{s} \Rightarrow \text{potência}$$

Sabendo que: $\nabla(\vec{a}\times\vec{b}) = \vec{b}.\nabla\times\vec{a} - \vec{a}.\nabla\times\vec{b}$ podemos escrever

$$\nabla.\vec{S} = \nabla.(\vec{E}\times\vec{H}) = \vec{H}.\nabla\times\vec{E} - \vec{E}.\nabla\times\vec{H}$$

que, a partir das equações de Maxwell, resulta:

$$\begin{array}{ll} \nabla\times\vec{E} = -\mu\dfrac{\partial\vec{H}}{\partial t} & \vec{H}.\nabla\times\vec{E} = -\mu\vec{H}.\dfrac{\partial\vec{H}}{\partial t} \\ & \vec{E}.\nabla\times\vec{H} = \vec{E}.\vec{j} + \vec{E}.\varepsilon\dfrac{\partial\vec{E}}{\partial t} \\ \nabla\times\vec{H} = \vec{j} - \varepsilon\dfrac{\partial\vec{E}}{\partial t} \quad \Rightarrow & \nabla.(\vec{E}\times\vec{H}) = -\left(\mu\vec{H}.\dfrac{\partial\vec{H}}{\partial t} + \varepsilon\vec{E}.\dfrac{\partial\vec{E}}{\partial t}\right) - \vec{E}.\vec{j} \\ & = -\dfrac{\partial}{\partial t}\left(\dfrac{1}{2}\varepsilon E^2 + \dfrac{1}{2}\mu H^2\right) - \vec{E}.\vec{j} \end{array}$$

Finalmente podemos escrever:

$$\nabla.\vec{S} = -\frac{\partial}{\partial t}\left(\frac{1}{2}\varepsilon E^2 + \frac{1}{2}\mu H^2\right) - \vec{E}.\vec{j}$$

Ao integrarmos essa função no volume V:

$$\int_V \nabla.\vec{S}.\,\mathrm{d}v + \frac{\partial}{\partial t}\int_V\left(\frac{1}{2}\varepsilon E^2 + \frac{1}{2}\mu H^2\right)\mathrm{d}V = -\int_V \vec{E}.\vec{j}\mathrm{d}v$$

com base no teorema de Gauss, obtemos:

$$\oint_S \vec{S}.\,\mathrm{d}\vec{s} + \frac{\partial}{\partial t}\int_V\left(\frac{1}{2}\varepsilon E^2 + \frac{1}{2}\mu H^2\right)\mathrm{d}V = -\int_V \vec{E}.\vec{j}\mathrm{d}v$$

O termo à direita da igualdade acima representa a energia gerada no volume, enquanto que o segundo termo à esquerda representa o aumento de energia armazenada por unidade de tempo, o que significa que a integral de $\vec{S}$ sobre a superfície envolvendo o volume representa a energia fluindo para fora do volume por unidade de tempo. Podemos concluir então que o vetor de Poynting efetivamente representa o fluxo de potência:

FLUXO de POTÊNCIA: $\vec{S} = \vec{E}\times\vec{H}$

3.2.1 Vetor de Poynting e intensidade

O vetor de Poynting representa o fluxo instantâneo de potência e, como tal, também tem caráter ondulatório. Ele pode ser descrito em função do campo elétrico e magnético:

$$\vec{S} = \vec{E}\times\vec{H}$$
$$\vec{E} = \vec{E_0}\cos(\vec{k}.\vec{r} - \omega t)$$
$$\vec{H} = \vec{H_0}\cos(\vec{k}.\vec{r} - \omega t)$$
$$\vec{S} = \vec{E}\times\vec{H} = \vec{E_0}\times\vec{H_0}\cos^2(\vec{k}.\vec{r} - \omega t)$$

Sua média temporal vale:

$$\langle \vec{S} \rangle \equiv \frac{1}{T}\int_0^T \vec{S}dt = \vec{E}_0 \times \vec{H}_0 \frac{1}{T}\int_0^T \cos^2(\vec{k}.\vec{r} - \omega t)dt = \frac{1}{2}\vec{E}_0 \times \vec{H}_0$$

onde T é o período.

Em função da lei de Faraday:

$$\nabla \times \vec{E} = -\mu \frac{\partial \vec{H}}{\partial t} \qquad i\vec{k} \times \vec{E} = i\mu\omega\vec{H}$$

podemos escrever:

$$\langle \vec{S} \rangle = \frac{1}{2}\vec{E}_0 \times \vec{H}_0 = \frac{1}{2}\vec{E}_0 \times \frac{1}{\omega\mu}(\vec{k} \times \vec{E}_0)$$

Com o uso do teorema vetorial:

$$\vec{a} \times (\vec{b} \times \vec{c}) = (\vec{a}.\vec{c})\vec{b} - (\vec{a}.\vec{b})\vec{c}$$

tem-se:

$$\vec{E}_0 \times (\vec{k} \times \vec{E}_0) = (\vec{E}_0.\vec{E}_0)\vec{k} - (\vec{E}_0.\vec{k})\vec{E}_0$$

que, substituído na expressão de $\vec{S}$, leva a:

$$\langle \vec{S} \rangle = \frac{1}{2}(\vec{E}_0.\vec{E}_0)\frac{\vec{k}}{\omega\mu}$$

Como a intensidade é o módulo do valor médio do vetor de Poynting, escrevemos então (ver Eqs.(2.7) e (2.54)):

$$I \equiv |\langle \vec{S} \rangle| = \tfrac{1}{2}\varepsilon\, |E_0|^2 |\tfrac{\vec{k}}{k}|\, v \qquad \textbf{(3.2)}$$

Considerando que a densidade volumétrica de energia num campo elétrico uniforme e constante (E_0) escreve-se:

$$w_E = \frac{1}{2}\varepsilon E_0^2$$

a Eq. (3.2) descreve então a energia da onda como representada apenas pelo termo do campo elétrico. Podemos também escrevê-la apenas em função do campo magnético H_0 utilizando a relação adequada na seção 3.3.1. Para o caso específico de um meio não condutor, onde se verifica $|E/H| = \sqrt{\mu/\varepsilon}$ em cujo caso a densidade de energia magnética $w_H = \mu H^2/2$ é igual à elétrica ($w_H = w_E$), podemos escrever a Eq. (3.2) como:

$$I = \left(\frac{1}{4}\varepsilon E_0^2 + \frac{1}{4}\mu H_0^2\right)\left|\frac{\vec{k}}{k}\right| v \qquad \textbf{(3.3)}$$

onde o termo entre parênteses representa a densidade volumétrica média total (elétrica e magnética), pelo que a intensidade I representa, para uma onda harmônica, a propagação da densidade de energia eletromagnética com a velocidade da luz v.

3.3 Polarização

As equações vetoriais na Eq. (3.1) permitem pôr em evidência as relações entre os diferentes vetores que caracterizam a onda.

3.3.1 Polarização linear

No caso da polarização linear, as relações:

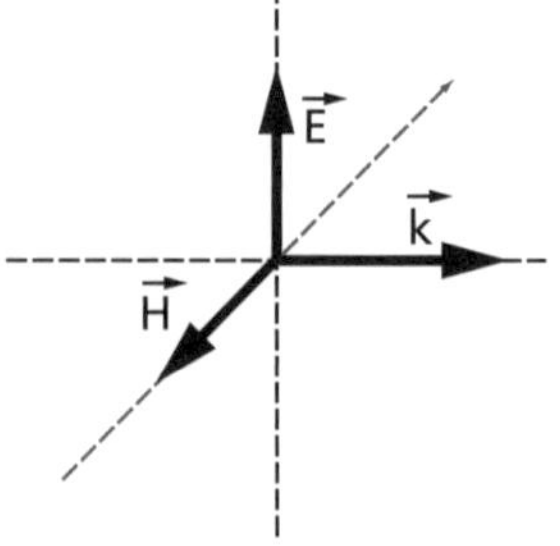

$$i\vec{k}.\vec{E} = 0$$

$$i\vec{k}.\vec{H} = 0$$

$$i\vec{k} \times \vec{E} = i\omega\mu\vec{H}$$

$$i\vec{k} \times \vec{H} = \vec{j} - i\omega\varepsilon\vec{E}$$

que permitem representar $\vec{E}$, $\vec{H}$ e $\vec{k}$ como vetores mutuamente ortogonais e levam às seguintes equações:

$$kE = \omega\mu H$$

$$kH = -(\omega\varepsilon - i\sigma)E$$

do que resulta:

$$E^2(\omega\varepsilon - i\sigma) = \omega\mu H^2$$

$$\Downarrow$$

$$\left|\frac{E}{H}\right|^2 = \left|\frac{\omega\mu}{\omega\varepsilon - i\sigma}\right|^2$$

$$\text{meio não condutor: } \left|\frac{E}{H}\right| = \sqrt{\frac{\mu}{\varepsilon}} = \frac{1}{\varepsilon v}$$

$$\text{vácuo: } \left|\frac{E}{H}\right| = \sqrt{\frac{\mu_0}{\varepsilon_0}} = 377\Omega$$

Polarizador

Um polarizador deixa passar a componente da luz (representada pelo vetor $\vec{E}$) numa determinada direção apenas. Assim, luz não polarizada fica linearmente polarizada depois do polarizador. Pode-se imaginar um polarizador elementar como sendo formado por fios condutores paralelos e alinhados, conforme ilustra a Fig. 3.1. Qual das polarizações, em cada um dos três casos dessa figura, passaria por esse polarizador e qual não?

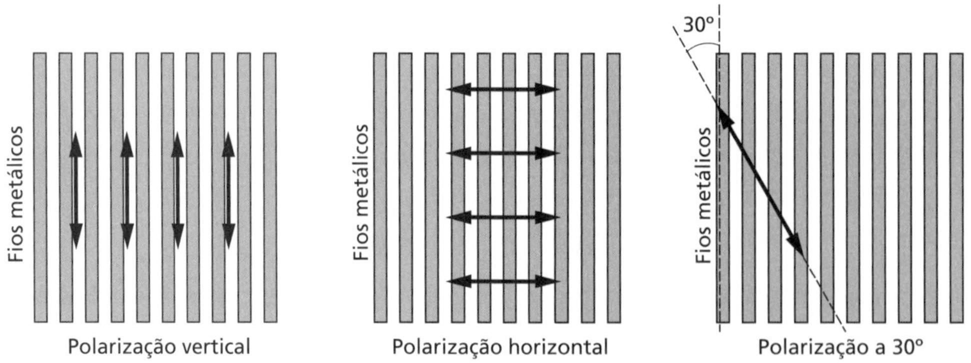

Fig. 3.1 Luz linearmente polarizada incidindo num polarizador

3.3.2 Polarização elíptica

Um material que tenha índices de refração diferentes para as diferentes direções de vibração da luz polarizada é denominado "birrefringente". Nesses materiais existem duas direções mutuamente ortogonais, chamadas de "próprias", que têm índices de refração determinados e chamados um de "ordinário" e o outro de "extraordinário". Pode-se decompor qualquer polarização da luz nessas duas direções "próprias", sendo que cada uma dessas componentes se propaga com seu correspondente índice de refração próprio, ordinário ou extraordinário.

Uma lâmina de retardo comercial tem sempre os eixos próprios (principais) no seu plano de entrada. Suponhamos que os eixos principais de uma lâmina de retardo estejam alinhados com os eixos x e y de um sistema de coordenadas. Suponhamos também que uma luz linearmente polarizada, com amplitude A, incida normalmente sobre essa lâmina, com a direção da polarização fazendo um ângulo θ com o eixo x, como ilustrado na Fig. 3.2.

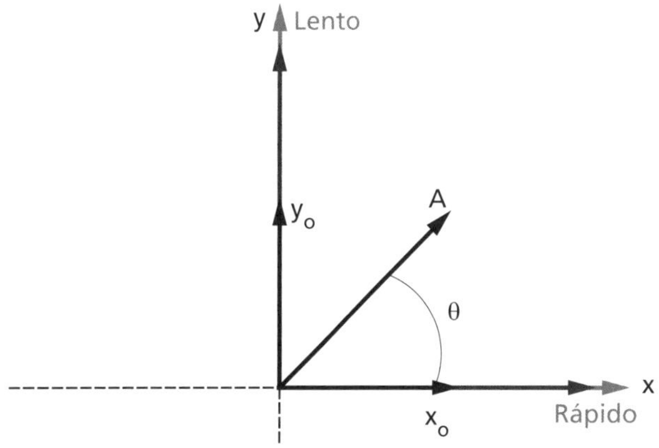

Fig. 3.2 Lâmina de retardo alinhada com os eixos coordenados x e y

Nesse caso, as amplitudes na entrada da lâmina serão:

$$x_o = A\cos\theta \qquad y_0 = A\,\text{sen}\,\theta \tag{3.4}$$

e a expressão das oscilações na saída será:

$$x = x_o\,\text{sen}(\omega t + \phi) = x_o\,\text{sen}\,\omega t\cos\phi + x_o\cos\omega t\,\text{sen}\,\phi \tag{3.5}$$

$$y = y_o\,\text{sen}\,\omega t \tag{3.6}$$

onde ω é a frequência da luz e ϕ é o atraso de fase entre ambas as componentes (onda rápida e onda lenta) na saída da lâmina.

Somando os quadrados das expressões nas Eqs. (3.5) e (3.6) e rearranjando os termos, tem-se:

$$\frac{x^2}{x_o^2} + \frac{y^2}{y_o^2} - \text{sen}^2\phi - 2\frac{x}{x_o}\frac{y}{y_o}\cos\phi = 0 \tag{3.7}$$

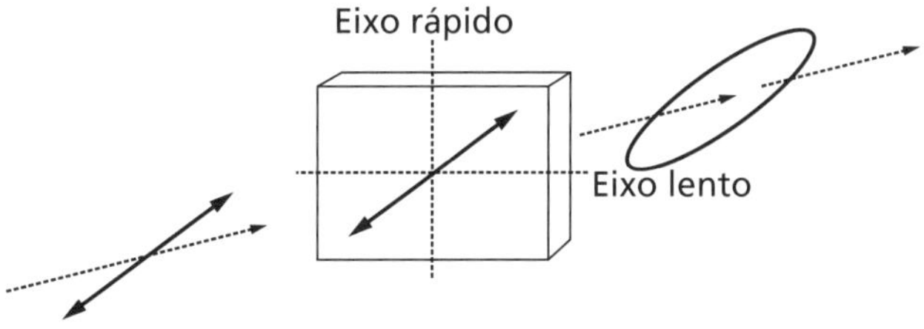

Fig. 3.3 Lâmina de retardo

que representa uma elipse rotada, como ilustrado na Fig. 3.3, que pode ser transformada numa elipse centrada, por meio de uma rotação do sistema de coordenadas. Para isso, usamos a matriz de transformação:

$$\begin{bmatrix} y \\ x \end{bmatrix} = \begin{bmatrix} \cos\alpha & \text{sen}\,\alpha \\ -\text{sen}\,\alpha & \cos\alpha \end{bmatrix} \begin{bmatrix} y' \\ x' \end{bmatrix} \tag{3.8}$$

Com as correspondentes transformações $x \rightarrow x'$ e $y \rightarrow y'$, a Eq. (3.7) fica assim:

$$\frac{y'^2}{b^2} + \frac{x'^2}{a^2} = 1 + x'y'\frac{2x_oy_o\cos 2\alpha\cos\phi + (y_o^2 - x_o^2)\,\text{sen}\,2\alpha}{x_o^2y_o^2\,\text{sen}^2\phi} \tag{3.9}$$

com:

$$\frac{1}{a^2} = \frac{x_o^2 y_o^2 \operatorname{sen}^2 \phi}{y_o^2 \cos^2 \alpha + x_o^2 \operatorname{sen}^2 \alpha - x_o y_o \operatorname{sen} 2\alpha \cos \phi} \tag{3.10}$$

$$\frac{1}{b^2} = \frac{x_o^2 y_o^2 \operatorname{sen}^2 \phi}{y_o^2 \operatorname{sen}^2 \alpha + x_o^2 \cos^2 \alpha + x_o y_o \operatorname{sen} 2\alpha \cos \phi} \tag{3.11}$$

Anulando o último termo à direita na Eq. (3.9), encontramos o ângulo de rotação α:

$$\operatorname{tg} 2\alpha = 2 \frac{x_o y_o}{x_o^2 - y_o^2} \cos \phi \tag{3.12}$$

necessário para que o novo sistema de coordenadas mostre uma elipse centrada:

$$\frac{x'^2}{a^2} + \frac{y'^2}{b^2} = 1 \tag{3.13}$$

A razão da intensidade máxima sobre a mínima da luz na saída da lâmina é:

$$\frac{I_M}{I_m} = \frac{a^2}{b^2} = \frac{y_o^2 \operatorname{sen}^2 \alpha + x_o^2 \cos^2 \alpha + x_o y_o \operatorname{sen} 2\alpha \cos \phi}{y_o^2 \cos^2 \alpha + x_o^2 \operatorname{sen}^2 \alpha - x_o y_o \operatorname{sen} 2\alpha \cos \phi} \tag{3.14}$$

Substituindo a Eq. (3.4) nas Eqs. (3.12) e (3.14), encontramos as relações:

$$\frac{I_M}{I_m} = \frac{2 \operatorname{sen}^2 \theta \operatorname{sen}^2 \alpha + 2 \cos^2 \theta \cos^2 \alpha + \operatorname{sen} 2\theta \operatorname{sen} 2\alpha \cos \phi}{2 \operatorname{sen}^2 \theta \cos^2 \alpha + 2 \cos^2 \theta \operatorname{sen}^2 \alpha - \operatorname{sen} 2\theta \operatorname{sen} 2\alpha \cos \phi} \tag{3.15}$$

$$\operatorname{tg} 2\alpha = \operatorname{tg} 2\theta \cos \phi \tag{3.16}$$

Note que, quando $\theta = \pi/4$, a Eq. (3.15) se simplifica, pois $\alpha = \pi/4$, e então resulta:

$$\frac{I_M}{I_m} = \frac{1 + \cos \phi}{1 - \cos \phi} \tag{3.17}$$

3.3.3 Matrizes de Jones

As matrizes de Jones são úteis para calcular o efeito de componentes que alterem a polarização da luz. Vamos calcular a matriz de Jones que descreve uma lâmina birrefringente cujo eixo lento atrasa a onda de uma fase ϕ e o eixo rápido está inclinado de um ângulo α, no sentido anti-horário, sobre o eixo x no sistema de coordenadas, como indicado na Fig. 3.4. Seja uma onda chegando à lâmina com componentes (na formulação complexa):

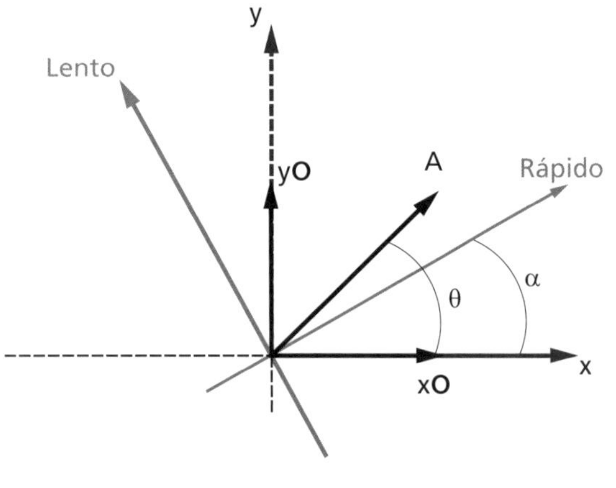

Fig. 3.4

$$E_x^o = x_o \, e^{ikz} \qquad E_y^o = y_o \, e^{ikz} \tag{3.18}$$

no momento arbitrário $t = 0$. As projeções nos eixos rápido e lento serão, respectivamente:

$$E_r = (x_o \cos \alpha + y_o \operatorname{sen} \alpha)\, e^{ikz} \tag{3.19}$$

$$E_l = (-x_o \operatorname{sen} \alpha + y_o \cos \alpha)\, e^{ikz} \tag{3.20}$$

Na saída da lâmina, essas componentes terão sofrido um atraso de fase relativo ϕ, ficando assim:

$$E'_r = (x_o \cos\alpha + y_o \operatorname{sen}\alpha)\, e^{ikz} \tag{3.21}$$

$$E'_l = (-x_o \operatorname{sen}\alpha + y_o \cos\alpha)\, e^{i(kz+\phi)} \tag{3.22}$$

Recompondo novamente as componentes nos eixos x e y, teremos:

$$E'_x = x_o \left[\cos^2\alpha + \operatorname{sen}^2\alpha\, e^{i\phi}\right] e^{ikz} + y_o \frac{\operatorname{sen} 2\alpha}{2}(1 - e^{i\phi})\, e^{ikz} = x\, e^{ikz} \tag{3.23}$$

$$E'_y = y_o \left[\operatorname{sen}^2\alpha + \cos^2\alpha\, e^{i\phi}\right] e^{ikz} + x_o \frac{\operatorname{sen} 2\alpha}{2}(1 - e^{i\phi})\, e^{ikz} = y\, e^{ikz} \tag{3.24}$$

onde as ondas na saída são:

$$E'_x = x\, e^{ikz} \qquad E'_y = y\, e^{ikz} \tag{3.25}$$

Colocando os resultados em termos de matrizes, tem-se:

$$\begin{bmatrix} x \\ y \end{bmatrix} = \begin{bmatrix} a & b \\ c & d \end{bmatrix} \begin{bmatrix} x_o \\ y_o \end{bmatrix} \tag{3.26}$$

onde a matriz $\left[\begin{smallmatrix} a & b \\ c & d \end{smallmatrix}\right]$ descreve a lâmina retardadora rotada de um ângulo α em relação ao sistema de coordenadas, e seus elementos são:

$$a = \cos^2\alpha + e^{i\phi} \operatorname{sen}^2\alpha \tag{3.27}$$

$$b = \frac{\operatorname{sen} 2\alpha}{2}(1 - e^{i\phi}) \tag{3.28}$$

$$c = \frac{\operatorname{sen} 2\alpha}{2}(1 - e^{i\phi}) \tag{3.29}$$

$$d = \operatorname{sen}^2\alpha + e^{i\phi} \cos^2\alpha \tag{3.30}$$

Uma outra forma, mais elegante, de resolver esse problema é utilizando apenas matrizes. Imaginemos uma onda linearmente polarizada ao longo do eixo x, representada por:

$$\begin{bmatrix} 1 \\ 0 \end{bmatrix} \tag{3.31}$$

que incide numa lâmina retardadora cujo eixo lento, alinhado com y, retarda a onda em uma fase ϕ e se representa pela matriz:

$$\begin{bmatrix} 1 & 0 \\ 0 & e^{i\phi} \end{bmatrix} \tag{3.32}$$

Antes de a onda incidir na lâmina, fazemos a sua polarização rotar um ângulo α no sentido horário; para tanto, rotamos o sistema de coordenadas no sentido anti-horário. Quando a onda sair da lâmina, rotamos o sistema de coordenadas do mesmo ângulo α, mas agora no sentido horário, de forma a restaurar a situação inicial da onda incidente (polarização alinhada com o eixo x). Sabendo que a matriz

$$\begin{bmatrix} \cos\alpha & \operatorname{sen}\alpha \\ -\operatorname{sen}\alpha & \cos\alpha \end{bmatrix} \tag{3.33}$$

representa a rotação do sistema de coordenadas num ângulo α no sentido anti-horário, podemos escrever essa sequência da seguinte forma:

$$\begin{bmatrix} \cos\alpha & -\operatorname{sen}\alpha \\ \operatorname{sen}\alpha & \cos\alpha \end{bmatrix} \begin{bmatrix} 1 & 0 \\ 0 & e^{i\phi} \end{bmatrix} \begin{bmatrix} \cos\alpha & \operatorname{sen}\alpha \\ -\operatorname{sen}\alpha & \cos\alpha \end{bmatrix} \begin{bmatrix} 1 \\ 0 \end{bmatrix} \tag{3.34}$$

onde são representados, da direita para a esquerda, os seguintes elementos:

- onda linearmente polarizada sobre o eixo x;
- sistema de coordenadas rotando de um ângulo α no sentido anti-horário (ou polarização da luz rotando α no sentido horário);
- lâmina retardadora com o eixo rápido alinhado com x;
- sistema de coordenadas rotando um ângulo α no sentido horário.

Se calcularmos o produto das três matrizes excluindo a que representa a onda (extrema direita), teremos:

$$\begin{aligned} &\begin{bmatrix} \cos\alpha & -\operatorname{sen}\alpha \\ \operatorname{sen}\alpha & \cos\alpha \end{bmatrix} \begin{bmatrix} 1 & 0 \\ 0 & e^{i\phi} \end{bmatrix} \begin{bmatrix} \cos\alpha & \operatorname{sen}\alpha \\ -\operatorname{sen}\alpha & \cos\alpha \end{bmatrix} = \\ &= \begin{bmatrix} \cos^2\alpha + e^{i\phi}\operatorname{sen}^2\alpha & (1-e^{i\phi})\frac{\operatorname{sen}2\alpha}{2} \\ (1-e^{i\phi})\frac{\operatorname{sen}2\alpha}{2} & \operatorname{sen}^2\alpha + e^{i\phi}\cos^2\alpha \end{bmatrix} \end{aligned} \tag{3.35}$$

que representa a lâmina que procuramos e coincide com o resultado da matriz 2×2 na Eq. (3.26). Se simplificarmos o problema pensando numa lâmina retardadora de $\lambda/4$, com o eixo rápido a 45° sobre o eixo x, a matriz fica na forma:

$$\begin{bmatrix} \frac{1}{2}+\frac{1}{2}i & \frac{1}{2}(1-i) \\ \frac{1}{2}(1-i) & \frac{1}{2}+\frac{1}{2}i \end{bmatrix} = \frac{1}{2}\begin{bmatrix} 1+i & 1-i \\ 1-i & 1+i \end{bmatrix} = \frac{1}{2}(1+i)\begin{bmatrix} 1 & -i \\ -i & 1 \end{bmatrix} \tag{3.36}$$

Supondo uma onda incidente linearmente polarizada ao longo do eixo x, e desconsiderando o fator constante na frente da matriz da lâmina, resulta uma onda na saída com a expressão:

$$\begin{bmatrix} x \\ y \end{bmatrix} = \begin{bmatrix} 1 \\ -i \end{bmatrix} \tag{3.37}$$

que é uma onda circularmente polarizada, como esperado nesse caso.

Exemplo

A Fig. 3.5 mostra luz polarizada atravessando uma série de elementos polarizantes. Qual é a polarização da luz na saída? Em primeiro lugar, vamos calcular as matrizes dos elementos polarizantes:

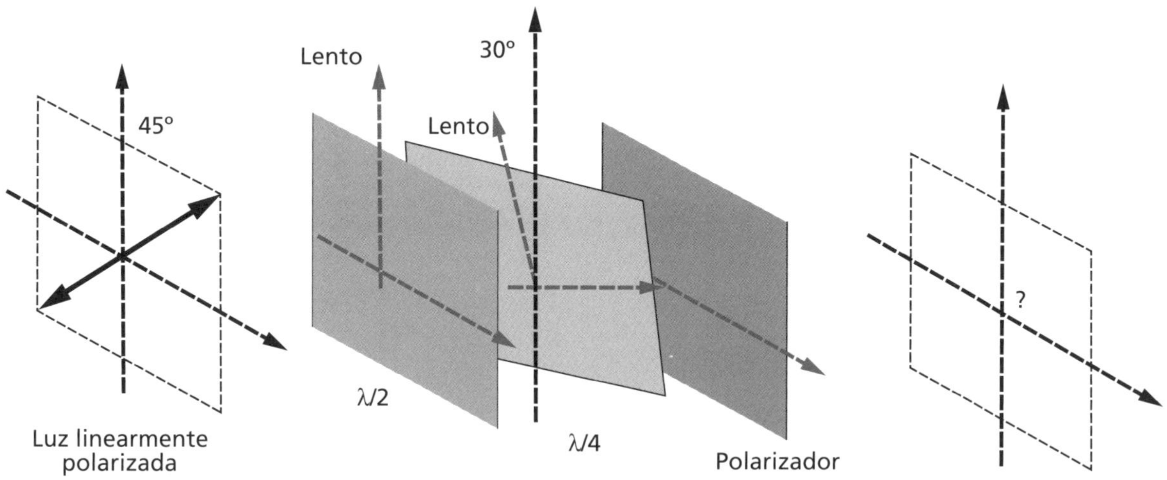

Fig. 3.5 Onda linearmente polarizada a 45° com a vertical, incidindo pela esquerda, primeiro numa lâmina $\lambda/2$, depois numa lâmina $\lambda/4$ rotada 30° com o eixo vertical e, finalmente, num polarizador que permite passagem da polarização horizontal

- A lâmina $\lambda/2$ fica descrita por:

$$\begin{bmatrix} 1 & 0 \\ 0 & -1 \end{bmatrix} \tag{3.38}$$

- A lâmina $\lambda/4$ rotada 30° fica representada por:

$$\begin{bmatrix} \cos^2 30^o + i\,\mathrm{sen}^2\, 30^o & (1-i)(\mathrm{sen}\, 60^o)/2 \\ (1-i)(\mathrm{sen}\, 60^o)/2 & \mathrm{sen}^2\, 30^o + i\cos^2 30^o \end{bmatrix} \tag{3.39}$$

- e o polarizador, que deixa passar apenas a polarização no eixo x, fica descrito por:

$$\begin{bmatrix} 1 & 0 \\ 0 & 0 \end{bmatrix} \tag{3.40}$$

O conjunto de elementos, em sequência, pode ser então descrito por:

$$\begin{bmatrix} 1 & 0 \\ 0 & 0 \end{bmatrix} \begin{bmatrix} \cos^2 30^o + i\,\mathrm{sen}^2\, 30^o & (1-i)(\mathrm{sen}\, 60^o)/2 \\ (1-i)(\mathrm{sen}\, 60^o)/2 & \mathrm{sen}^2\, 30^o + i\cos^2 30^o \end{bmatrix} \begin{bmatrix} 1 & 0 \\ 0 & -1 \end{bmatrix} = \\ = \begin{bmatrix} 0{,}75 + i0{,}25 & (1-i)0{,}433 \\ 0 & 0 \end{bmatrix} \tag{3.41}$$

considerando que $\cos^2 30^o = 0{,}75$, $\mathrm{sen}^2\, 30^o = 0{,}25$ e $(\mathrm{sen}\, 60^o)/2 = 0{,}433$.

Agora podemos calcular o efeito dessa bateria de componentes polarizantes:

$$\begin{bmatrix} 0{,}75 + i0{,}25 & (1-i)0{,}433 \\ 0 & 0 \end{bmatrix} \begin{bmatrix} 1 \\ 0 \end{bmatrix} = \begin{bmatrix} 0{,}75 + i0{,}25 \\ 0 \end{bmatrix} \tag{3.42}$$

Como é a polarização dessa luz na saída? Era necessário ou não fazer todos esses cálculos para se chegar a esse resultado?

3.4 Reflexão e refração

A reflexão e a refração de uma onda plana numa interfase, como indicado na Fig. 3.6, apresentam continuidade da fase, o que significa que, nas coordenadas $\vec{r}_1$ e $\vec{r}_2$, na interfase teremos, para as ondas incidente, refletida e transmitida, respectivamente:

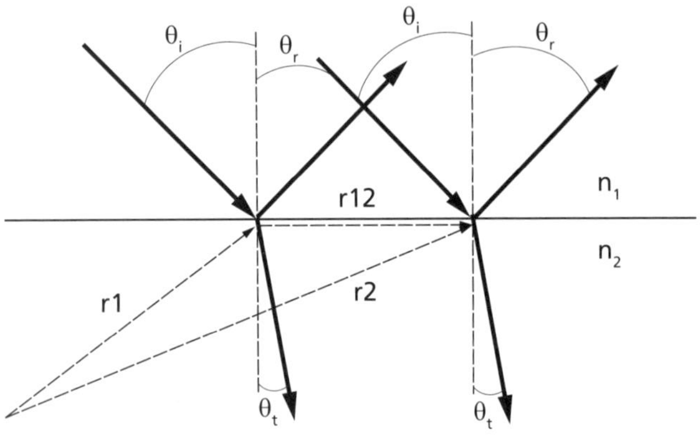

Fig. 3.6 Reflexão e refração de ondas planas

$$\phi_i(\vec{r}_1) = \vec{r}_1.\vec{k}_i - \omega t_1 \qquad \phi_i(\vec{r}_2) = \vec{r}_2.\vec{k}_i - \omega t_2$$
$$\phi_r = \vec{r}_1.\vec{k}_r - \omega t_1 \qquad \phi_r(\vec{r}_2) = \vec{r}_2.\vec{k}_r - \omega t_2$$
$$\phi_t = \vec{r}_1.\vec{k}_t - \omega t_1 \qquad \phi_t(\vec{r}_2) = \vec{r}_2.\vec{k}_t - \omega t_2$$
$$\phi_i(\vec{r}_1) = \phi_r(\vec{r}_1) = \phi_t(\vec{r}_1) \qquad \phi_i(\vec{r}_2) = \phi_r(\vec{r}_2) = \phi_t(\vec{r}_2)$$

Subtraindo as expressões para os pontos $\vec{r}_2$ e $\vec{r}_1$, resulta:

$$\vec{k}_i.\vec{r}_{12} = \vec{k}_r.\vec{r}_{12} = \vec{k}_t.\vec{r}_{12} \qquad \vec{r}_{12} \equiv \vec{r}_2 - \vec{r}_1$$

Sabendo que:

$$k_i = k_0 n_1 \qquad k_r = k_0 n_1 \qquad k_t = k_0 n_2$$

concluímos que:

$$\operatorname{sen}\theta_i = \operatorname{sen}\theta_r \qquad n_1 \operatorname{sen}\theta_i = n_2 \operatorname{sen}\theta_t \tag{3.43}$$

que resume as leis de reflexão e de refração (Snell).

3.4.1 Equações de Fresnel

A Fig. 3.7 mostra o vetor do campo elétrico e o vetor intensidade do campo magnético das ondas incidente, refletida e refratada. Pelo teorema da continuidade das componentes paralelas numa interfase (Slater; Frank, 1947), para os campos $\vec{E}$ e $\vec{H}$, tem-se:

$$E_i \cos\theta_i - E_r \cos\theta_r = E_t \cos\theta_t$$
$$H_i + H_r = H_t$$

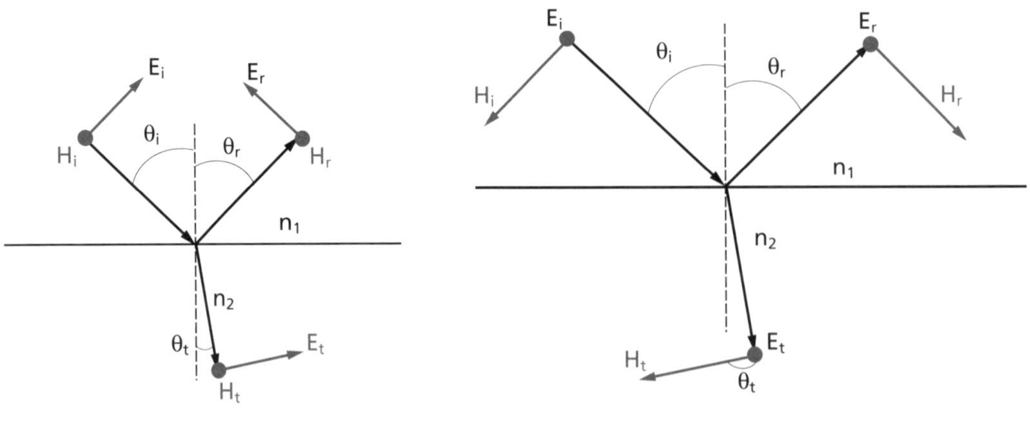

Fig. 3.7 Reflexão de Fresnel para configuração TM (esquerda) e TE (direita)

Porém, como num meio não condutor se verifica $E/H = \sqrt{\mu/\epsilon}$, então:

$$E_i \cos\theta_i - E_r \cos\theta_r = E_t \cos\theta_t$$
$$(E_i + E_r)\sqrt{\epsilon_1/\mu_1} = E_t\sqrt{\epsilon_2/\mu_2}$$

Uma vez que os índices de refração podem ser escritos como:

$$n_1 = c\sqrt{\mu_1\epsilon_1} \qquad n_2 = c\sqrt{\mu_2\epsilon_2} \text{ com } n \equiv n_2/n_1$$

o que, junto com as equações para os campos elétricos incidente, refletido e transmitido, resulta numa expressão para a refletância complexa para a polarização TM:

$$r_{\text{TM}} \equiv E_r/E_i = \frac{n\cos\theta_i - \cos\theta_t}{n\cos\theta_i + \cos\theta_t} \tag{3.44}$$

e similarmente para a polarização TE:

$$r_{\text{TE}} = \frac{\cos\theta_i - n\cos\theta_t}{\cos\theta_i + n\cos\theta_t} \tag{3.45}$$

Pela lei de Snell, as duas formulações anteriores também podem ser escritas assim:

$$r_{\text{TE}} = -\frac{\text{sen}(\theta_i - \theta_t)}{\text{sen}(\theta_i + \theta_t)} \tag{3.46}$$

$$r_{\text{TM}} = \frac{\text{tg}(\theta_i - \theta_t)}{\text{tg}(\theta_i + \theta_t)} \tag{3.47}$$

A refletância para ambas as polarizações ($|r_{\text{TE}}(\theta_i)|^2$ e $|r_{\text{TM}}(\theta_i)|^2$) aparece nas Figs. 3.8 e 3.9 para os casos de reflexão externa (n = 1,5) e interna (n = 1/1,5), respectivamente. Em ambos os casos, fica claro que, para polarização TM, existe um ângulo de incidência (chamado de Brewster) para o qual a reflexão é nula, o que não é o caso para a polarização TE. Na Fig. 3.9, vemos o fenômeno de reflexão total que ocorre para:

$$n_i \,\text{sen}\,\theta_i \geq n_t \qquad \text{sen}\,\theta_i \geq n \equiv n_t/n_i \tag{3.48}$$

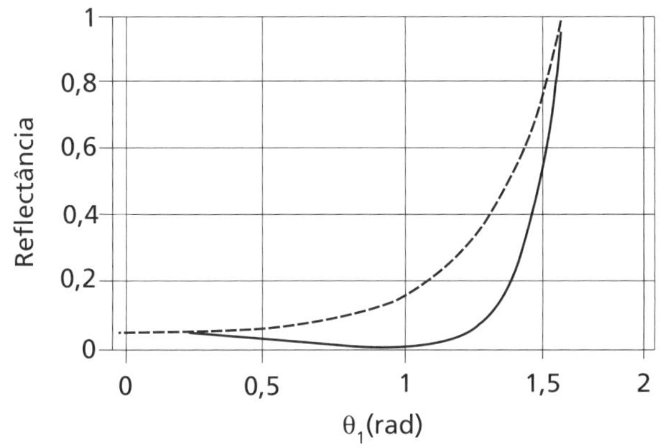

Fig. 3.8 Refletância numa interface com índice de refração relativo n=1,5, para polarização TE (tracejado) e TM (contínuo)

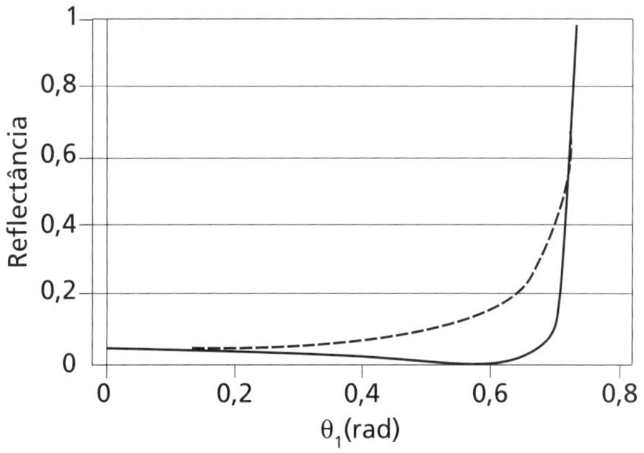

Fig. 3.9 Refletância numa interface com índice de refração relativo n=1/1,5, para polarização TE (tracejado) e TM (contínuo)

onde n_i representa o índice de refração no meio do raio incidente e n_t, o do meio do lado do raio refratado.

Ângulo de Brewster

Da Eq. (3.47) fica claro que não haverá reflexão, para polarização TM, no caso $\theta_i + \theta_t = \pi/2$, quando os feixes refletido e refratado formam um ângulo de 90°:

$$\theta_r + \theta_t = \pi/2 \qquad \theta_i = \theta_r = \theta_{B1} \qquad \theta_t = \theta_{B2}$$

$$\operatorname{sen}\theta_{B2} = \operatorname{sen}(\pi/2 - \theta_{B1}) = \operatorname{sen}\pi/2\cos\theta_{B1} - \cos\pi/2\operatorname{sen}\theta_{B1} = \cos\theta_{B1}$$

e, com base na lei de Snell, concluímos que o ângulo de Brewster vale:

$$\operatorname{tg}\theta_{B1} = n_2/n_1 \tag{3.49}$$

e que, na propagação inversa, ele vale:

$$\operatorname{tg}\theta_{B2} = n_1/n_2 \tag{3.50}$$

O uso do ângulo de Brewster é muito útil para a medida do índice de refração, por se tratar de uma técnica muito simples, embora pouco precisa.

É interessante notar, na Fig. 3.10, que há uma fundamentação física direta para o fato de não haver luz refletida com polarização TM no ângulo de Brewster, quando as direções de propagação dos raios refletido e transmitido fazem 90°. Se pensarmos que a luz refletida e transmitida pelo material é resultado das oscilações da matéria – e, nesse caso, ela oscila (polarização TM) no plano de incidência (plano da página) –, e lembrando que as ondas eletromagnéticas são transversais, então seria mesmo impossível haver luz refletida, pois, nesse caso, o campo elétrico estaria oscilando na mesma direção que a de propagação da onda.

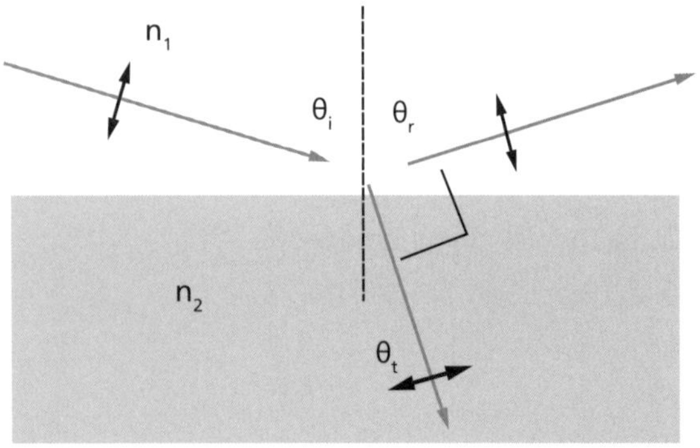

Fig. 3.10 Ângulo de Brewster: ângulo de incidência: θ_i; reflexão: θ_r, refração: θ_t

3.4.2 Reflexão total

Nas Eqs. (3.44) e (3.45), podemos substituir θ_t usando a Lei de Snell, para ficar na forma:

$$r_{\mathrm{TM}} = \frac{n^2\cos\theta_i - \sqrt{n^2 - \operatorname{sen}^2\theta_i}}{n^2\cos\theta_i + \sqrt{n^2 - \operatorname{sen}^2\theta_i}} \tag{3.51}$$

$$r_{\mathrm{TE}} = \frac{\cos\theta_i - \sqrt{n^2 - \operatorname{sen}^2\theta_i}}{\cos\theta_i + \sqrt{n^2 - \operatorname{sen}^2\theta_i}} \tag{3.52}$$

Na reflexão interna ($n < 1$), quando o ângulo de incidência é tal que $\operatorname{sen}\theta_i > n$, a quantidade dentro do radical fica negativa e, dessa forma, as expressões nas Eqs. (3.52) e (3.51) ficam assim:

$$r_{TE} = \frac{\cos\theta_i - i\sqrt{\text{sen}^2\theta_i - n^2}}{\cos\theta_i + i\sqrt{\text{sen}^2\theta_i - n^2}} = \frac{a - ib}{a + ib} = e^{-i2\,\text{arctg}(b/a)} \quad \textbf{(3.53)}$$

$$r_{TM} = \frac{n^2\cos\theta_i - i\sqrt{\text{sen}^2\theta_i - n^2}}{n^2\cos\theta_i + i\sqrt{\text{sen}^2\theta_i - n^2}} = \frac{c - ib}{c + ib} = e^{-i2\,\text{arctg}(b/c)} \quad \textbf{(3.54)}$$

onde a, b e c são reais. Fica evidente que, nesse caso:

$$| r_{TE} |^2 = | r_{TM} |^2 = 1 \quad \textbf{(3.55)}$$

o que significa que haverá reflexão total, como mostrado na Fig. 3.9 para $\text{sen}\,\theta_i \geq \text{sen}\,\theta_c = n$, onde θ_c é o chamado ângulo crítico de reflexão total.

Ondas evanescentes

Mesmo no caso em que se verifica $\theta_i \geq \theta_c$, quando ocorre reflexão total, podemos escrever genericamente a amplitude da luz transmitida como:

$$T = T_0\, e^{i(\vec{k}^t.\vec{r} - \omega t)} \quad \textbf{(3.56)}$$

Nesse caso, porém, quais serão as características dessa onda? Podemos escrever:

$$\vec{k}^t.\vec{r} = k_x^t x + k_z^t z \quad \textbf{(3.57)}$$

onde x é a coordenada ao longo da interfase entre os dois meios e z é a coordenada perpendicular à interfase, com valores positivos quando aponta na direção do material de menor índice de refração. Por continuidade de fase, nesse caso, temos que:

$$k_x^t = k^t\,\text{sen}\,\theta_t = k^i\,\text{sen}\,\theta_i \quad \textbf{(3.58)}$$

e também:

$$k_z^t = \sqrt{(k^t)^2 - (k_x^t)^2} = k_0\sqrt{n_2^2 - n_1^2\,\text{sen}^2\theta_i} \qquad k_0 \equiv 2\pi/\lambda_0 \quad \textbf{(3.59)}$$

onde λ_0 representa o comprimento de onda no vácuo. Para o caso em que $\text{sen}\,\theta_i > \text{sen}\,\theta_c = n_2/n_1 = n$, então:

$$k_z^t = i\alpha \qquad \alpha \equiv k_0 n_1\sqrt{\text{sen}^2\theta_i - n_2^2/n_1^2} \quad \textbf{(3.60)}$$

$$k_x^t = \beta \qquad \beta \equiv k^i\,\text{sen}\,\theta_i \quad \textbf{(3.61)}$$

e assim, podemos escrever:

$$T = T_0\, e^{-\alpha z}\, e^{i(\beta x - \omega t)} \quad \textbf{(3.62)}$$

A reflexão total pode ser vista como um fenômeno de "tunelamento" óptico, em que a luz penetra uma pequena distância dentro do segundo material ($n_1 > n_2$) para sair, depois, num ponto deslocado ao longo do eixo x, paralelo à interfase, como ilustrado na Fig. 3.11.

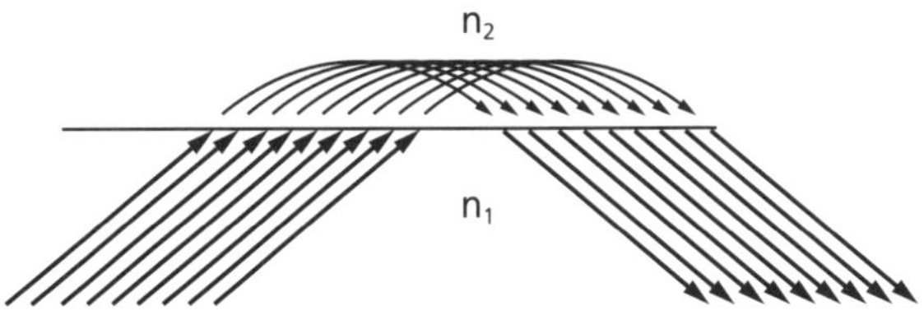

Fig. 3.11 Ilustração da penetração dos raios no segundo meio, na reflexão total

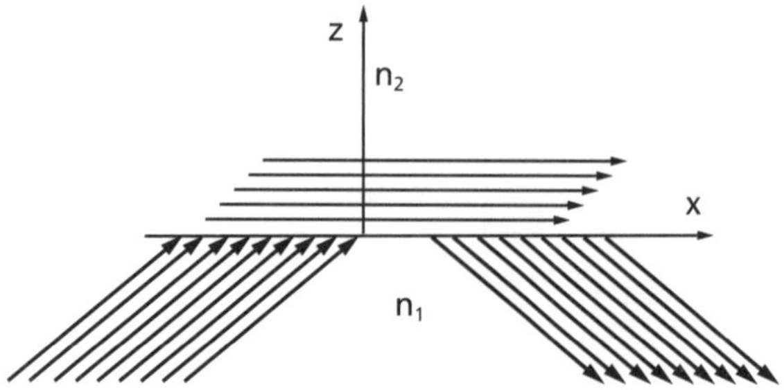

Fig. 3.12 Onda evanescente viajando no segundo meio, formada pela envolvente dos raios mostrados na Fig. 3.11, com constante de propagação β na direção x e amplitude decaindo exponencialmente com coeficiente α ao longo do eixo z, perpendicular à interfase

Considerando a envolvente de todos os raios de uma onda, isso significa que temos uma onda viajando ao longo da coordenada "x" na interfase entre os dois materiais, com constante de propagação β, com amplitude decrescendo exponencialmente no interior do segundo meio, com constante α, conforme ilustrado nas Figs. 3.11 e 3.12. Podemos imaginar que se trata de uma onda inomogênea (ver Eq. 2.64) com vetores $\vec{\alpha}$ e $\vec{\beta}$ tais que $\vec{\alpha}.\vec{\beta} = 0$. É interessante notar que o valor do vetor de propagação $\beta = k^i \operatorname{sen}\theta_i$ é maior que o valor do vetor $k_0 n_2$ no meio material correspondente. A penetração da onda evanescente no segundo meio pode ser aproveitada para se fazer análise espectroscópica de materiais, bastando apenas apoiar o prisma de reflexão total contra a superfície a ser analisada. Essa técnica chama-se ATR (do inglês *attenuated total reflexion*). Quanto mais próximo o ângulo de incidência estiver do ângulo crítico, mais profundamente a onda evanescente penetrará no segundo meio. Como exemplo, podemos calcular com que precisão temos que nos aproximar do ângulo crítico para termos uma amplitude da onda evanescente de pelo menos 1% do seu valor na interface, a 0,01 mm dentro do segundo meio, supondo $\lambda = 633$ nm e $n_1/n_2 = 1{,}50$. Para isso, multiplicamos por 0,01 mm a expressão (3.60) para α:

$$\alpha z = k_0 n_1 \sqrt{\operatorname{sen}^2\theta_i - \frac{n_2^2}{n_1^2}} = \ln(100) \text{ onde } z = 0{,}01\,\text{mm} \tag{3.63}$$

de onde resulta:

$$100\frac{\theta_i - \theta_c}{\theta_c} \approx 0{,}13\% \tag{3.64}$$

Ou seja, o ângulo de incidência não pode se afastar mais do que 0,13% do valor do ângulo crítico $\theta_c = \operatorname{arcsen}(1/1{,}5) = 0{,}7297$ rad.

3.5 Problemas

3.5.1 Lâmina de retardo

Uma luz linearmente polarizada incide com a polarização a 45° com os eixos principais de uma lâmina birrefringente, como indicado na Fig. 3.3. Ao passar pela lâmina, a luz fica elipticamente polarizada, e a razão entre as intensidades do eixo maior sobre o menor vale 10.

- Calcule o valor da diferença de fase entre as componentes lenta e rápida da luz na saída da lâmina.
- Se a espessura da lâmina é de 0,2 mm e o comprimento de onda da luz é de 633 nm, calcule a diferença entre os índices de refração para os eixos rápido e lento.

3.5.2 Matrizes de Jones

1. Verifique que a matriz $\begin{bmatrix} 1 & 0 \\ 0 & i \end{bmatrix}$ representa uma lâmina de retardo de $\lambda/4$, com os eixos rápido e lento paralelos aos eixos do sistema de coordenadas.
2. Sabendo que a matriz $\begin{bmatrix} \cos\alpha & -\operatorname{sen}\alpha \\ \operatorname{sen}\alpha & \cos\alpha \end{bmatrix}$ permite rotar o sistema de coordenadas de um ângulo α no sentido anti-horário, construa a matriz de uma lâmina de retardo de $\lambda/4$ rotada de α.
3. Para $\alpha = 45^o$, verifique que se trata mesmo de uma lâmina de retardo de $\lambda/4$ a 45° com o sistema de coordenadas. Dica: teste o comportamento da lâmina com uma onda linearmente polarizada a 45° e com outra linearmente polarizada ao longo do eixo x ou y.

3.5.3 Lâmina de retardo de $\lambda/4$

Quero construir uma lâmina de retardo de $\lambda/4$ para $\lambda = 633\,\text{nm}$, utilizando quartzo cujos índices nos eixos rápido e lento são, respectivamente, 1,544 e 1,553.

1. Qual é a espessura de quartzo necessária?
2. Sobre essa lâmina faço incidir perpendicularmente um raio de luz circularmente polarizado da forma:

$$E_x = E^o \cos(kz - \omega t) \qquad E_y = E^o \operatorname{sen}(kz - \omega t) \qquad k = 2\pi/\lambda \qquad \omega = 2\pi/T$$

   sendo que o eixo x é paralelo ao eixo "lento" da lâmina.
   (a) Escreva a matriz de Jones correspondente a essa polarização.
   (b) Descreva a polarização resultante na saída da lâmina.

3.5.4 Lâmina de retardo rotada

Suponha uma lâmina de retardo de $\lambda/4$ com o eixo lento a 45° abaixo do eixo x do sistema de coordenadas. Calcule a polarização da luz na saída da lâmina nos seguintes casos:

- luz linearmente polarizada ao longo do eixo x;
- luz linearmente polarizada a 45° acima do eixo x;
- luz circularmente polarizada girando no sentido horário visto no sentido de propagação da luz.

3.5.5 Experimento de birrefringência

No experimento descrito na seção 3.6.2, uma luz linearmente polarizada de $\lambda = 589\,\text{nm}$ incide sobre uma lâmina birrefringente a 45° entre os dois eixos lento e rápido da lâmina que está sendo medida. A Fig. 3.13 mostra o sinal que aparece no osciloscópio depois do segundo polarizador, aquele que rota com velocidade angular constante, depois da lâmina, conforme a Fig. 3.19. Se a lâmina tem 1 mm de espessura, quanto vale a diferença entre os dois índices de refração, no eixo rápido e no eixo lento da lâmina?

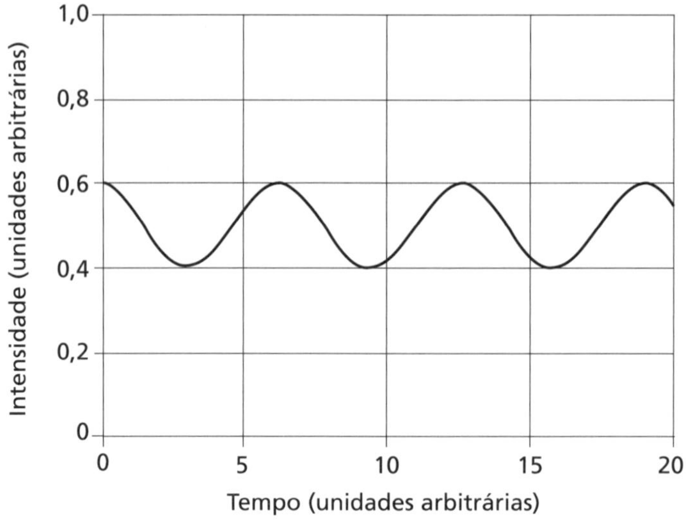

Fig. 3.13 Medida da elipticidade da polarização da luz que passa por uma lâmina birrefringente, como aparece na tela do osciloscópio no experimento do laboratório

3.5.6 Intensidade e campo elétrico num feixe *laser*

Um raio *laser* de He-Ne (λ = 633 nm) de 1 mW de potência tem uma distribuição gaussiana de intensidade na seção transversal à da direção de propagação. Sua intensidade máxima decai para $1/e$ (e: número de Euler) a 0,25 mm do centro do raio. Calcule:

1. o valor máximo da intensidade da luz;
2. o valor máximo do campo elétrico dessa luz.

$$\text{Obs:} \int_0^{\infty} x\, e^{-x^2/a^2}\, dx = a^2/2$$

3.5.7 Intensidade e campo elétrico da luz

Calcule a amplitude do campo elétrico da onda de luz nos seguintes casos:

1. uma lâmpada de 1.000 W a 1 m;
2. uma onda luminosa harmônica e plana propagando-se no ar com uma intensidade de 10 mW/cm^2.

3.5.8 Ondas evanescentes

Na reflexão total geram-se ondas evanescentes cuja amplitude decai rapidamente com a distância à interface de reflexão. Isso pode ser utilizado para fabricar um divisor de feixes com o uso de dois prismas de vidro de 90°.

- Desenhe um divisor de feixes formado por dois prismas de vidro (n = 1,50) que permita dividir um feixe incidente (λ = 633 nm) em um transmitido e outro refletido, ambos com mais ou menos a mesma intensidade. Despreze as perdas por reflexão de Fresnel nas faces de entrada e saída de ambos os prismas e suponha o índice do ar n = 1.

- Supondo que o índice de refração não varie com o comprimento de onda da luz, qual seria a variação na porcentagem da intensidade de luz transmitida, se o comprimento de onda aumentasse em 10%?

3.5.9 Método de Abélès

Ao utilizar a técnica de Abélès (ver seção 3.6.1) para medida de índice de refração em filmes finos, normalmente colocamos o substrato de vidro com o filme de forma que o feixe de luz chegue primeiro ao filme e depois ao substrato, e não o contrário. A técnica poderia funcionar igualmente se fizéssemos chegar o feixe de luz pelo lado de trás, isto é, pelo lado do substrato, e chegando depois ao filme? Justifique matematicamente sua resposta e faça um desenho ilustrativo.

3.6 Experimentos ilustrativos

3.6.1 Medida do índice de refração

Trata-se de medir o índice de refração de materiais transparentes em volume, na forma de lâminas grossas e de filmes finos. Vamos abordar alguns métodos adequados para os diferentes objetivos, todos baseados no ângulo de Brewster.

Ângulo de Brewster

Trata-se de medir o ângulo de Brewster da interface material-ar (onde "material" representa o objeto de estudo, que pode ser uma lâmina de vidro, por exemplo. Para isso, podem-se utilizar diferentes fontes de luz mais ou menos monocromáticas, desde que se usem feixes paralelos para que o ângulo de incidência possa ficar bem definido.

Se o experimento é feito com um *laser* com relativamente grande comprimento de coerência, o material em estudo deve estar sob a forma de um prisma ou de uma lâmina cuja face posterior esteja despolida, para evitar a visualização das franjas formadas pela interferência entre ambas as faces da lâmina, o que dificultaria a visualização do mínimo de intensidade que serve para identificar o ângulo de Brewster. A medida pode ser feita visualmente ou medindo-se a luz refletida com um fotodetector mecanicamente acoplado. Estime experimentalmente a precisão da medida e compare-a com a dos outros métodos utilizados.

Pode-se usar também LEDs (*light emitting diodes*) de diferentes comprimentos de onda, numa montagem como a esquematizada na Fig. 3.14, onde a detecção se faz a olho nu, observando a reflexão do LED na lâmina, cuidando para centralizar sempre a imagem no meio da lâmina, a fim de minimizar erros de paralaxe. Nesse caso, não é necessário despolir a segunda face da lâmina, pois a luz dos LEDs não é coerente o bastante para formar franjas de interferência em materiais com

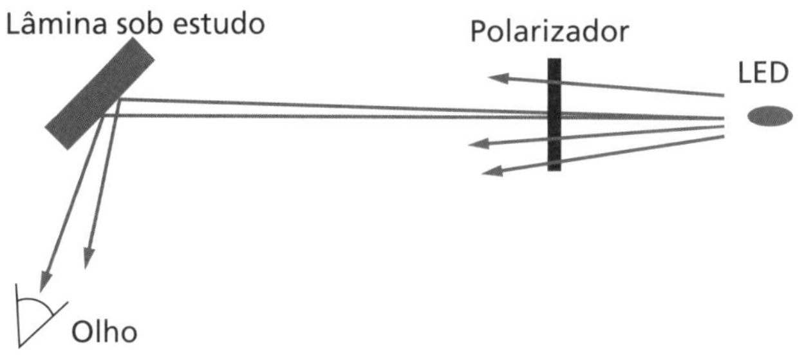

Fig. 3.14 Medida de ângulo de Brewster usando LEDs e observando o LED refletido na lâmina, a olho nu

espessura da ordem de 1 mm. É importante colocar a fonte de luz o mais afastada possível da lâmina a ser medida, para trabalhar com raios aproximadamente paralelos. Se a precisão da medida for boa o bastante, podemos medir a dispersão cromática do material usando LEDs de diferentes comprimentos de onda, mesmo que o polarizador utilizado não seja muito efetivo para alguns desses comprimentos de onda. Como a luz refletida é, em geral, demasiado fraca para se encontrar a normal da placa por reflexão da luz, deve-se medir o ângulo de mínima reflexão de um lado e o simétrico do outro (rotando adequadamente a lâmina), para dispensar a medida direta da posição da normal da lâmina.

Filmes finos: método de Abélès

A medida do ângulo de Brewster é utilizada para se medir o índice de refração em sólidos transparentes. A medida complica-se quando se trata de medir o índice de um filme fino, em razão das reflexões nas diferentes interfaces (filme-substrato e substrato-ar). O método de Abélès (F. Abélès, 1950; Gibson; Frejlich, 1984) permite fazer facilmente a medida, mesmo nessas condições adversas. Precisamos utilizar um filme depositado sobre vidro (ou outro substrato transparente) onde uma pequena faixa do filme tenha sido removida e onde o substrato apareça livre e limpo.

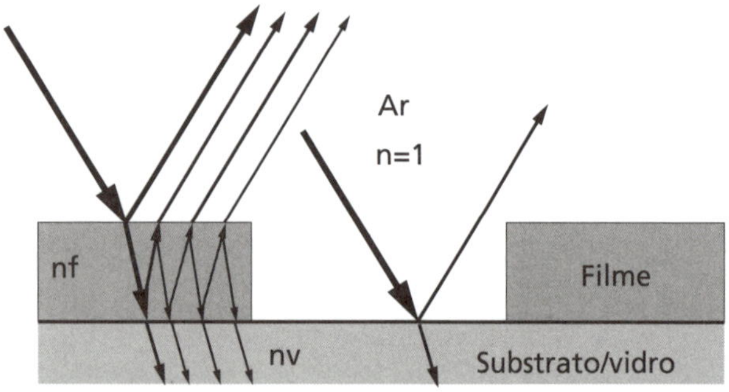

Fig. 3.15 Esquema do experimento de Abélès

O esquema do experimento está indicado na Fig. 3.15, na qual se pode ver um filme (com índice de refração *nf*) sobre um substrato transparente (vidro com índice *nv*).

Uma parte do filme foi retirada de forma a expor, nesse local, o substrato diretamente ao ar. Um feixe de luz paralelo incide sobre o filme e sobre o substrato, sendo largo o suficente para iluminar ambas as partes: a coberta pelo filme e a do substrato exposto.

Prove que, se o raio de luz tiver a polarização (TM) correta e incidir no filme sob o ângulo de Brewster para a interface filme-ar, a luz refletida nas partes coberta e descoberta do substrato tem a mesma intensidade. Esse critério nos permite encontrar e medir o ângulo de Brewster e, assim, calcular *nf*. O substrato é grosso o suficente ou tem sua segunda interface (não indicada no esquema) despolida para podermos não considerar as reflexões nela. Observe as fotografias (Figs. 3.16-3.18) mostrando as diferentes situações na determinação do ângulo.

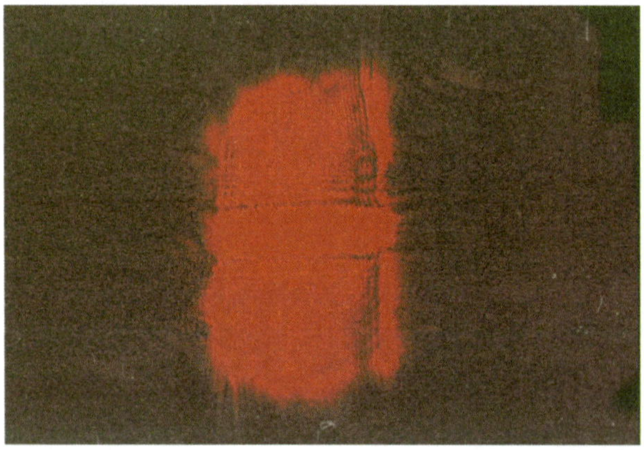

Fig. 3.16 Experimento de Abélès mostrando a imagem do filme com a luz incidindo num ângulo maior que o ângulo de Brewster: o substrato sem filme (tarja central) está mais brilhante

O experimento também pode ser feito visual ou instrumentalmente, com o uso de um fotodetector mecanicamente acoplado, medindo-se uma vez sobre a parte do substrato com filme e a outra sobre a parte

Fig. 3.17 Experimento de Abélès mostrando a imagem do filme com a luz incidindo no ângulo de Brewster: o substrato sem filme (tarja central) tem o mesmo brilho que o restante da placa com filme

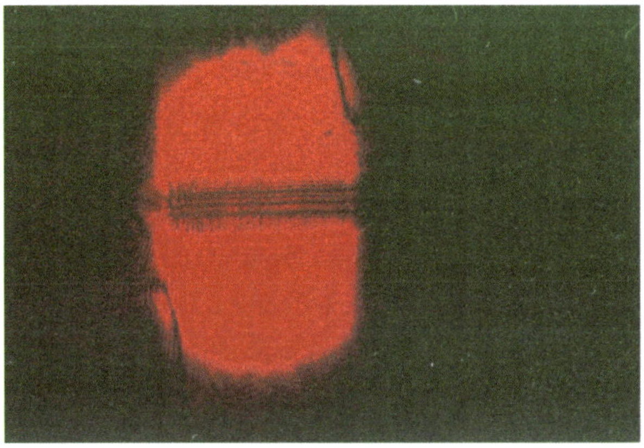

Fig. 3.18 Experimento de Abélès mostrando a imagem do filme com a luz incidindo num ângulo menor que o ângulo de Brewster: o substrato sem filme (tarja central) está mais escuro

do substrato sem filme. É interessante fazer a medida em diferentes comprimentos de onda para poder calcular, também aqui, a dispersão cromática.

3.6.2 Birrefringência

Trata-se de medir a diferença de índices de refração (ou de caminho óptico ou de fase) entre os eixos ordinário e extraordinário num filme ou numa lâmina birrefringente.

Alguns cristais naturais, como a calcita e o quartzo, apresentam birrefringência natural. Muitos filmes plásticos comerciais (p. ex., as transparências usadas para retroprojetores) também apresentam birrefringência. Neste último caso, isso ocorre em razão do processo de fabricação, que mantém uma direção preferencial de tração mecânica que provoca um certo grau de alinhamento das cadeias moleculares poliméricas.

A luz linearmente polarizada, ao passar por uma lâmina birrefringente, em geral fica elipticamente polarizada. A formulação matemática desse processo é relativamente simples e pode ser descrita elegantemente por meio das matrizes de Jones (ver seção 3.3.3). Leve em conta que, ao representar a polarização da luz na saída da lâmina como:

$$x = x_o \cos \omega t \tag{3.65}$$

$$y = y_o \cos(\omega t + \phi) \tag{3.66}$$

resulta uma equação:

$$\frac{x^2}{x_o^2} + \frac{y^2}{y_o^2} - 2\frac{xy}{x_o y_o} \cos \phi = \operatorname{sen}^2 \phi \tag{3.67}$$

que representa uma elipse rotada de um ângulo α (ver seção 3.3.2), em que:

$$\operatorname{tg} 2\alpha = \frac{2x_o y_o}{x_o^2 - y_o^2} \cos \phi \tag{3.68}$$

cujos semieixos a e b são:

$$a^2 = \frac{x_o^2 y_o^2 \operatorname{sen}^2\phi}{y_o^2\cos^2\alpha + x_o^2\operatorname{sen}^2\alpha - x_o y_o \operatorname{sen}2\alpha\cos\phi} \tag{3.69}$$

$$b^2 = \frac{x_o^2 y_o^2 \operatorname{sen}^2\phi}{y_o^2\operatorname{sen}^2\alpha + x_o^2\cos^2\alpha + x_o y_o \operatorname{sen}2\alpha\cos\phi} \tag{3.70}$$

Metodologia

Propomos um procedimento simples para se medir a birrefringência de uma lâmina – no caso, uma lâmina retardadora comercial, de ordem zero. Ela é construída com duas placas de quartzo cujas espessuras diferem no valor d. Elas são superpostas de forma que o eixo rápido de uma se superponha ao eixo lento da outra. Nesse caso, a diferença de fase entre os dois eixos é:

$$\phi = \frac{2\pi}{\lambda} d\Delta n \qquad \Delta n \equiv= n_e - n_o \tag{3.71}$$

A lâmina L é colocada na montagem ilustrada na Fig. 3.19, e as fontes de luz utilizadas podem ser *lasers* de diversos comprimentos de onda e/ou LEDs ou outras fontes de luz monocromáticas. É importante utilizar luz de mais de um comprimento de onda para resolver possíveis indeterminações em ϕ. Trata-se, basicamente, de produzir luz linearmente polarizada, com o polarizador **P1**, a qual, após passar pela lâmina sob estudo, fica elipticamente polarizada. Pode-se medir a elipticidade com o auxílio do polarizador rotante **P2**, o fotodetector **D** e um osciloscópio. No osciloscópio aparecerá uma onda senusoidal, como ilustrado na Fig. 3.13, cujos valores máximo (I_M) e mínimo (I_m) correspondem, respectivamente, aos eixos maior e menor da elipse de polarização. Com o polarizador $P1$, procura-se a posição dos eixos rápido e lento da lâmina e, a seguir, posiciona-se o polarizador a 45° com eles, em que I_M/I_m será mínimo. Pode-se ajustar essa posição verificando esse mínimo no osciloscópio; é aconselhável tomar várias medidas nessa região, a fim de garantir a medida desse valor mínimo para I_M/I_m. Com esse valor é possível calcular a diferença de fase pela fórmula na Eq. (3.17):

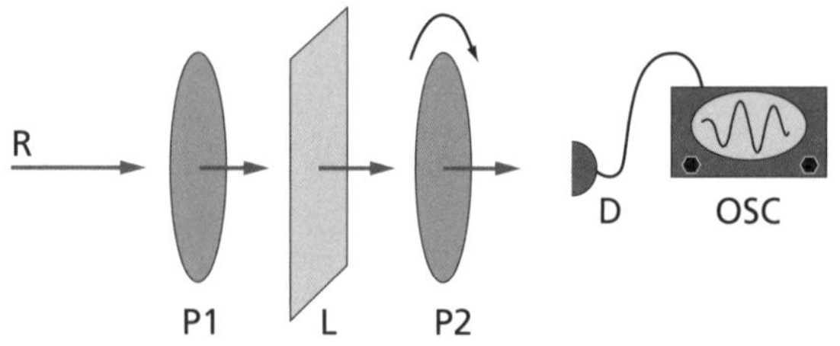

Fig. 3.19 Esquema da montagem para medir birrefringência em filmes: raio de luz (R), polarizador graduado (P1), lâmina sob estudo (L), polarizador rotando com velocidade constante (P2), fotodetector (D) e osciloscópio (OSC)

$$\cos\phi = \frac{I_M/I_m - 1}{I_M/I_m + 1}$$

Com esse valor de ϕ, calcula-se ainda:

$$d\,\Delta n = \pm\frac{\phi\,\lambda}{2\pi} + N\lambda/2 \tag{3.72}$$

onde N é um número inteiro. Note que o sinal $\pm$, assim como N, é necessário por causa da indeterminação de ϕ calculada de $\cos\phi$.

Uma sugestão: procure uma tabela como a Tab. 3.1 (ver, por ex., (Smartt; Steel, 1959)) com os valores de Δn para o quartzo, na faixa de comprimentos de onda da luz utilizada, e calcule d com base na Eq. (3.72):

$$d = \pm \frac{\phi \lambda}{2\pi \Delta n} + N \frac{\lambda}{2\Delta n} \quad \textbf{(3.73)}$$

que deve ser mesmo invariante. Calcule o valor médio obtido para todos os λs e verifique para qual comprimento de onda na faixa visível (400-700 nm) essa lâmina se comporta como retardadora de $\lambda/2$ ou $\lambda/4$, que são as aplicações tecnicamente mais interessantes dessas lâminas.

Outra sugestão: é possível que os polarizadores utilizados não sejam muito eficientes para polarizar alguns comprimentos de onda, principalmente com $\lambda > 640$ nm. Nesses casos, o mínimo da senoide observada no osciloscópio para a luz *sem* a lâmina birrefringente não vai ser zero. A experiência mostra que isso pode ser corrigido tendo esse mínimo como referência de zero para medir o mínimo com a própria lâmina. Esse foi o procedimento utilizado para obter os dados na Tab. 3.2.

Exemplo

Seguindo o procedimento indicado, medimos/calculamos ϕ para os comprimentos de onda mostrados na Tab. 3.2, para então calcular o valor médio da espessura $\bar{d}$ da lâmina. Com esses dados, fizemos o gráfico da Fig. 3.20, para concluir que se trata de uma lâmina retardadora em $\lambda/4$, de ordem zero, para $\lambda \approx 575$ nm.

Um procedimento equivalente é fazer o gráfico correspondente à Eq. (3.73), para os diferentes comprimentos de onda, e verificar para quais valores inteiros de N existe interseção das curvas, como ilustrado na Fig. 3.21, em que alguns comprimentos de onda se intersectam em $N = 0$, dando d = 15.880 μm e outros dois em $N = -1$, dando d = -15.500 μm (o sinal negativo não tem importância nesse caso). A Fig. 3.22 mostra as mesmas curvas, exceto para 504 e 524 nm, em cujo caso usou-se o sinal de "menos" para a fase ϕ, o que

Tab. 3.1 Índice de refração do Quartzo (Jenkins; White, 1981)

λ	cristalino		fundido
nm	ordinário	extraordinário	
200,060	1,64927	1,66227	
226,503	1,61818	1,62992	1,52308
257,304	1,59622	1,60714	1,50379
274,867	1,58752	1,59813	1,49617
303,412	1,57695	1,58720	1,47867
340,365	1,56747	1,57738	1,46968
404,656	1,55716	1,56671	1,46690
486,133	1,54968	1,55898	1,46318
546,072	1,54617	1,55535	1,46013
579,066	1,54467	1,55379	
589,290	1,54425	1,55336	1,45845
656,278	1,54190	1,55093	1,45640
706,520	1,54049	1,54947	1,45517
766,494	1,53907	1,54800	
794,763	1,53848	1,54739	1,45340
844,670	1,53752	1,54640	
1014,06	1,53483	1,54360	

Tab. 3.2 Medidas numa lâmina birrefringente comercial de quartzo

λ (nm)	Δn	$\pm\phi + \pi$	d (μm)
700	0,008984	1,2178	15,099
670	0,009009	1,388	16,428
634	0,009053	1,4063	15,672
593	0,009104	1,4929	16,005
524	0,009216	-1,4223+π	15,558
504	0,009253	-1,3564+π	15,476
$\bar{d}$ = 15,706 μm			

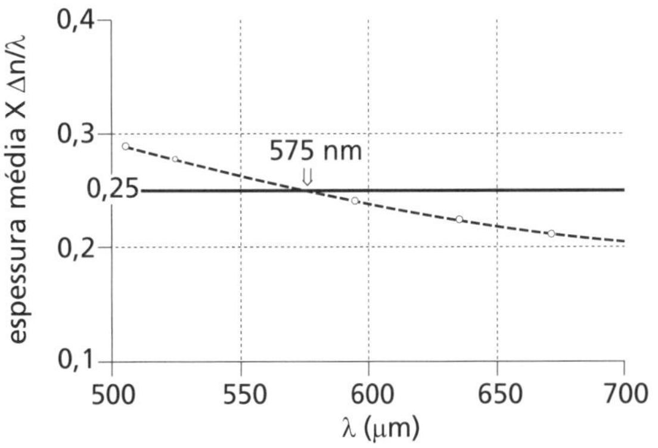

Fig. 3.20 Gráfico de $\bar{d} \times \Delta n$ em função de λ utilizando os dados da Tab. 3.2. A curva mostra que essa lâmina é $\lambda/4$, de ordem zero, para $\lambda \approx 575$ nm

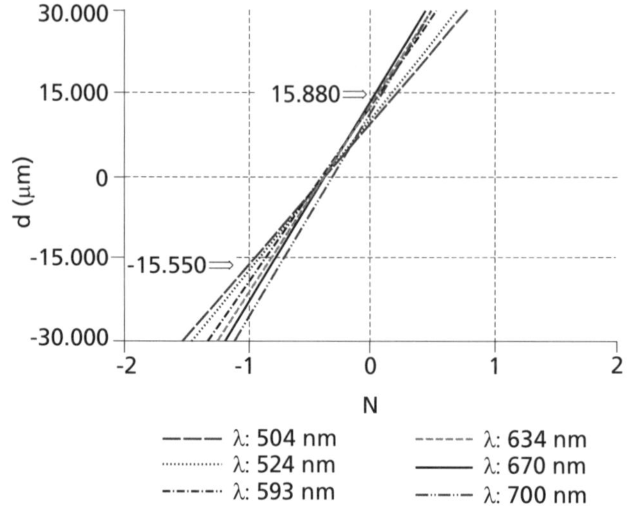

Fig. 3.21 Gráfico da espessura *d* da lâmina birrefringente em função do número de ordem *N* para diferentes comprimentos de onda

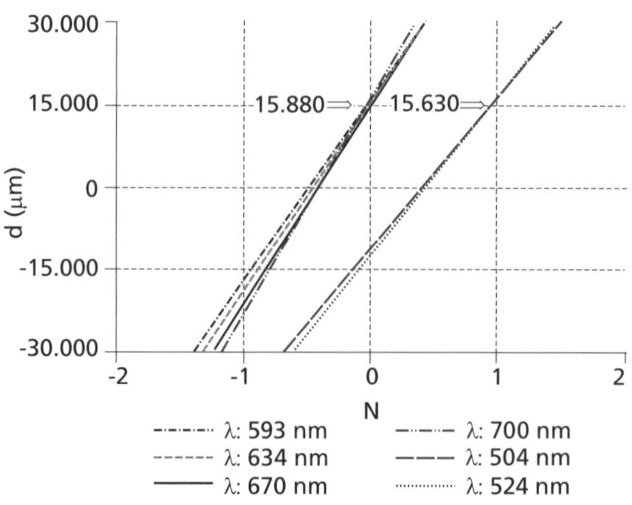

Fig. 3.22 Gráfico da espessura *d* da lâmina birrefringente em função do número de ordem *N* para diferentes comprimentos de onda, mas com valores negativos para as fases de 504 e 524 nm

resultou numa interseção em $N = 1$, dando $d = 15.630\ \mu$m, próximo do valor achado para os outros comprimentos de onda.

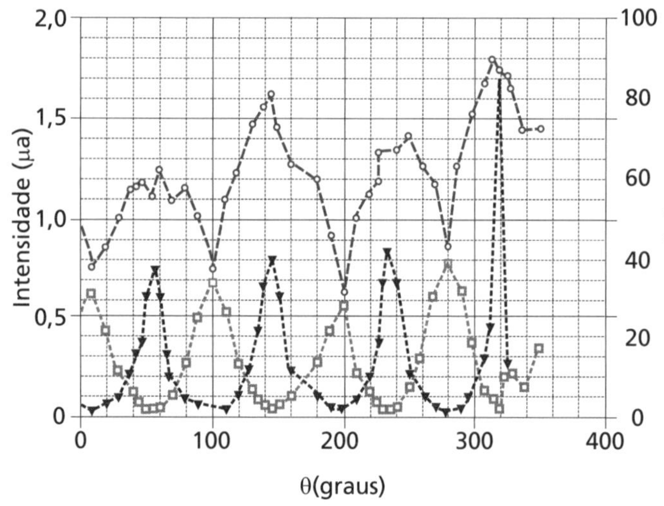

Fig. 3.23 Medida da intensidade máxima I_M (∘), mínima I_m (□) e razão I_M/I_m (▼), para uma lâmina de retardo comercial de ordem zero, com feixe direto de um laser de He-Ne com $\lambda = 633$ nm. O valor do mínimo para I_M/I_m é 1,13

Exemplo

A Fig. 3.23 mostra um resultado típico obtido no laboratório para uma outra lâmina de retardo comercial. Com os dados indicados nessa figura, verifique que a lâmina estudada representa de fato uma lâmina $\lambda/4$ para $\lambda = 633$ nm. A Fig. 3.24 mostra a relação I_M/I_m para a mesma lâmina usada na Fig. 3.23, mas agora medida com o *laser* de He-Ne de 633 nm e mais quatro LEDs bastante monocromáticos. As fontes de luz foram sendo sucessivamente trocadas na montagem sem qualquer alteração na posição da lâmina, do polarizador de entrada e do fotodetector.

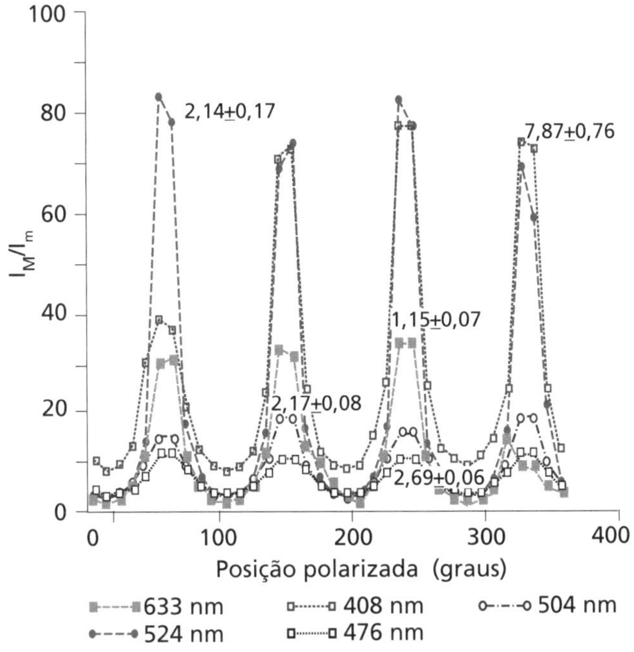

Fig. 3.24 Intensidade máxima sobre mínima (I_M/I_m) calculada para uma luz elipticamente polarizada na saída da mesma lâmina de retardo estudada na Fig. 3.23, para diferentes posições angulares do polarizador de entrada e para iluminações de diferente comprimento de onda; onde os números no gráfico indicam o valor mínimo de I_M/I_m

4 Interferência e coerência

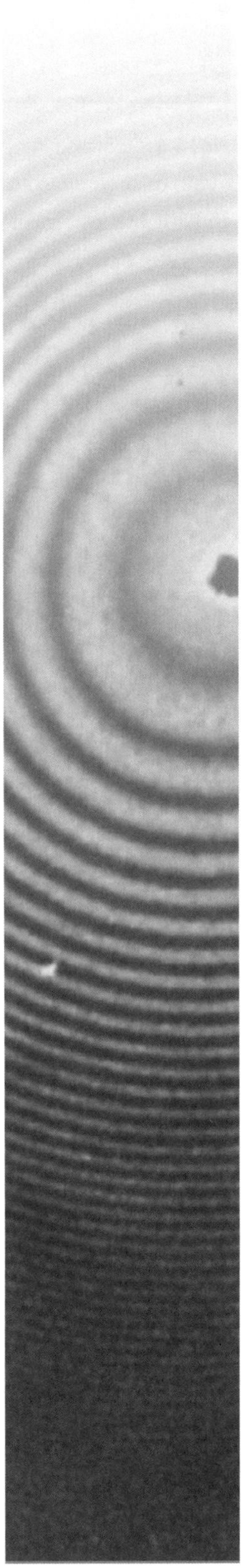

A pureza espectral, ou grau de monocromaticidade da luz, indica o quanto ela está próxima da condição ideal de uma onda harmônica pura, e pode ser medida por meio de um espectrômetro. A coerência, por sua vez, que está relacionada com o comprimento dos trens de onda que formam a radiação luminosa em estudo, determina a capacidade de produzir franjas de interferência. Consequentemente, deve ser medida em experimentos de interferometria. Esses conceitos de pureza espectral, por um lado, e coerência, por outro, aparentemente tão distintos, estão estreitamente relacionados, física e matematicamente. Veremos que, se conhecermos um deles, poderemos calcular o outro.

Neste capítulo desenvolveremos o formalismo matemático adequado para descrever a interferência de duas ondas e estudaremos alguns experimentos clássicos de interferência, com especial atenção aos experimentos com o interferômetro de Michelson e à velocimetria de efeito Doppler, que utiliza esse interferômetro. Também daremos destaque à abordagem da luz como processo estocástico e estudaremos a função de autocorrelação (ver Apêndice E) e sua relação com o espectro de potência. À luz desses conceitos, analisaremos vários modelos teóricos para representar pulsos de luz de diferentes origens.

4.1 Interferência

Na presente seção, analisaremos a interferência da luz, primeiro em termos matemáticos e, depois, a partir de dois arranjos experimentais clássicos: o experimento das fendas de Young e o interferômetro de Michelson. Este último será extensivamente utilizado para estudar o efeito Doppler e, sobretudo, para estudar a coerência da luz. Além de sua importância tecnológica e científica, a interferência de luz pode oferecer efeitos bonitos, como ilustrados nas Figs. 4.1 e 4.2.

Fig. 4.1 Figura de interferência produzida por um cristal de niobato de lítio com o eixo óptico no plano da figura, observado com luz branca convergente, entre polarizadores cruzados

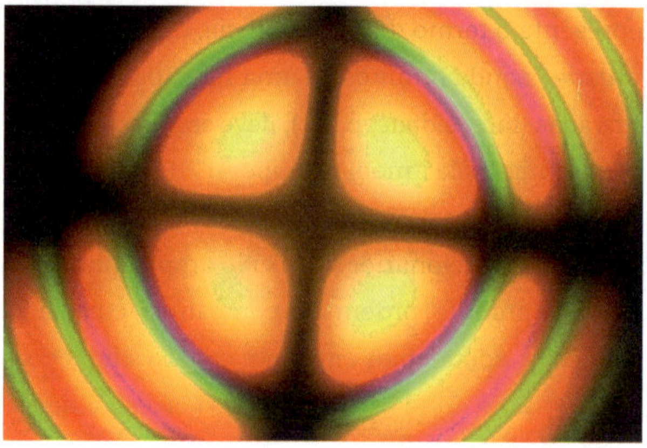

Fig. 4.2 Figura de interferência produzida por um cristal de niobato de lítio com o eixo perpendicular ao plano da figura, observado com luz branca convergente, entre polarizadores cruzados

4.1.1 Formalismo matemático

Seja uma onda $\vec{e}(\vec{r},t)$, formada pela soma de duas ondas harmônicas de frequências angulares ω_1 e ω_2 e vetores de propagação $\vec{k}_1$ e $\vec{k}_2$, respectivamente:

$$\vec{e}(\vec{r},t) = \vec{e}_1(\vec{r},t) + \vec{e}_2(\vec{r},t)$$

$$\vec{e}_1(\vec{r},t) = \vec{E}_1 \cos(\vec{k}_1.\vec{r} - \omega_1 t + \phi_1) = \Re\{\vec{\mathcal{E}}_1(\vec{r},t)\}$$

$$\vec{e}_2(\vec{r},t) = \vec{E}_2 \cos(\vec{k}_2.\vec{r} - \omega_2 t + \phi_2) = \Re\{\vec{\mathcal{E}}_2(\vec{r},t)\}$$

onde $\vec{e}_1$, $\vec{e}_2$, $\vec{E}_1$ e $\vec{E}_2$ são reais, com:

$$\vec{\mathcal{E}}_j(\vec{r},t) = \vec{E}_j e^{i\Phi_j(\vec{r})}\, e^{-i\omega t} \qquad \Phi_j(\vec{r}) = \vec{k}_j.\vec{r} + \phi_j \qquad \vec{E}_j = \hat{e}_j E_j$$

$$|\vec{k}_j| = 2\pi/\lambda \qquad \omega = 2\pi/T$$

$\Re\{\}$ representa a "parte real", $\vec{r}$ é o vetor de posição e $\hat{e}_j$ é o vetor unitário no eixo j. A intensidade resultante (ver Eq. 3.2) é:

$$I = |\langle\vec{S}\rangle| \propto \langle|\,\vec{e}\,|^2\rangle = \langle|\,\vec{e}_1(\vec{r},t) + \vec{e}_2(\vec{r},t)\,|^2\rangle$$

No que segue do livro, convencionamos trocar o sinal de "proporcionalidade" pelo de "igualdade", ficando então a expressão da intensidade, a menos de uma constante, na forma:

$$I = \langle|\,\vec{e}_1(\vec{r},t)\,|^2 + |\,\vec{e}_2(\vec{r},t)\,|^2 + 2\vec{e}_1(\vec{r},t).\vec{e}_2(\vec{r},t)\rangle$$

sendo:

$$I_1 = \langle|\,\vec{e}_1(\vec{r},t)\,|^2\rangle = \frac{1}{2}\,|\,E_1\,|^2 \tag{4.1}$$

$$I_2 = \langle|\,\vec{e}_2(\vec{r},t)\,|^2\rangle = \frac{1}{2}\,|\,E_2\,|^2 \tag{4.2}$$

as intensidades de cada uma das duas ondas que interferem, e a expressão:

$$\begin{aligned} &2\langle\vec{e}_1(\vec{r},t).\vec{e}_2(\vec{r},t)\rangle = \\ &= \langle\vec{E}_1.\vec{E}_2\,[\cos(\Phi_1 + \Phi_2 - (\omega_1 + \omega_2)t) + \cos(\Phi_1 - \Phi_2 - (\omega_1 - \omega_2)t)]\rangle \end{aligned} \tag{4.3}$$

representa o termo de interferência, onde o símbolo $\langle\ \rangle$ representa a média temporal. Na verdade, a onda luminosa é uma função aleatória e ela, assim como as quantidades dela derivadas (intensidade, p. ex.), deve ser descrita pela sua "esperança matemática" (Papoulis, 1965), e não pela "média temporal". Podemos, porém, utilizar esta última no lugar da primeira, no caso de processos aleatórios estacionários no sentido amplo (ver Apêndice E). O processo é estacionário no sentido amplo quando as estatísticas de primeira (média) e de segunda (produto) ordem são constantes, ou seja, independentes do instante em que são calculadas. Adotaremos então um critério simples: se o processo (função temporal) aleatório é estacionário no sentido amplo, as correspondentes esperanças matemáticas podem ser calculadas pelas correspondentes médias temporais (Papoulis, 1965; Papoulis, 1968).

Para o caso de um detector com resposta em frequência maior que $\omega_1 - \omega_2$ e muito menor que $\omega_1 + \omega_2$, o primeiro termo à direita da igualdade na Eq. (4.3) não será detectado, resultando então a expressão:

$$2\langle\vec{e}_1(\vec{r},t).\vec{e}_2(\vec{r},t)\rangle = \vec{E}_1.\vec{E}_2\cos(\Phi_1 - \Phi_2 - (\omega_1 - \omega_2)t) \qquad \textbf{(4.4)}$$

onde $\vec{E}_{1,2}$ são constantes. Para o caso de $\omega_1 = \omega_2$, a expressão da intensidade é:

$$I = I_1 + I_2 + \hat{e}_1.\hat{e}_2\, 2\sqrt{I_1 I_2}\cos(\vec{k}_1.\vec{r} - \vec{k}_2.\vec{r} + \phi_1 - \phi_2) \qquad \textbf{(4.5)}$$

que é a expressão mais conhecida para descrever a interferência de duas ondas.

4.1.2 Fendas de Young

A Fig. 4.3 representa esquematicamente o experimento das fendas de Young. Uma luz pontual de geometria cilíndrica é gerada depois da primeira fenda. As outras duas fendas posteriores, simétricas em relação à primeira, geram duas outras ondas pontuais e cilíndricas, com a mesma fase.

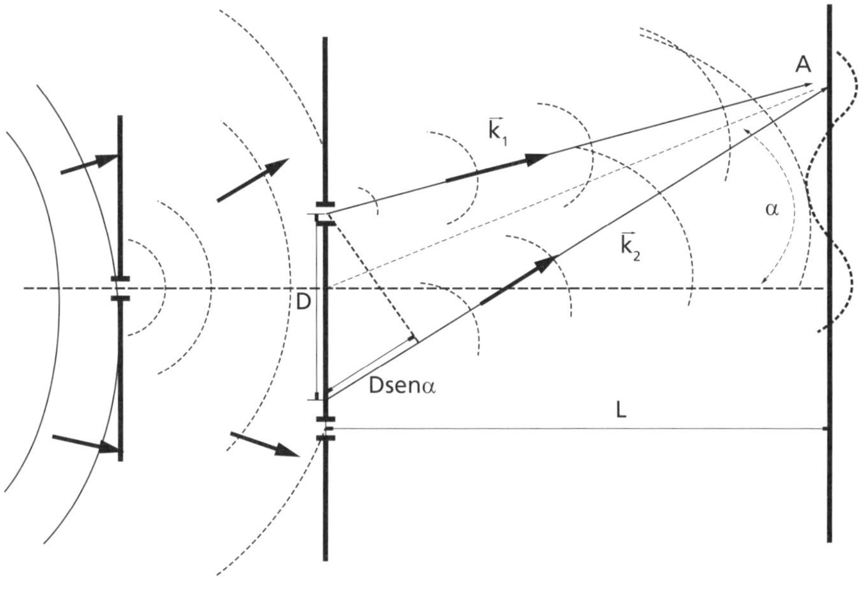

Fig. 4.3 Experimento de interferência das duas fendas de Young

A Eq. (4.5) descreve a formação de franjas de interferência no experimento das fendas de Young, supondo que, por razões de simetria, as duas ondas que interferem têm a mesma fase nas fendas, mas, ao chegar no ponto A, a diferença de fase entre elas corresponde à diferença de caminho $D \operatorname{sen} \alpha$, ou seja:

$$\phi_1 - \phi_2 + (\vec{k}_1 - \vec{k}_2).\vec{r} = \frac{2\pi D \operatorname{sen} \alpha}{\lambda}$$

o que, substituído na Eq. (4.5), resulta em:

$$I = I_1 + I_2 + \hat{e}_1.\hat{e}_2\, 2\sqrt{I_1 I_2} \cos(2\pi D \operatorname{sen} \alpha/\lambda)$$

dando origem a franjas brilhantes nas posições onde $\operatorname{sen} \alpha = N\lambda/D$, e a franjas escuras onde $\operatorname{sen} \alpha = (2N+1)\lambda/(2D)$, sendo N um número inteiro. Note-se que o vetor $\vec{r}$ representa a posição de observação, que pode ser arbitrariamente escolhida como o centro de coordenadas, sendo então $\vec{r} = 0$. Para o caso especial $I_0 = 2I_1 = 2I_2$, com $\vec{e}_1.\vec{e}_2 = 1$, a equação anterior fica na forma:

$$I = I_0[1 + \cos(2\pi D \operatorname{sen} \alpha/\lambda)] \tag{4.6}$$

4.1.3 Interferência por uma lâmina de faces paralelas

Um outro tipo de interferência de dois feixes de luz é ilustrado na Fig. 4.4, que mostra esquematicamente uma onda luminosa refletida na primeira interface (ar-vidro) de uma lâmina de vidro de faces paralelas, interferindo com a onda refletida na segunda interface (vidro-ar). Ao mudar o ângulo de incidência, muda a diferença de fase entre os dois feixes e, dessa forma, poderemos ver máximos e mínimos sucessivos em função do ângulo α. Para o caso de o ângulo de incidência ser muito pequeno ($\alpha \ll 1$), a espessura da lâmina D pode ser calculada assim (Born; Wolf, 1975):

$$D = \frac{\lambda n}{\alpha_2^2 - \alpha_1^2} \tag{4.7}$$

onde n é o índice de refração do vidro e λ é o comprimento de onda da luz (suposta coerente). O ângulo α_1 é o ângulo de incidência do feixe em que se pode ver um mínimo de interferência; o ângulo α_2 corresponde ao próximo mínimo de interferência. Veja o caso de um experimento concreto descrito na seção 4.6.2.

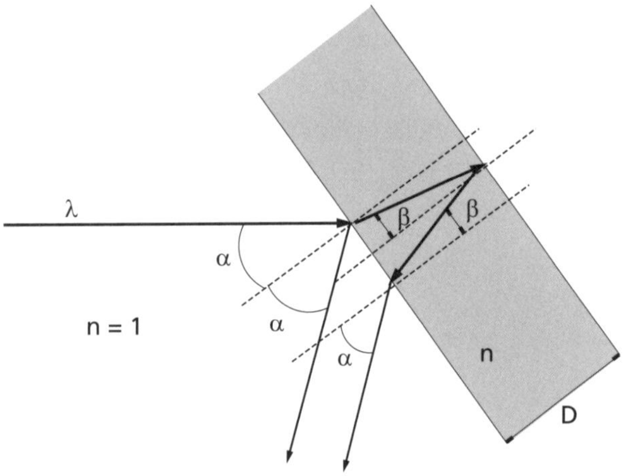

Fig. 4.4 Interferência numa lâmina de faces paralelas

4.1.4 Interferômetro de Michelson

Nesse caso, interferem duas ondas: uma que se reflete no espelho E_1 e percorre uma distância $2l_1$, e a outra que se reflete no espelho E_2 e percorre uma distância $2l_2$, como indicado na Fig. 4.5. Ambas provêm da mesma onda inicial, que é dividida no *beam-splitter* (divisor) de 50%. Queremos saber o número de franjas de interferência que passam pelo detector quando deslocamos o espelho E_2 de uma distância Δl. O problema pode ser analisado de duas formas:

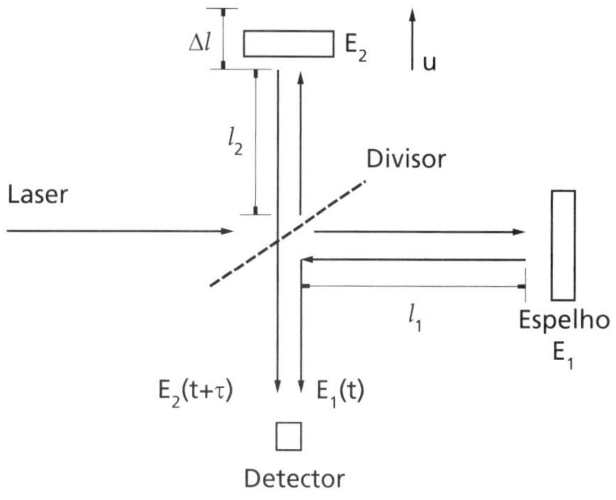

Fig. 4.5 Interferômetro de Michelson

Estados inicial e final

Analisamos, nesse caso, a expressão da intensidade da luz (ver Eq. 4.5 com $\vec{r} = 0$) no estado inicial e no final, quando o espelho E_2 se desloca a uma distância Δl. Verificamos a variação na fase ocorrida entre esses dois estados e, sabendo que cada 2π radianos representa uma franja, podemos calcular o que queremos:

$$\text{número de franjas: } \frac{(\phi_1 - \phi_2)_{\text{final}} - (\phi_1 - \phi_2)_{\text{inicial}}}{2\pi} = \frac{2\,\Delta l}{\lambda}$$

Evolução entre os estados inicial e final

Agora vamos analisar o processo de movimento do espelho E_2. Por causa do efeito Doppler (ver seção 2.3), a frequência da luz que se reflete no espelho que se afasta com velocidade u se altera de ω para ω':

$$\omega' = \omega(1 - u/c) \qquad \omega_D \equiv \omega' - \omega = -\omega u/c \tag{4.8}$$

o que, substituído na expressão da interferência na Eq. (4.4), com $\vec{r} = 0$, resulta em:

$$I = I_1 + I_2 + 2\sqrt{I_1 I_2}\cos(\phi(t) - \omega_D t) \tag{4.9}$$

Nesse caso, a expressão de $\phi(t)$ é:

$$\phi(t) = kl_2 + k'l_2 - 2kl_1 \qquad k' = k(1 - 2u/c)$$

A variação da fase $(\phi(t) - \omega_D t)$, no argumento do cosseno, durante o movimento de E_2, é:

$$\begin{aligned} \mathrm{d}\phi(t) - \mathrm{d}(\omega_D t) &= k\,\mathrm{d}l_2 + k'\,\mathrm{d}l_2 + l_2\,\mathrm{d}k' - \mathrm{d}(\omega_D t) \qquad \mathrm{d}l_2 = u\,\mathrm{d}t \\ &= 2ku\,\mathrm{d}t - k\mathrm{d}l_2\,u/c - kl_2\,\mathrm{d}u/c - \mathrm{d}(\omega_D t) \\ &= 2ku\,\mathrm{d}t - k\mathrm{d}(l_2\,u)/c - \mathrm{d}(\omega_D t) \end{aligned}$$

Calculando a variação total da fase durante o movimento do espelho E_2, desde $t = 0$ até t, e supondo que tanto no início quanto no fim se verificam as condições $u = 0$ e $\omega_D = 0$, o número de franjas referentes a essa variação de fase resulta ser:

$$\frac{\int_0^t (\mathrm{d}\phi(t) - \mathrm{d}(\omega_D t))}{2\pi} = \frac{\int_0^t 2ku\,\mathrm{d}t}{2\pi} = \frac{2\Delta l}{\lambda}$$

que é o mesmo resultado obtido na seção 4.1.4. Isso mostra que ambos os procedimentos são equivalentes.

4.1.5 Velocimetria de efeito Doppler

O fato de que o movimento de um dos espelhos no interferômetro de Michelson produz uma (pequena) variação na frequência da luz nele refletida, que depende da velocidade do espelho em questão, é utilizado para medir essa velocidade a partir do batimento produzido ao interferir essa onda com uma outra refletida pelo espelho estacionário. A Fig. 4.6 mostra o sinal típico de um tal batimento detectado num experimento real, em que um dos espelhos foi substituído pela membrana (pintada com uma tinta retrorrefletora do tipo usada em sinais de trânsito) oscilante de um alto-falante.

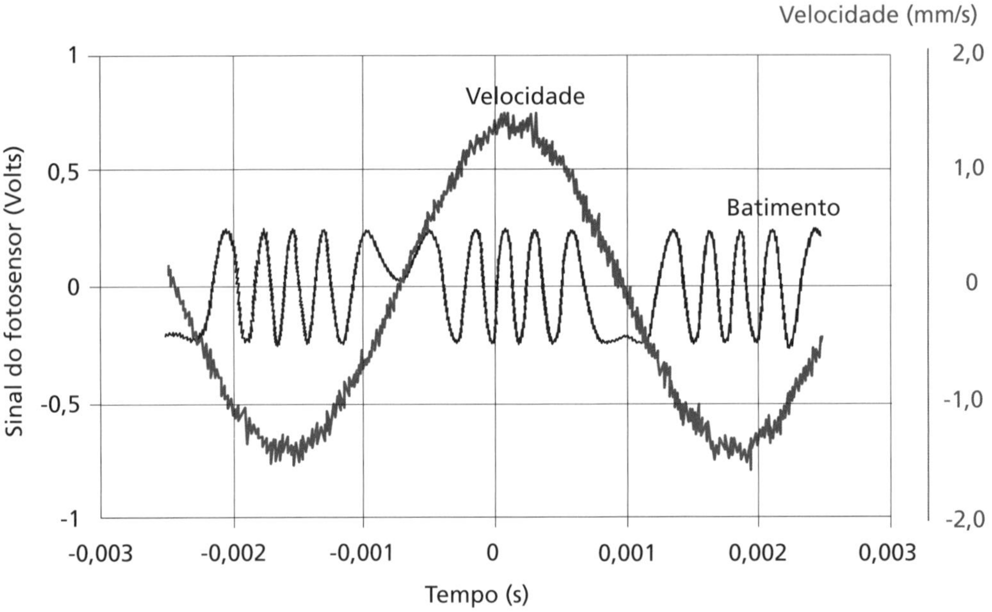

Fig. 4.6 Exemplo típico de um batimento de frequência variável produzido pela oscilação da membrana de um alto-falante. A curva representando a velocidade da membrana foi calculada a partir do batimento. (Experimento realizado pelo Dr. A. A. Freschi no curso "Técnicas ópticas para medida de vibrações e deformações", Unicamp-IFGW/FEM, Campinas-SP, março 1998)

Exemplo

A membrana de um alto-falante vibra em regime perfeitamente elástico (oscilação harmônica) com uma amplitude de $a = 1\,\text{mm}$ e uma frequência de $f = 3\,\text{kHz}$.

1. Calcule a expressão para a variação temporal da frequência da luz de $\lambda_o = 633\,\text{nm}$ ao ser retroespalhada pela referida membrana.

   Resp.: O movimento da membrana é descrito pela fórmula:

$$x = x_0 \cos(2\pi f t)$$

   e sua velocidade é:

$$u = \frac{\partial x}{\partial t} = -u_M \,\text{sen}(2\pi f t) \text{ com } u_M = 2\pi x_0 f$$

   que, substituída na Eq. (4.8), nos permite calcular a frequência da luz refletida na membrana móvel:

$$\boxed{\omega = \omega_0 + \frac{8\pi^2 x_0 f}{\lambda_0}\,\text{sen}(2\pi f t)}$$

2. Se eu faço interferir o feixe dado com um outro de igual amplitude e de frequência fixa correspondente a $\lambda_o = 633\,\text{nm}$, vai ocorrer um batimento, de frequência variável, parecido com o que se pode ver na Fig. 4.6. Calcule a expressão para essa frequência do batimento, bem como seus valores máximo e mínimo.

   Resp.: Quando $\omega_1 \neq \omega_2$ no termo de interferência da Eq. (4.4), ocorre um batimento. A frequência desse batimento é:

   $$\omega_D = \omega - \omega_0 = \frac{8\pi^2 x_0 f}{\lambda_0}\,\text{sen}(2\pi f t) \quad \text{ou} \quad \nu_D = \frac{4\pi x_0 f}{\lambda_0}\,\text{sen}(2\pi f t)$$

   Seu valor mínimo é $\nu_D^m = 0$ e seu valor máximo é $\nu_D^M = 4\pi x_0 f/\lambda_0$.

3. Veja se é possível utilizar esse batimento para calcular o valor da amplitude da oscilação da membrana, caso você saiba sua frequência de excitação. O que você precisa medir para poder calcular a referida amplitude?

   Resp.: Posso calcular x_0 a partir da medida de ν_D^M, conhecendo f e λ_0.

4. Para o caso ilustrado na Fig. 4.6, estime o valor máximo para a velocidade da membrana e o valor da amplitude da oscilação. Com esses dados, calcule a frequência de oscilação da membrana.

   Resp.: Podemos estimar u_M da Fig. 4.6 medindo o menor período, que vale $\Delta t \approx 2{,}4 \times 10^{-4}$s, correspondente a um deslocamento da membrana de $\lambda_0/2$. Então:

   $$u_M \approx \lambda_0/(2\Delta t) = 0{,}633\,\mu\text{m}/(2 \times 2{,}4 \times 10^{-4}s) = 1{,}35\,\text{mm}/s$$

   Para estimar a amplitude, contamos o número total de períodos num ciclo completo (duas vezes a amplitude), que é aproximadamente 4,5. Assim:

   $$x_0 \approx (4{,}5/2)(\lambda_0/2) = 0{,}71\,\mu\text{m}$$

   A frequência da membrana será então:

   $$f = u_M/(2\pi x_0) \approx \frac{1{,}35\,\text{mm/s}}{2\pi 0{,}71\,\mu\text{m}} \approx 302\,\text{Hz}$$

   que se aproxima do valor (295,7 Hz) de excitação do alto-falante diretamente medido na tela do osciloscópio na Fig. 4.6.

4.2 Coerência e espectro de potência

A coerência e a pureza espectral da luz estão diretamente relacionadas entre si, e o caráter aleatório das ondas de luz é fundamental para a compreensão desses conceitos. Veremos que as ideias de "coerência" e de "espectro de potência" não têm sentido em termos de pulsos isolados e que se aplicam apenas às sucessões de pulsos que formam ondas ditas "estacionárias" ou, pelo menos, que assim se comportem durante o tempo de observação e medida.

As diferentes fontes de luz (lâmpadas incandescentes, lâmpadas de descarga de gases, arco elétrico, *lasers* etc.) emitem trens de ondas ou "pulsos" com determinadas características médias (frequência, amplitude etc.), incluindo o comprimento dos próprios pulsos. Os átomos contidos na "lâmpada" são excitados de alguma maneira e, por isso, algum elétron no átomo passa para um nível energético maior. Ao decair, ele emite um fóton com a energia correspondente à da diferença entre o nível excitado e o de repouso, onde o elétron cai no final do processo. O processo se repete continuadamente e, entre um pulso e o seguinte, tudo fica mais ou menos igual, exceto sua fase, que varia aleatoriamente por estar associada aos diferentes instantes em que cada pulso é emitido. Resulta, assim, uma sucessão de pulsos com as características médias determinadas pelo processo de decaimento, mas sem nenhuma relação de fase entre eles, como ilustrado na Fig. 4.7.

Em lâmpadas de gás de alta pressão, a densidade de átomos é muito grande, razão pela qual a frequência das colisões entre os átomos aumenta muito. Consequentemente, o processo de decaimento pode ser interrompido mais rapidamente do que em lâmpadas de baixa pressão. O resultado são pulsos mais curtos, ainda que com a mesma frequência (cor) média, dada pela diferença de níveis energéticos no átomo, o que não muda pelas colisões, obviamente.

O caso de radiação *laser* é bastante diferente. Por causa de um mecanismo especial, o decaimento de um átomo fica sendo "estimulado" ou "iniciado" pelo pulso que incide nele, e isso faz que exista uma "sintonia" de fase entre ambos, o pulso estimulante e o estimulado. O resultado disso é uma sucessão de pulsos, todos em fase uns com os outros. É como se os pulsos sucessivos estivessem "emendados" sem descontinuidade de fase, como ilustrado na Fig. 4.8. Em algum momento essa sintonia é interrompida e tudo recomeça. Por causa dessa sintonia, os *lasers* podem emitir pulsos de centímetros, metros ou quilômetros, enquanto as fontes ditas "incoerentes" emitem pulsos de micrômetros ou milímetros, no máximo.

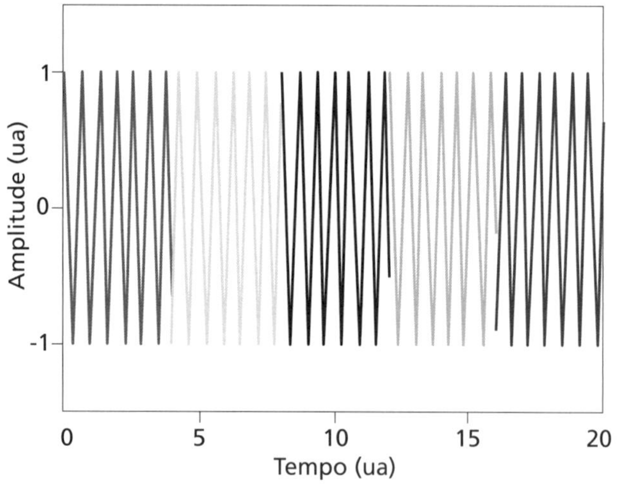

Fig. 4.7 Sucessão de pulsos (representados com diferentes tons de cinza) emitidos por uma fonte incoerente

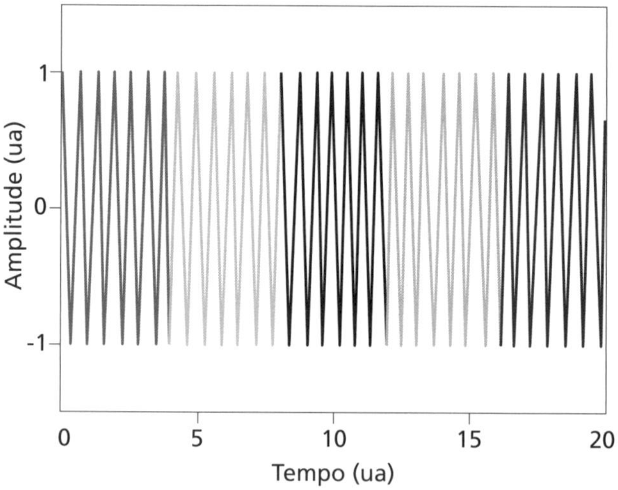

Fig. 4.8 Sucessão de pulsos (representados com diferentes tons de cinza) sincronizados emitidos por uma fonte laser, coerente

O comprimento dos pulsos é uma variável fundamental nos fenômenos de interferência da luz. Num experimento de interferência, sempre estamos superpondo dois raios de luz provenientes da mesma fonte mas percorrendo caminhos um pouco diferentes, ou superpondo dois feixes provenientes de um mesmo feixe que foi dividido em dois por um *beam-splitter*. O resultado é sempre a superposição de dois feixes, um atrasado em relação ao outro, como ilustrado na Fig. 4.9.

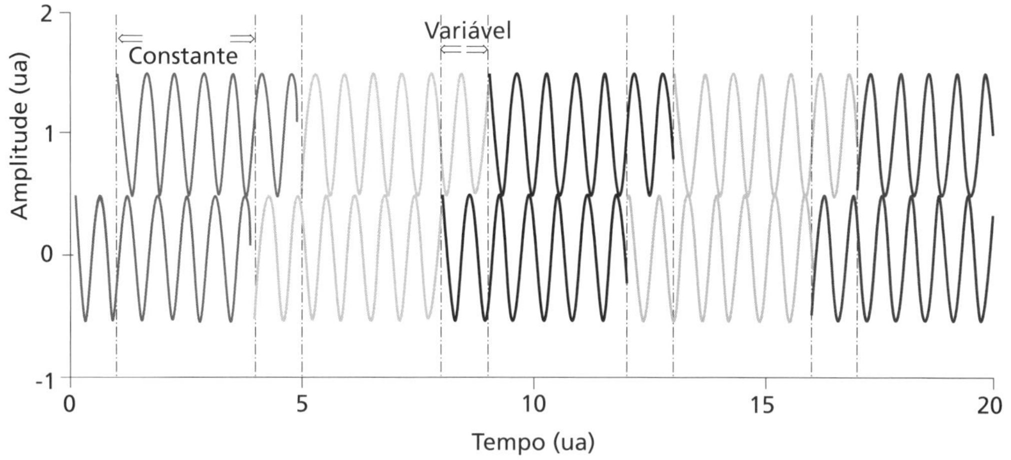

Fig. 4.9 Superposição de dois feixes (formados por pulsos) mutuamente defasados. Na região indicada por "constante", a diferença de fase entre os dois pulsos que se superpõem é constante sempre, pois se trata sempre do mesmo pulso. Na região indicada por "variável", a diferença de fase é sempre distinta para cada vez, pois se trata sempre de dois pulsos diferentes

Ao superpormos esses dois feixes, um atrasado em relação ao outro, há uma região onde se superpõe apenas um pulso consigo mesmo (atrasado), marcada como (de diferença de fase) "constante" na figura. Na outra região, marcada como (de diferença de fase) "variável", superpõem-se um pulso com o seu vizinho. Como a relação entre pulsos sucessivos é aleatória, também é aleatória a relação de fase na superposição nessa última região. Essa variação rápida de fase não permite visualizar a interferência desses feixes, pois os nossos instrumentos de observação são muito mais lentos. Na região marcada como "constante", por sua vez, a posição espacial das franjas de interferência não muda, pois a diferença de fase entre os pulsos em questão é sempre a mesma, já que depende apenas do atraso entre as duas ondas. As franjas de interferência observadas originam-se apenas nessas regiões ditas "constantes". À medida que vamos aumentando a diferença de caminho entre os dois feixes no experimento de interferência, a porcentagem de luz que contribui efetivamente para a visualização das franjas diminui, e o contraste dessas franjas diminui também, por conta da parte "variável", que aumenta e não contribui para a formação das franjas. Quando a diferença de caminho é maior que o comprimento dos pulsos, não vemos mais franjas.

4.2.1 Coerência

O termo de interferência na Eq. (4.4) também pode ser escrito em função da formulação complexa:

$$2\langle \vec{e}_1(\vec{r},t).\vec{e}_2(\vec{r},t)\rangle = 2\Re\{\langle \vec{\mathcal{E}}_1(\vec{r},t).\vec{\mathcal{E}}_2^*(\vec{r},t)\rangle\}$$

A intensidade resultante terá a seguinte formulação:

$$\boxed{I = I_1 + I_2 + \hat{e}_1.\hat{e}_2\, 2\,\Re\{\langle \mathcal{E}_1(\vec{r},t)\mathcal{E}_2^*(\vec{r},t)\rangle\}}$$

onde $\vec{\mathcal{E}}_i = \hat{e}_i\mathcal{E}_i$.

No caso do interferômetro de Michelson, uma das ondas está atrasada em relação à outra, de forma que a expressão anterior pode ser escrita assim:

$$I = I_1 + I_2 + \hat{e}_1.\hat{e}_2\, 2\Re\{\Gamma(\tau)\} \qquad \textbf{(4.10)}$$

$$\Gamma(\tau) = \langle \mathcal{E}_1(t)\mathcal{E}_2^*(t+\tau)\rangle \qquad \textbf{(4.11)}$$

simplificando com $\vec{r} = 0$, mas sem perda de generalidade, onde a diferença de argumentos $\Phi_1(\vec{r}) - \Phi_2(\vec{r})$ está representada pela diferença (temporal) de caminho óptico $\tau = 2\Delta l/c$, sendo que $\Gamma(\tau)$ é a **função de correlação**, chamando-se **autocorrelação** para o caso de $\mathcal{E}_1$ e $\mathcal{E}_2$ serem a mesma onda. A Eq. (4.10) mostra claramente que o interferômetro de Michelson é um "correlômetro", isto é, um medidor de função de autocorrelação.

Definindo o "grau de coerência" da luz como:

$$\gamma(\tau) \equiv \frac{\Gamma(\tau)}{\Gamma(0)} \qquad \Gamma(0) = \sqrt{I_1 I_2}$$

a expressão da intensidade fica assim:

$$I = I_1 + I_2 + \hat{e}_1.\hat{e}_2\, 2\sqrt{I_1 I_2}\,\Re\{\gamma(\tau)\} \qquad \textbf{(4.12)}$$

A função $\gamma(\tau)$ é complexa e periódica em τ. Veremos mais adiante, ao estudar alguns modelos para a luz, que $\gamma(\tau)$ está formada, em geral, por um fator $e^{i\omega\tau}$ (ou diretamente um termo senoidal), cuja parte real descreve as oscilações rápidas de intensidade, em razão das franjas de interferência, e um fator real mais lento em τ, que representa a envolvente da função e descreve a variação do contraste ou visibilidade das franjas. Os valores máximos (I_M) e mínimos (I_m) para a intensidade (das franjas) são, respectivamente:

$$I_M = I_1 + I_2 + \hat{e}_1.\hat{e}_2\, 2\sqrt{I_1 I_2}\,|\gamma(\tau)|$$

$$I_m = I_1 + I_2 - \hat{e}_1.\hat{e}_2\, 2\sqrt{I_1 I_2}\,|\gamma(\tau)|$$

O parâmetro $\mathcal{V}$ é a chamada "visibilidade" das franjas, que, naturalmente, depende de $|\gamma(\tau)|$, sendo:

$$\mathcal{V} = \frac{I_M - I_m}{I_M + I_m} = \hat{e}_1.\hat{e}_2 \frac{2\sqrt{I_1 I_2}\,|\gamma(\tau)|}{I_1 + I_2} \qquad \textbf{(4.13)}$$

máxima para $|\gamma(\tau)| = 1$ luz totalmente coerente

$$\text{zero para } |\gamma(\tau)| = 0 \qquad \text{luz incoerente}$$

$$\text{intermediária para } |\gamma(\tau)| < 1 \qquad \text{luz parcialmente coerente}$$

É interessante destacar que, ao escrever a expressão de $\Gamma(\tau)$ na Eq. (4.11), estamos implicitamente supondo que ela não depende do instante t em que o cálculo (ou a medida) é feito. Isso significa admitir o caráter *estacionário*, de segunda ordem, da $\mathcal{E}(t)$, como discutido no Apêndice (seção E.2.4).

Um modelo simplificado

Vamos calcular a expressão de $\gamma(\tau)$ para um modelo simplificado de luz, em que o campo elétrico em questão está representado pela expressão (Fowles, 1975):

$$\mathcal{E}(t) = E_o\, e^{-i\omega t}\, e^{i\phi(t)} \qquad 0 \leq \phi(t) \leq 2\pi \qquad \textbf{(4.14)}$$

onde $\phi(t)$ assume aleatoriamente e com igual probabilidade quaisquer valores dentro do intervalo $[0,2\pi]$, ficando constante por um tempo τ_o, como ilustrado na Fig. 4.10.

Para calcular o grau de coerência complexo, considera-se:

$$\gamma(\tau) = \frac{\langle \mathcal{E}(t)\mathcal{E}^*(t+\tau)\rangle}{\langle |\mathcal{E}(t)|^2\rangle}$$

$$= e^{i\omega\tau}\left\langle e^{-i(\phi(t)-\phi(t+\tau))}\right\rangle$$

$$\left\langle e^{-i(\phi(t)-\phi(t+\tau))}\right\rangle$$

$$= \lim_{T\to\infty}\frac{1}{T}\int_0^T e^{-i(\phi(t)-\phi(t+\tau))}\,dt$$

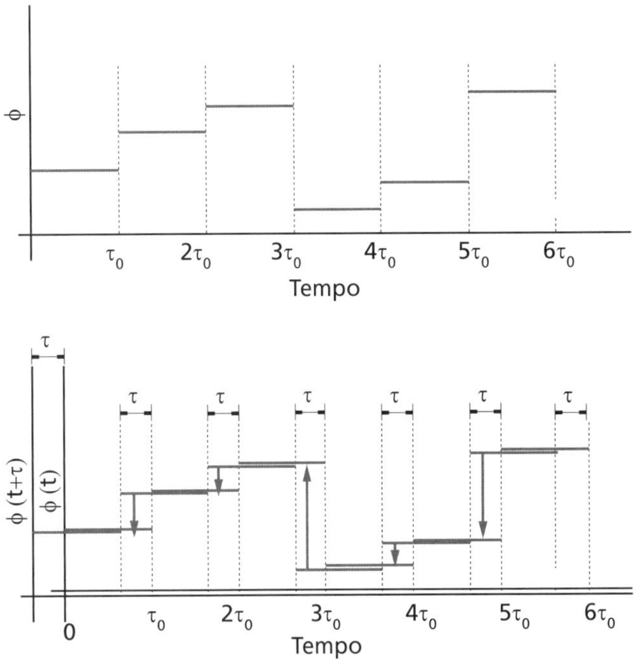

Fig. 4.10 Gráfico superior: Evolução da fase para o modelo de luz descrito na Eq. (4.14). Gráfico inferior: superposição de $\phi(t)$ com $\phi(t+\tau)$ (levemente deslocada na vertical para facilitar a visualização)

Ao formular essa média temporal, supõe-se, como no caso da Eq. (4.11), que estamos tratando com uma onda estacionária. Para isso, vamos considerar não apenas um pulso, mas uma sucessão deles, cujo conjunto constitui a onda estacionária em questão. Para calcular a integral, podemos supor que T inclui um número inteiro de intervalos τ_o, e fazer então o cálculo por intervalos:

$$\langle e^{-i(\phi(t)-\phi(t+\tau))}\rangle = \left\langle \frac{1}{\tau_o}\int_0^{\tau_o-\tau} e^{-i(\phi(t)-\phi(t+\tau))}\,dt\right\rangle + \left\langle \frac{1}{\tau_o}\int_{\tau_o-\tau}^{\tau_o} e^{-i(\phi(t)-\phi(t+\tau))}\,dt\right\rangle$$

Considerando (ver Fig. 4.10) que no intervalo $[0,\tau_o-\tau]$ a diferença de fase é sempre zero, e que no outro intervalo, $[\tau_o-\tau,\tau_o]$, ela é aleatória (resultando numa integral média nula), o resultado será:

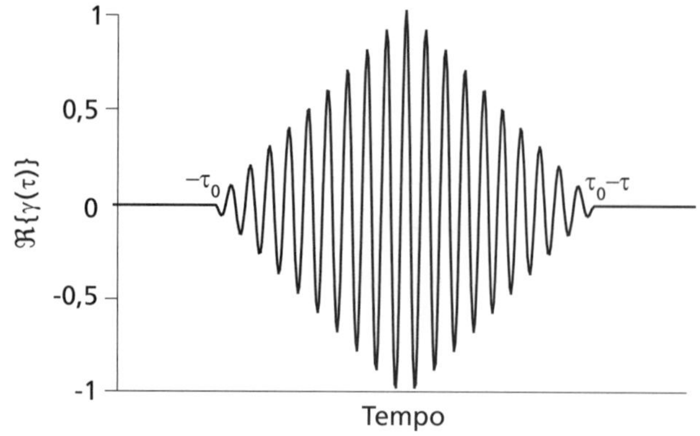

Fig. 4.11 Parte real do grau de coerência complexo para o modelo de luz da Fig. 4.10

$$\gamma(\tau) = e^{i\omega\tau} \Lambda\left(\frac{\tau}{\tau_o}\right) \quad \textbf{(4.15)}$$

$$|\,\gamma(\tau)\,| = \Lambda\left(\frac{\tau}{\tau_o}\right) \quad \textbf{(4.16)}$$

onde a função "triângulo" (Λ) está descrita na seção B.2.2, no Apêndice.

Fica evidente que τ_o representa o comprimento (em termos temporais) de coerência da luz. Para tempos maiores que τ_o, o termo de interferência desaparece e a soma é incoerente. A Fig. 4.11 mostra $\Re\{\gamma(\tau)\}$, ficando evidente a presença de máximos e mínimos na intensidade da luz, ou seja, mostra as franjas de interferência com frequência angular ω, cuja visibilidade vai diminuindo à medida que aumenta τ, até $\tau = \tau_o$, a partir de onde fica constante em zero.

4.2.2 Espectro de potência

Ele é definido como a transformada de Fourier (TF) da função de autocorrelação (Papoulis, 1965; Papoulis, 1968):

$$S(\nu) = \int_{-\infty}^{+\infty} \Gamma(\tau)\, e^{-i2\pi\nu\tau}\, d\tau \quad \textbf{(4.17)}$$

$$\Gamma(\tau) = \int_{-\infty}^{+\infty} S(\nu)\, e^{+i2\pi\nu\tau}\, d\nu \quad \textbf{(4.18)}$$

Para compreender o significado de $S(\nu)$, voltemos à formulação de $\Gamma(\tau)$:

$$\Gamma(\tau) = \langle \mathcal{E}(t)\mathcal{E}^*(t+\tau)\rangle$$

sendo que

$$\Gamma(0) = \langle |\,\mathcal{E}(t)\,|^2\rangle = \int_{-\infty}^{+\infty} S(\nu) d\nu$$

representa a intensidade (ver seção 4.1.1) e, consequentemente,

$$S(\nu) = \frac{d\langle |\,\mathcal{E}(t)\,|^2\rangle}{d\nu}$$

é o espectro de intensidade que representa a intensidade média por intervalo de frequência da onda, que é *real* e *não negativo*, e que convenciona-se chamar "espectro de potência".

Uma propriedade básica da função $\Gamma(\tau)$ deriva diretamente do fato de ela ser a TF de uma função real, no caso, $S(\nu)$:

$$\Gamma(\tau) = \int_{-\infty}^{+\infty} S(\nu)\, e^{i2\pi\nu\tau}\, d\nu \quad \textbf{(4.19)}$$

$$\Gamma^*(\tau) = \int_{-\infty}^{+\infty} S(\nu)\, e^{-i2\pi\nu\tau}\, d\nu \quad \textbf{(4.20)}$$

$$\Gamma^*(-\tau) = \int_{-\infty}^{+\infty} S(\nu)\, e^{i2\pi\nu\tau}\, d\nu \quad \textbf{(4.21)}$$

ou seja, que:

$$\Gamma^*(-\tau) = \Gamma(\tau) \tag{4.22}$$

Por causa da relação de transformação de Fourier entre $\Gamma(\tau)$ e $S(\nu)$, existe uma relação entre as larguras de ambas as funções, como estudado na seção B.3 no Apêndice, pelo que concluímos que a largura dos envelopes de ambas as funções verifica a importante relação:

$$\Delta\nu \, \Delta\tau \geq 1 \tag{4.23}$$

Isso significa que, se uma luz tem pequena largura espectral $\Delta\nu$, ela terá, necessariamente, um grande comprimento de coerência ($c\Delta\tau$), determinado por $\Delta\tau$.

Espectro de potência de ondas não estacionárias

Vamos supor que estamos lidando com uma onda $f(t)$ que existe no intervalo $[-T/2, +T/2]$, ou que se quer limitá-la a esse intervalo. Nesse caso, estaremos em presença de uma onda não estacionária, razão pela qual não se poderá calcular $\Gamma(\tau)$ como na Eq. (4.11) e, consequentemente, também não se poderá calcular seu espectro a partir da Eq. (4.17). É necessário então procurar uma outra via. A TF dessa função temporalmente limitada será:

$$V_T(\nu) = \int_{-T/2}^{+T/2} f(t)\, e^{-i2\pi\nu t}\, dt$$

$$f(t) = \int_{-\infty}^{+\infty} V_T(\nu)\, e^{+i2\pi\nu t}\, d\nu$$

Com base no teorema de Parseval (Eq. B.8), podemos escrever:

$$\int_{-\infty}^{+\infty} |\, f(t)\,|^2\, dt = \int_{-\infty}^{+\infty} |\, V_T(\nu)\,|^2\, d\nu$$

Da definição da potência média, resulta:

$$\text{potência média: } \frac{1}{T}\int_{-T/2}^{+T/2} |\, f_T(t)\,|^2\, dt = \int_{-\infty}^{+\infty} \frac{|\, V_T(\nu)\,|^2}{T}\, d\nu$$

Dessa expressão podemos achar o espectro de potência para o caso de ondas não estacionárias:

$$S(\nu) = \frac{|\, V_T(\nu)\,|^2}{T} \tag{4.24}$$

Espectro de potência de uma sucessão infinita de pulsos

Estudar o espectro de potência de *um* pulso isoladamente é algo pouco realista. Na realidade, podemos nos encontrar com alguma fonte que emita pulsos sucessivos do mesmo tipo e querer saber como calcular o espectro de potência dessa sucessão, e que relação guarda esse espectro com o dos pulsos individuais que a compõem.

Seja uma soma de pulsos, idênticos mas temporalmente distribuídos no intervalo finito $(0, T)$, do tipo:

$$g(t) = \sum_{i=1}^{N_T} f(t - t_i) \qquad 0 \leq t_i \leq T \qquad t_i \text{ aleatório} \qquad \text{onde } N_T \to \infty$$

e com as respectivas relações de Fourier:

$$F(\nu) = \int_{-\infty}^{+\infty} f(t)\, e^{-i2\pi\nu t}\, dt$$
$$G(\nu) = \int_{-\infty}^{+\infty} g(t)\, e^{-i2\pi\nu t}\, dt$$

A partir das definições apresentadas e da propriedade de translação (ver Eq. B.6) da TF:

$$\text{TF}\{f(t)\} = F(\nu) \quad \Rightarrow \quad \text{TF}\{f(t - t_o)\} = F(\nu)\, e^{-i2\pi\nu t_o}$$

podemos concluir que:

$$G(\nu) = \sum_{i=1}^{N_T} F(\nu)\, e^{-i2\pi\nu t_i}$$
$$|\, G(\nu)\, |^2 = |\, F(\nu)\, |^2 \left(N_T + \sum_{j \neq i}^{N_T} \sum_{i=1}^{N_T} e^{-i2\pi\nu(t_i - t_j)} \right)$$

Considerando que o somatório dentro dos parênteses deve ser zero (t_i e t_j sendo arbitrários) e também a Eq. (4.24), tem-se:

$$S(\nu) = \frac{|\, G(\nu)\, |^2}{T} = \frac{|\, F(\nu)\, |^2\, \bar{N} T}{T} \qquad N_T \equiv \bar{N} T$$

onde $\bar{N}$ é o número de pulsos por unidade de tempo. O resultado final é:

$$\boxed{S(\nu) = \bar{N}\, |\, F(\nu)\, |^2} \tag{4.25}$$

que, de fato, representa o espectro de uma sucessão infinita (já que não está limitada no tempo) de pulsos, calculada em função das características dos pulsos que a compõem.

4.3 Exemplos

A seguir, estudaremos casos concretos de ondas formadas por pulsos retangulares, por ondas quase monocromáticas e por pulsos amortecidos, com alguns resultados experimentais para alguns desses modelos.

4.3.1 Pulsos retangulares

Um bom exemplo para ilustrar o tratamento de uma radiação formada por uma sucessão de pulsos retangulares com fase aleatória é o próprio modelo representado na Fig. 4.10, que descreve uma luz formada por uma sucessão de pulsos de duração τ_o e de forma:

$$E(t) = E_o\, e^{i\omega_o t}\, e^{i\phi(t)} \tag{4.26}$$

onde, após cada intervalo τ_o, $\phi(t)$ assume valores aleatórios uniformemente distribuídos entre 0 e 2π. Como discutido anteriormente, trata-se de uma função (pulso) não estacionária, razão pela qual não podemos calcular diretamente sua função de autocorrelação a partir da formulação na Eq. (4.11).

Adotaremos agora uma abordagem diferente da adotada em 4.2.1, calculando primeiro $S(\nu)$ a partir da formulação na Eq. (4.25) e, a partir dela, calcularemos $\Gamma(\tau) = \mathrm{TF}^{-1}\{S(\nu)\}$. Para isso, escrevemos o pulso que compõe a radiação descrita na Eq. (4.26) como:

$$E(t) = E_o\, e^{i\omega_o t}\, \mathrm{rect}\left(\frac{t}{\tau_o}\right) \tag{4.27}$$

Dessa expressão, calculamos:

$$S(\nu) = \bar{N} \mid \mathrm{TF}\{E(t)\} \mid^2 = \bar{N} \mid E_o \mid^2 \tau_o^2 \mid \mathrm{sinc}\,(\tau_o(\nu - \nu_o)) \mid^2 \qquad \omega = 2\pi\nu$$

sendo que as funções “rect(x)” e “sinc(x)” estão definidas na seção B.2 do Apêndice. Podemos reescrever a expressão anterior como:

$$S(\nu) = \bar{N} \mid E_o \mid^2 \tau_o^2 \mid \mathrm{sinc}(\tau_o \nu) \mid^2 * \delta(\nu - \nu_o)$$

e, nesse caso, a função de autocorrelação pode agora ser obtida assim:

$$\begin{aligned}
\Gamma(\tau) &= \mathrm{TF}^{-1}\{S(\nu)\} \\
&= \bar{N} \mid E_o \mid^2 \tau_o^2 \left[\mathrm{TF}^{-1}\{\mathrm{sinc}(\tau_o\nu)\} * \mathrm{TF}^{-1}\{\mathrm{sinc}(\tau_o\nu)\}\right] \mathrm{TF}^{-1}\{\delta(\nu - \nu_o)\} \\
&= \bar{N} \mid E_o \mid^2 \tau_o^2 \left[\mathrm{TF}^{-1}\left\{\mathrm{TF}\left\{\frac{1}{\tau_o}\mathrm{rect}\left(\frac{\tau}{\tau_o}\right)\right\}\right\} * \mathrm{TF}^{-1}\left\{\mathrm{TF}\left\{\frac{1}{\tau_o}\mathrm{rect}\left(\frac{\tau}{\tau_o}\right)\right\}\right\}\right] \mathrm{TF}^{-1}\{\delta(\nu - \nu_o)\} \\
&= \bar{N} \mid E_o \mid^2 \tau_o^2 \left[\frac{1}{\tau_o}\mathrm{rect}\left(\frac{\tau}{\tau_o}\right) * \frac{1}{\tau_o}\mathrm{rect}\left(\frac{\tau}{\tau_o}\right)\right] e^{i\omega_o \tau}
\end{aligned}$$

cuja formulação normalizada é:

$$\gamma(\tau) = \Lambda(\tau/\tau_o)\, e^{i\omega_o \tau}$$

que é a mesma expressão obtida anteriormente a partir de considerações de probabilidades na seção 4.2.1. No caso presente, os elementos de probabilidades já estão embutidos nas considerações que levaram a formular o espectro em termos da Eq. (4.25).

4.3.2 Onda quase monocromática

Estudemos agora o caso de uma onda quase monocromática, com frequência angular centrada em $\omega_0 = 2\pi\nu_0$, que podemos formular do seguinte modo:

$$E(t) = K \int_0^{+\infty} e^{-(\omega - \omega_0)^2/a^2} \cos\omega t \; d\omega \tag{4.28}$$

Vamos calcular o seu espectro de potência e sua autocorrelação, assim como o termo de interferência que poderia ser observado em algum experimento (p. ex., num interferômetro de Michelson) que utilize essa luz.

Diferentemente do caso anterior, trata-se agora de uma onda estacionária e, por isso, é possível calcular $\Gamma(\tau)$ diretamente da sua definição e dela calcular $S(\nu)$. Vamos começar por $\Gamma(\tau)$:

$$\Gamma(\tau) = \langle E(t)E(t+\tau)\rangle \tag{4.29}$$

$$= K^2 \left\langle \int_0^{+\infty} e^{-(\omega-\omega_0)^2/a^2} \cos\omega t \; d\omega \int_0^{+\infty} e^{-(\omega'-\omega_0)^2/a^2} \cos\omega'(t+\tau) \; d\omega' \right\rangle \tag{4.30}$$

$$= K^2 \int_0^{+\infty} e^{-(\omega-\omega_0)^2/a^2} \; d\omega \int_0^{+\infty} e^{-(\omega'-\omega_0)^2/a^2} \langle \cos\omega t \cos\omega'(t+\tau)\rangle \; d\omega' \tag{4.31}$$

A média temporal indicada na Eq. (4.31) pode ser escrita assim:

$$\langle \cos\omega t \cos\omega'(t+\tau)\rangle = \frac{1}{2}\langle \cos[(\omega'+\omega)t+\omega'\tau] + \cos[(\omega'-\omega)t+\omega'\tau]\rangle \tag{4.32}$$

$$= \frac{1}{2}\cos\omega'\tau \text{ para } \omega = \omega' \tag{4.33}$$

$$= 0 \text{ para } \omega' \neq \omega \tag{4.34}$$

Ao substituirmos o resultado das Eqs. (4.33) e (4.34) na Eq. (4.31), resulta:

$$\Gamma(\tau) = \frac{K^2}{2} \int_0^{+\infty} e^{-(\omega-\omega_0)^2/a^2} \; d\omega \int_0^{+\infty} e^{-(\omega'-\omega_0)^2/a^2} \cos\omega'\tau \; d\omega' \tag{4.35}$$

A primeira integral vale:

$$\int_0^{+\infty} e^{-(\omega-\omega_0)^2/a^2} \; d\omega = \frac{1}{2}\sqrt{\pi}a \left[\mathrm{Erf}\left(\frac{\omega-\omega_0}{a}\right)\right]_0^{+\infty}$$

e considerando que:

$$\mathrm{Erf}(\pm\infty) = \pm 1 \qquad \mathrm{Erf}(-a) = -\mathrm{Erf}(a) \tag{4.36}$$

resulta:

$$\int_0^{+\infty} e^{-(\omega-\omega_0)^2/a^2} \; d\omega = \frac{1}{2}\sqrt{\pi}a(1+\mathrm{Erf}(\omega_0/a)) \approx a\sqrt{\pi} \text{ para } \omega_0/a \gg 1 \tag{4.37}$$

A segunda integral é:

$$\int_0^{+\infty} e^{-(\omega' - \omega_0)^2/a^2} \cos\omega'\tau \, d\omega' =$$

$$= \int_0^{+\infty} e^{-(\omega' - \omega_0)^2/a^2} (e^{i\omega'\tau} + e^{-i\omega'\tau})/2 \, d\omega'$$

$$= \frac{1}{2} \int_0^{+\infty} e^{-(\omega'^2/a^2 - \omega'(2\omega_o/a^2 - i\tau) + \omega_0^2/a^2)} \, d\omega'$$

$$+ \frac{1}{2} \int_0^{+\infty} e^{-(\omega'^2/a^2 - \omega'(2\omega_o/a^2 + i\tau) + \omega_0^2/a^2)} \, d\omega' \qquad (4.38)$$

Sabendo que:

$$\int_0^{+\infty} e^{-(Ax^2 + Bx + C)} \, dx = \frac{1}{2}\sqrt{\frac{\pi}{A}} e^{\frac{B^2 - 4AC}{4A}} \left[1 - \mathrm{Erf}\left(\frac{B}{2\sqrt{A}}\right)\right]$$

podemos escrever a integral (Eq. 4.38) da seguinte forma:

$$\int_0^{+\infty} e^{-(\omega' - \omega_0)^2/a^2} \cos\omega'\tau \, d\omega' = \frac{1}{4} a\sqrt{\pi} e^{-\tau^2 a^2/4} [e^{-i\omega_0\tau}$$

$$+ e^{i\omega_0\tau} + e^{i\omega_0\tau} \mathrm{Erf}(\omega_0/a + i\tau a/2) + e^{-i\omega_0\tau} \mathrm{Erf}(\omega_0/a - i\tau a/2)] \qquad (4.39)$$

Sabendo ainda que:

$$[\mathrm{Erf}(x + iy)]^* = \mathrm{Erf}(x - iy) \text{ para } x \text{ e } y \text{ reais}$$

podemos reescrever a Eq. (4.39) assim:

$$\int_0^{+\infty} e^{-(\omega' - \omega_0)^2/a^2} \cos\omega'\tau \, d\omega' = \frac{1}{2} a\sqrt{\pi} e^{-\tau^2 a^2/4} [\cos(i\omega_0\tau)$$

$$+ \Re\{ e^{i\omega_0\tau} \mathrm{Erf}(\omega_0/a + i\tau a/2)\}] \qquad (4.40)$$

Substituindo as Eqs. (4.40) e (4.37) na Eq. (4.35), tem-se:

$$\Gamma(\tau) = \frac{K^2 a^2 \pi}{4} e^{-\tau^2 a^2/4} \cos(\omega_0\tau + \phi(\tau)) \qquad (4.41)$$

onde o termo de fase $\phi(\tau)$ depende do termo $\mathrm{Erf}(\omega_0/a + i\tau a/2)$, dentro da expressão $\Re\{ e^{i\omega_0\tau} \mathrm{Erf}(\omega_0/a + i\tau a/2)\}$, que se supõe variar muito mais lentamente do que $\omega_0\tau$ no argumento do cosseno. O termo de interferência será então:

$$2\Re\{\Gamma(\tau)\} = \frac{K^2 a^2 \pi}{2} e^{-\tau^2 a^2/4} \cos(\tau\omega_0 + \phi(\tau)) \qquad (4.42)$$

O espectro de potência pode ser calculado de $\Gamma(\tau)$:

$$S(\nu) = \text{TF}\{\Gamma(\tau)\} \tag{4.43}$$

$$= \frac{K^2a^2\pi}{4}\text{TF}\{e^{-\tau^2a^2/4}\} * \text{TF}\{\cos(\tau\omega_0 + \phi(\tau))\} \tag{4.44}$$

$$\approx \frac{K^2a\pi\sqrt{\pi}}{2} e^{-4\pi^2\nu^2/a^2} * [\delta(\nu - \nu_0) + \delta(\nu + \nu_0)] \tag{4.45}$$

Considerando apenas o semieixo positivo, resulta que:

$$S(\nu) = \frac{K^2a\pi\sqrt{\pi}}{2} e^{-4\pi^2\nu^2/a^2} * \delta(\nu - \nu_0) = \frac{K^2a\pi\sqrt{\pi}}{2} e^{-(\omega-\omega_0)^2/a^2} \tag{4.46}$$

Esse resultado já era previsível, dada a expressão inicial na Eq. (4.28), que, de fato, descreve uma soma contínua de ondas harmônicas, centradas em $\omega = \omega_0$. Lembremos também que (ver seção 4.2.2) o fator $K^2a^2\pi/4$ na Eq. (4.41) deve representar o módulo quadrado do campo elétrico. Dessa forma, podemos escrever $E_0 = Ka\sqrt{\pi}/2$ e, então:

$$\Gamma(\tau) = E_0^2 e^{-\tau^2a^2/4}\cos(\omega_0\tau + \phi(\tau)) \tag{4.47}$$

$$S(\nu) = \frac{2E_0^2\sqrt{\pi}}{a} e^{-(\omega-\omega_0)^2/a^2} \tag{4.48}$$

Exemplo: Interferência com luz de um LED

No mercado encontram-se disponíveis LEDs (*light emitting diodes*) emitindo luz com relativamente alto grau de pureza espectral e com os quais podem-se fazer alguns experimentos de interferometria. A Fig. 4.12 mostra as franjas de interferência registradas num experimento com um interferômetro de Michelson, usando um desses LEDs, e na Fig. 4.13 vemos a representação gaussiana (compare com a expressão na Eq. 4.42), que se ajusta melhor aos resultados experimentais desse LED. Para facilitar a comparação, ambos os gráficos aparecem superpostos na Fig. 4.14.

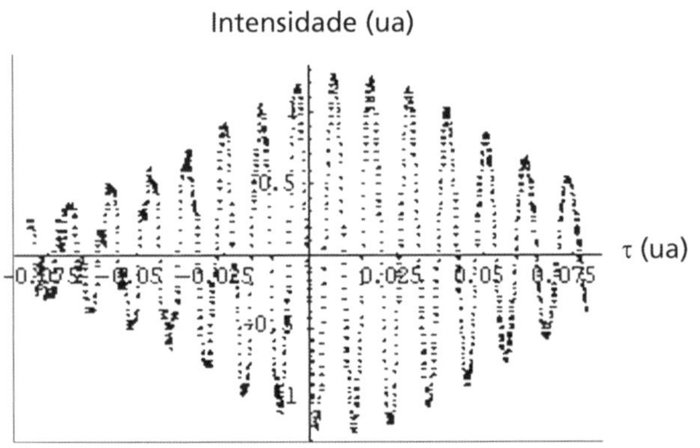

Fig. 4.12 Franjas de interferência observadas num interferômetro de Michelson, para um LED de 520 nm, em unidades arbitrárias

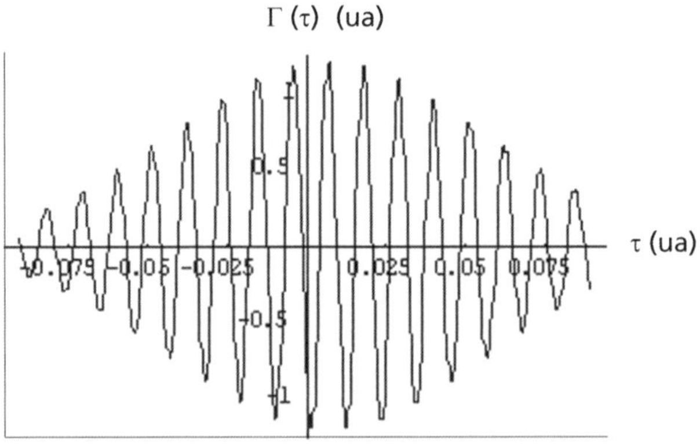

Fig. 4.13 $\Re\{\Gamma(\tau)\}$ para um pulso gaussiano da forma $e^{-(\tau-\tau_0)^2/a^2}\cos(\omega_0(\tau-\tau_0))$, com $a = 0{,}07$, $\tau_0 = 0{,}007$ e $\omega_0 = 569$, tudo em unidades arbitrárias

A Fig. 4.15 é a imagem da tela do osciloscópio de onde se obteve a Fig. 4.12, mas agora com a base de tempo convertida para unidades absolutas. A Fig. 4.16 mostra o espectro medido, num espectrômetro, para esse mesmo LED.

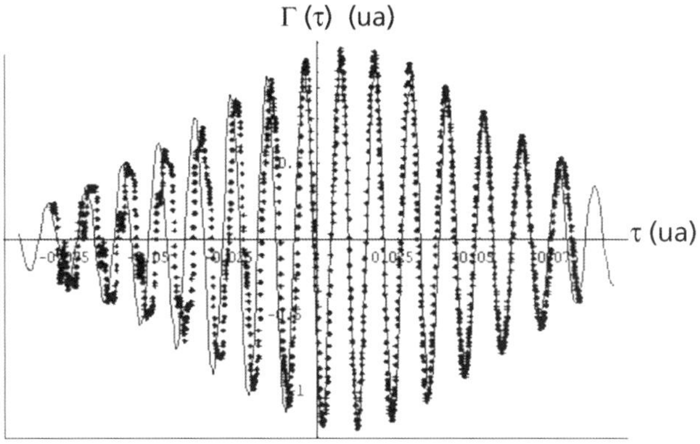

Fig. 4.14 Superposição das curvas teóricas e experimentais das Figs. 4.12 e 4.13

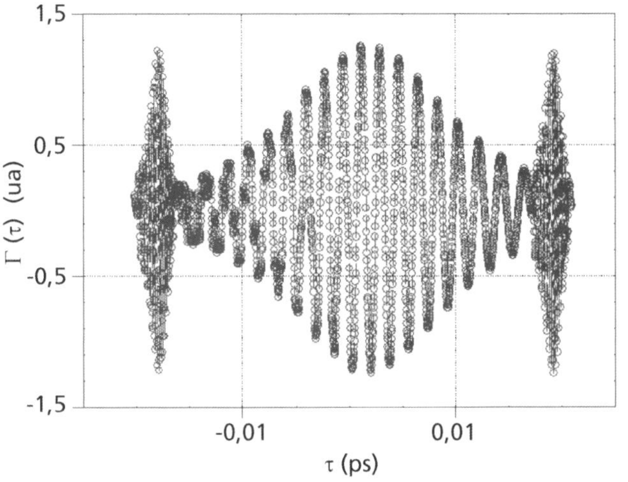

Fig. 4.15 Imagem da tela do osciloscópio referente ao experimento da Fig. 4.12 em coordenadas temporais reais (picossegundos) utilizando o fator de conversão 0,161 ps/ua para τ. A varredura do espelho piezoelétrico no interferômetro foi feita com uma tensão na forma de rampa, onde as franjas comprimidas nos extremos correspondem ao retorno rápido da rampa

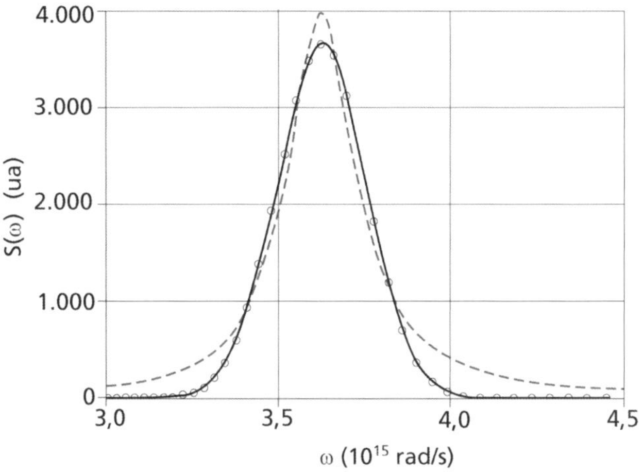

Fig. 4.16 Espectro do LED de 520 nm (∘) referente à Fig. 4.12 e seu ajuste com uma curva lorentziana na forma da Eq. (4.59) (tracejada: $a = 0{,}121$, $\omega_0 = 3{,}62$) e uma gaussiana na forma da Eq. (4.48) (contínua: $a = 0{,}184$, $\omega_0 = 3{,}63$), ambas com abscissas em unidades 10^{15}rad/s

Exemplo: Espectro de potência de um LED

A Fig. 4.17 mostra o espectro medido (∘) para um outro LED, e seu ajuste com uma gaussiana da forma:

$$S(\nu) = e^{-\pi\nu^2/a^2} * \delta(\nu - \nu_0) \qquad \textbf{(4.49)}$$

com os seguintes parâmetros:

- $\lambda_0 = c/\nu_0 = 467\,\text{nm}$
  sendo então $\nu_0 = 6{,}4 \times 10^{14}\,\text{Hz}$
- O valor máximo foi $S(\nu_0) = 5.400$ ua
  e $S_1(\nu_1 = c/\lambda_1) = S_2(\nu_2 = c/\lambda_2) =$
  $= S(\nu_0)e^{-\pi} \approx 250$ ua
  com $\lambda_1 = 430\,\text{nm}$ e $\lambda_2 = 510\,\text{nm}$,
  com $\Delta\lambda = \lambda_2 - \lambda_1 = 80\,\text{nm}$

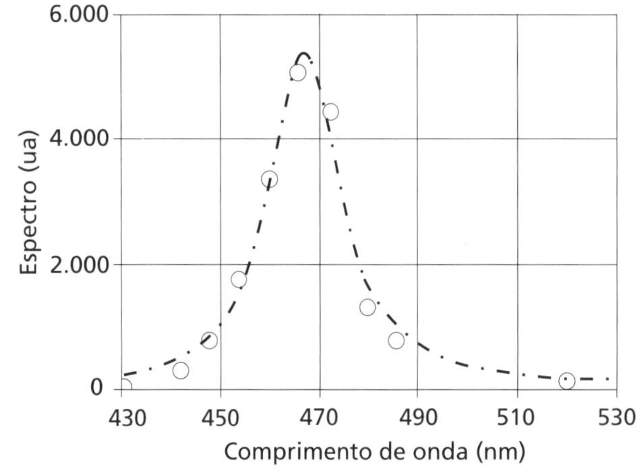

Fig. 4.17 Espectro de LED (∘) e seu ajuste com uma gaussiana (curva tracejada)

$$a = \Delta\nu = \frac{c}{\lambda^2}\Delta\lambda = \frac{3 \times 10^8}{(467 \times 10{-}9)^2} 80 \times 10^{-9} = 1{,}1 \times 10^{14}\text{Hz}$$

Quantas franjas de interferência poderão ser detectadas num experimento de interferência utilizando esse LED e o mesmo detector usado para medir o espectro? Considerando a expressão da interferência de dois feixes de igual amplitude:

$$I = 2\Gamma(0) + 2\Re\{\Gamma(\tau)\} \quad \textbf{(4.50)}$$

e calculando:

$$\Gamma(\tau) = \text{TF}^{-1}\{S(\nu)\} \propto e^{-\pi a^2 \tau} e^{i2\pi\nu_0\tau} \quad \textbf{(4.51)}$$

o número de franjas que se podem observar dependerá do número de períodos observados até a visibilidade cair até, por exemplo, $1/e^2$ do seu valor central. Assim, considerando a parte real da Eq. (4.51):

$$\Re\{\Gamma(\tau)\} = e^{-\pi a^2 \tau^2} \cos(2\pi\nu_0\tau) \quad \textbf{(4.52)}$$

resulta que $\pi a^2 \tau^2 = 2$, de onde podemos calcular o número de franjas:

$$\text{Parte Inteira}\{\tau c/\lambda_0\} = \text{Parte Inteira}\left\{\frac{\nu_0}{a}\sqrt{\frac{2}{\pi}}\right\} = 4 \quad \textbf{(4.53)}$$

Concluímos então que, levando em conta as franjas de um lado e do outro da franja central, veremos ao todo nove franjas de interferência.

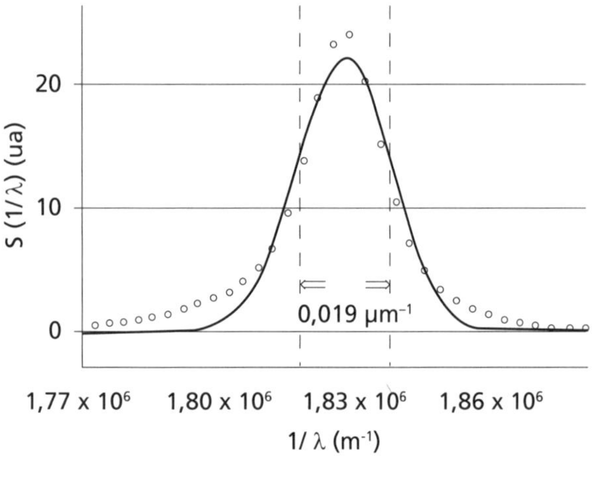

Fig. 4.18 Espectro de um filtro interferencial Zeiss (∘), medido no Laboratório de Ensino de Óptica/IFGW-Unicamp, pelo Eng. A. Costa. A largura a meia altura é de $\Delta(1/\lambda) \approx 0{,}019\mu m^{-1}$ e a posição do máximo está em $\lambda_M = 547{,}5\mu m$. A curva contínua representa o ajuste dos dados experimentais por uma gaussiana, conforme a Eq. (4.54).

Exemplo: Filtro interferencial

O espectro de transmissão de um filtro interferencial da firma Zeiss foi medido e o resultado aparece na Fig. 4.18.

O gráfico original, centrado em $547{,}5\,\mu m$, foi reprocessado para colocá-lo em função de $1/\lambda$, como aparece na figura. A largura a meia altura foi estimada em $0{,}019\,\mu m^{-1}$ e os dados foram ajustados com uma gaussiana da forma:

$$S(1/\lambda) \propto e^{-2\pi^2 T_o^2 c^2 \left(\frac{1}{\lambda} - \frac{1}{\lambda_o}\right)^2} \quad \textbf{(4.54)}$$

que corresponde à expressão de $S(\nu)$, para pulsos gaussianos, como discutido na seção 4.3.2. Os parâmetros ajustados resultaram ser:

$$2\pi^2 T_o^2 c^2 = 4760\,\mu m^2 \qquad T_o c = 15{,}5\,\mu m$$

Com uma luz branca passando por esse filtro num interferômetro de Michelson, produziram-se franjas de interferência. Os máximos e os mínimos de intensidade das franjas sucessivas foram medidos e colocados em gráfico na Fig. 4.19, junto com a visibilidade aí calculada. As abscissas foram calculadas a partir do valor médio (547,5 nm, pico de transmissão do filtro) para o comprimento da luz utilizada, sabendo que cada franja corresponde a uma diferença de caminho óptico de 547,5 nm. Os dados da visibilidade colocados em gráfico na Fig. 4.19 foram ajustados com uma gaussiana da forma:

$$|\Gamma(\tau c)| \propto e^{-(\tau c)^2/(2T_o^2 c^2)} \tag{4.55}$$

que corresponde ao módulo de $\Gamma(\tau)$, onde $\Gamma(\tau)$ é a TF da Eq. (4.54), e que representa a visibilidade das franjas de interferência para essa luz. Os parâmetros desse ajuste resultaram ser:

$$1/(2T_o^2 c^2) = 0{,}00395\,\mu m^{-2} \qquad T_o c = 11{,}25\,\mu m$$

com uma largura a meia altura estimada em 22,3 μm. Os valores para $T_o c$ calculados a partir do espectro da luz na Eq. (4.54) e da visibilidade das franjas de interferência na Eq. (4.55) são da mesma ordem de grandeza, dentro das incertezas experimentais. Por sua vez, o produto das respectivas larguras a meia altura:

$$\Delta\left(\frac{1}{\lambda}\right)\Delta(l) = 0{,}019\,\mu m^{-1} 22{,}3\,\mu m = 0{,}4 \approx 1 \tag{4.56}$$

é da ordem da unidade, como indicado pela teoria (ver seção B.3 do Apêndice). É interessante mencionar que os modelos representados por uma sucessão de pulsos retangulares (seção 4.3.1) e de pulsos amortecidos (seção 4.6.13) se ajustaram muito pior aos dados experimentais, envolvendo LEDs, do que para o caso do modelo gaussiano aqui adotado.

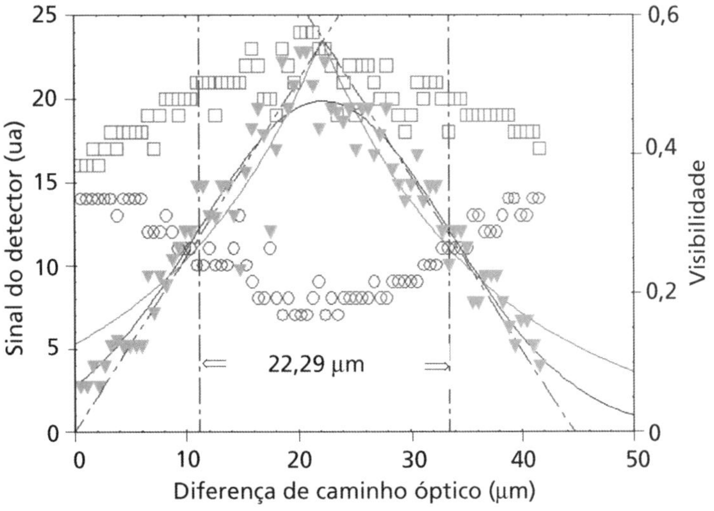

Fig. 4.19 Intensidade do máximo (□) e do mínimo (∘) para franjas de interferência (eixo da esquerda) medidas no Laboratório de Ensino de Óptica/IFGW-Unicamp, pelo Eng. A. Costa, num interferômetro de Michelson. A visibilidade correspondente (triângulos cheios, eixo da direita) mostra uma largura a meia altura de $\Delta(l) \approx 22{,}3\,\mu m$. A curva contínua representa o melhor ajuste pela gaussiana da Eq. (4.55)

4.3.3 Pulso amortecido

Estudemos o caso de uma sucessão de pulsos amortecidos em que cada um deles pode ser representado da forma:

$$f(t) = A\,e^{-at}\cos\omega_0 t \text{ para } t \geq 0 \qquad a \geq 0$$
$$= 0 \text{ para } t < 0 \tag{4.57}$$

Seu espectro de potência será:

$$S(\omega) = \tilde{N}|TF\{f(t)\}|^2 \tag{4.58}$$

$$S(\omega) = \tilde{N}A^2 \left| \frac{a + i\omega}{(a+i\omega)^2 + \omega_0^2} \right|^2$$
$$= \tilde{N} \mid A \mid^2 \frac{a^2 + \omega^2}{(a^2 + \omega_0^2 - \omega^2)^2 + 4a^2\omega^2} \tag{4.59}$$

que representa uma curva lorentziana. Para calcular sua função de autocorrelação, fazemos a transformada inversa:

$$\Gamma(\tau) = TF^{-1}\{S(\omega)\}$$
$$= \tilde{N} \mid A \mid^2 \frac{\sqrt{\pi}}{4\sqrt{2}a}\Big[\frac{a - i\omega_0}{a^2 + \omega_0^2}(2a + i\omega_0)(e^{-(a + i\omega_0)(\tau - \tau_0)} * \mathrm{U}(\tau - \tau_0) +$$
$$+ e^{(a + i\omega_0)(\tau - \tau_0)}\,\mathrm{U}(-\tau + \tau_0)) +$$
$$+ \frac{a + i\omega_0}{a^2 + \omega_0^2}(2a - i\omega_0)(e^{(a - i\omega_0)(\tau - \tau_0)} * \mathrm{U}(-\tau + \tau_0) +$$
$$+ e^{-(a - i\omega_0)(\tau - \tau_0)}\,\mathrm{U}(\tau - \tau_0))\Big] \tag{4.60}$$

onde a função $\mathrm{U}(\tau)$ é a função "degrau" ou de *heaviside*, descrita na seção A.2 (Apêndice). A Eq. (4.60) é real e também pode ser escrita assim:

$$\Gamma(\tau) = 2\tilde{N} \mid A \mid^2 \frac{\sqrt{\pi}}{4\sqrt{2}a} e^{-a(\tau - \tau_0)}$$
$$\left[\frac{2a^2 + \omega_0^2}{a^2 + \omega_0^2}\cos(\omega_0(\tau - \tau_0)) - \frac{a\omega_0}{a^2 + \omega_0^2}\mathrm{sen}(\omega_0(\tau - \tau_0))\right] \quad \text{para } \tau \geq \tau_0 \tag{4.61}$$

e

$$\Gamma(\tau) = 2\tilde{N} \mid A \mid^2 \frac{\sqrt{\pi}}{4\sqrt{2}a} e^{a(\tau - \tau_0)}$$
$$\left[\frac{2a^2 + \omega_0^2}{a^2 + \omega_0^2}\cos(\omega_0(\tau - \tau_0)) + \frac{a\omega_0}{a^2 + \omega_0^2}\mathrm{sen}(\omega_0(\tau - \tau_0))\right] \quad \text{para } \tau \leq \tau_0 \tag{4.62}$$

É interessante verificar que o fluxo de energia do pulso vale:

$$\int_{-\infty}^{\infty} \mid f(t) \mid^2 \mathrm{d}t = \frac{A^2}{4a} + \frac{A^2 a}{4(a^2 + \omega_0^2)} \tag{4.63}$$

Pelo teorema de Parseval (Eq. B.8), esse fluxo de energia pode ser também calculado pela sua TF:

$$\int_{-\infty}^{\infty} |\, TF\{f(t)\}\,|^2 \, d\nu = \left[A^2 \frac{(2a^2 + ia\omega_0 + \omega_0^2)\mathrm{arctg}(\frac{2\pi\nu}{a-i\omega_0}) + (2a^2 - ia\omega_0 + \omega_0^2)\mathrm{arctg}(\frac{2\pi\nu}{a+i\omega_0})}{8a\pi(a^2+\omega_0^2)} \right]_{-\infty}^{+\infty}$$

$$= \frac{A^2}{4a} \frac{2a^2 + \omega_0^2}{a^2 + \omega_0^2} \qquad \textbf{(4.64)}$$

que é a mesma expressão mostrada na Eq. (4.63).

Exemplo: Luz de lâmpada incandescente

Na Fig. 4.20, podemos ver uma representação gráfica da parte real de $\Gamma(\tau)$ para um pulso amortecido arbitrário, como o descrito na Eq. (4.57), com os valores arbitrários $a = 0{,}5\ \mathrm{s}^{-1}$, $\omega_0 = 5$ rad e $\tau_0 = 0$.

A Fig. 4.21 mostra a visibilidade de uma fonte de luz branca, como a descrita na Fig. I.1 (Apêndice), experimentalmente medida num interferômetro de Michelson, e seu melhor ajuste com diferentes curvas:

1. Exponencial:

$$A\, e^{-a\,|\,\tau - \tau_0\,|} \qquad \textbf{(4.65)}$$

2. Gaussiana:

$$A\, e^{-(\tau - \tau_0)^2/a^2} \qquad \textbf{(4.66)}$$

3. Lorentziana:

$$A \frac{a^{+}\tau^2}{(a^2 + \tau_0^2 - \tau^2)^2 + 4a^2\tau^2} \qquad \textbf{(4.67)}$$

sendo que o melhor ajuste ocorre usando a exponencial que representa a envolvente das Eqs. (4.61) e (4.62), ou seja, que a luz emitida pela lâmpada incandescente está adequadamente representada pelo modelo de um pulso amortecido, representado na Eq. (4.57). Cada um dos pontos (∘) no gráfico da Fig. 4.21 corresponde a meia interfranja, ou seja, a $\lambda/2$. Sabendo que o pico do espectro (medido com um fotodetector de silício) de nossa fonte de luz, representada na Fig. I.1 (Apêndice), está em $\lambda_p \approx 650$ nm, podemos concluir que o espaçamento entre pontos na Fig. 4.21, que representa 1 au, corresponde a:

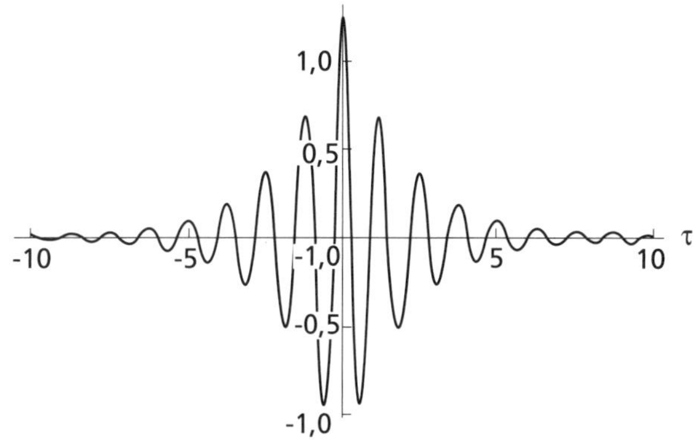

Fig. 4.20 $\Re\{\Gamma(\tau)\} = \Gamma(\tau)$ para um pulso amortecido da forma $\propto e^{-0.5\,t}\cos(5\,t)$ em unidades arbitrarias

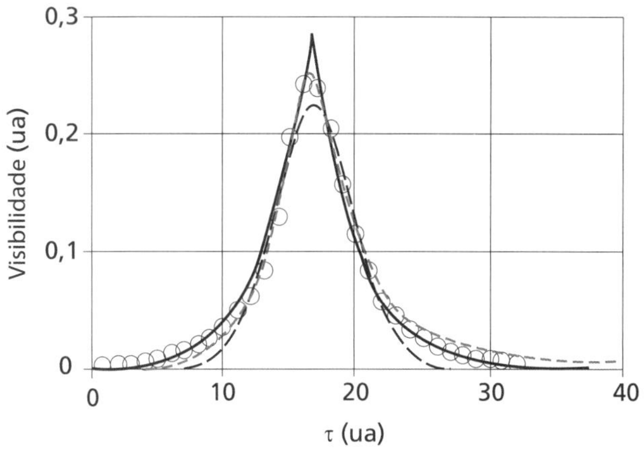

Fig. 4.21 Visibilidade relativa (∘) da luz de uma lâmpada incandescente medida num interferômetro de Michelson: A curva grossa contínua representa uma exponencial (Eq. (4.65), com $A = 290$, $a = 0{,}294$ e $\tau_0 = 16{,}6$), a curva preta com tracejado grande representa uma gaussiana (Eq. (4.66) com $A = 226$, $\tau_0 = 16{,}8$ e $a = 4{,}34$) e a curva cinza com tracejado pequeno representa uma lorentziana (Eq. (4.67) com $A = 7808$, $a = 2{,}82$ e $\tau_0 = 16{,}3$

$$1\ \mathrm{au} \approx \frac{\lambda_p}{2 \times c} = \frac{650 \times 10^{-9}}{2 \times 3 \times 10^8} = 1{,}083 \times 10^{-15}\mathrm{s} \qquad \textbf{(4.68)}$$

Por outro lado, com os parâmetros indicados na Fig. 4.21 para a curva exponencial, podemos calcular a largura de $|\gamma(\tau)|$:

$$\Delta\tau = \frac{1}{|\gamma(0)|}\int_{0}^{+\infty}|\gamma(\tau)|\,d\tau = 6{,}78\,\text{ua} \tag{4.69}$$

e com o resultado na Eq. 4.68 para 1 au, podemos calcular:

$$\Delta\tau \approx 6{,}78\text{au} \times 1{,}083 \times 10^{-15}\text{s} \approx 7{,}3 \times 10^{-15}\text{s} \tag{4.70}$$

Pela relação de incerteza da TF descrita na seção B.3 (Apêndice), podemos concluir que a largura espectral para essa luz é:

$$\Delta\nu \geq 1{,}37 \times 10^{14}\text{Hz} \tag{4.71}$$

$$|\,\Delta\lambda\,| = \lambda^2\Delta\nu/c \geq 193\,\text{nm} \tag{4.72}$$

4.3.4 Espectroscopia por transformação de Fourier

O espectro de potência normalmente se mede por meio de espectrômetros, que utilizam uma rede de difração para separar, em faixas espectrais, a potência da radiação luminosa sob análise. Assim, determina-se o quanto da potência corresponde a cada faixa espectral. A resolução do aparelho depende fundamentalmente do poder separador da rede.

O espectro pode ser também calculado a partir da medida de $\Re\{\Gamma(\tau)\}$ feita num interferômetro de Michelson, pela relação de transformação de Fourier que existe entre $S(\nu)$ e $\Gamma(\tau)$. Assim, podemos calcular $\Gamma(\tau)$ a partir do interferograma no interferômetro e então (via transformação de Fourier), o $S(\nu)$. Por causa da "relação de incerteza" (ver seção B.3 - Apêndice) que existe entre as funções $S(\nu)$ e $\Gamma(\tau)$, a resolução espectral calculada da relação $S(\nu) = \text{TF}\{\Gamma(\tau)\}$ é determinada pela largura de $\Gamma(\tau)$, razão pela qual será melhor quanto maior for a varredura do espelho no interferômetro de Michelson utilizado. De fato, se estamos lidando com uma luz cuja largura espectral é $\Delta\nu$, a envolvente do interferograma (ou seja, a envolvente de $\Re\{\Gamma(\tau)\}$) terá que ter uma largura $\Delta\tau \geq 1/\Delta\nu$. Isso representa um deslocamento espacial do espelho que permita uma variação de caminho óptico maior que:

$$c\Delta\tau \geq c/\Delta\nu \tag{4.73}$$

Se o espelho do interferômetro não permite deslocamentos dessa amplitude, não poderemos medir corretamente a largura do interferograma nem calcular $\Delta\nu$. Quanto mais fina for a linha espectral ($\Delta\nu$), maior terá que ser a distância $c\Delta\tau$ definida na Eq. (4.73).

Exercício

1. Em função das relações nas Eqs. (4.17) e (4.18), pode-se calcular o espectro de uma radiação luminosa a partir da $\Gamma(\tau)$ obtida com um interferômetro de Michelson. Qual deverá ser a varredura mínima do espelho de um interferômetro de Michelson para que ele possa permitir o cálculo de $S(\nu)$ com uma precisão de 0,1Å, para $\lambda \approx 500\,\text{nm}$?

   Resp.: Maior que 25 mm.

4.4 Sinal analítico e transformada de Fourier

O conceito de "sinal analítico" não deve ser confundido com o de "função analítica", que, matematicamente, significa uma função que é localmente dada por uma série convergente de potências.

Em Óptica, raramente utilizamos diretamente a expressão real do campo elétrico da onda eletromagnética. Em geral, utilizamos sua representação complexa, chamada de "sinal analítico". Assim, em lugar da função temporal real:

$$f_R(t) = \cos(2\pi\nu_0 t + \phi) \tag{4.74}$$

utilizamos a representação exponencial:

$$f(t) = e^{i(2\pi\nu_0 t + \phi)} \tag{4.75}$$

cuja parte real representa $f_R(t)$. Isso se faz pelas vantagens que a representação complexa tem do ponto de vista operacional. Porém, em última instância, o que interessa é sempre a parte real do sinal analítico. Vamos analisar a questão um pouco mais detalhadamente.

O sinal analítico, ou representação analítica de uma função real, facilita muitas das operações matemáticas sobre essa função. A ideia básica é que as frequências negativas da TF de uma função real são supérfluas (podem ser descartadas sem perda de informação), em razão da simetria de sua TF.

Seja a função real $f_R(t)$ e sua TF $F_R(\nu)$:

$$f_R(t) = \int_{-\infty}^{+\infty} F_R(\nu)\, e^{i2\pi\nu t}\, d\nu \tag{4.76}$$

$$F_R(\nu) = \int_{-\infty}^{+\infty} f_R(t)\, e^{-i2\pi\nu t}\, dt \tag{4.77}$$

onde:

$$f_R(t) = \int_{-\infty}^{0} F_R(\nu)\, e^{i2\pi\nu t}\, d\nu + \int_{0}^{+\infty} F_R(\nu)\, e^{i2\pi\nu t}\, d\nu \tag{4.78}$$

Por causa do caráter real de $f_R(t)$, podemos escrever:

$$F_R^*(\nu) = F_R(-\nu) \tag{4.79}$$

e então, resulta que:

$$\begin{aligned} \int_{-\infty}^{0} F_R(\nu)\, e^{i2\pi\nu t}\, d\nu &= \int_{+\infty}^{0} F_R(-\nu')\, e^{-i2\pi\nu' t}\, d(-\nu') \\ &= \int_{0}^{+\infty} F_R^*(\nu')\, e^{-i2\pi\nu' t}\, d(\nu') \qquad \nu' = -\nu \end{aligned} \tag{4.80}$$

daí podermos reescrever a Eq. (4.78) da seguinte forma:

$$\begin{aligned} f_R(t) &= \int_{0}^{+\infty} [F_R(\nu)\, e^{i2\pi\nu t} + F_R^*(\nu)\, e^{-i2\pi\nu t}]\, d\nu \\ &= 2\Re\left\{\int_{0}^{+\infty} F_R(\nu)\, e^{i2\pi\nu t}\, d\nu\right\} \end{aligned} \tag{4.81}$$

O sinal analítico $f(t)$ associado à função real $f_R(t)$ é definido como:

$$f(t) \equiv 2\int_0^\infty F_R(\nu)\, e^{i2\pi\nu t}\, d\nu \tag{4.82}$$

resultando, assim:

$$\Re\{f(t)\} = f_R(t) = 2\Re\left\{\int_0^\infty F_R(\nu)\, e^{i2\pi\nu t}\, d\nu\right\} \tag{4.83}$$

$$\Im\{f(t)\} = f_I(t) = 2\Im\left\{\int_0^\infty F_R(\nu)\, e^{i2\pi\nu t}\, d\nu\right\} \tag{4.84}$$

onde $\Im\{\}$ representa a parte imaginária. Então:

$$f(t) = f_R(t) + i f_I(t) \tag{4.85}$$

Da definição do sinal analítico na Eq. (4.82), podemos escrever que:

$$\mathrm{TF}\{f(t)\} = F(\nu) = 2F_R(\nu)U(\nu) = \begin{cases} 2F_R(\nu) & \nu > 0 \\ F_R(0) & \nu = 0 \\ 0 & \nu < 0 \end{cases} \tag{4.86}$$

onde $U(\nu)$ é a função "degrau" ou de *heaviside* (ver seção A.2 - Apêndice). Das Eqs. (4.77), (4.85) e (4.86), resulta:

$$F(\nu) = F_R(\nu) + iF_I(\nu) = 2F_R(\nu)U(\nu) \tag{4.87}$$

de onde concluímos que:

$$iF_I(\nu) = 2F_R(\nu)U(\nu) - F_R(\nu) = \begin{cases} F_R(\nu) & \nu > 0 \\ 0 & \nu = 0 \\ -F_R(\nu) & \nu < 0 \end{cases} \tag{4.88}$$

Para calcular o sinal analítico $f(t)$ associado à função real $f_R(t)$, procedemos assim:

$$F(\nu) = 2F_R(\nu)U(\nu) \text{ onde } F_R(\nu) = \mathrm{TF}\{f_R(t)\}$$

$$f(t) = \mathrm{TF}^{-1}\{F(\nu)\} = \int_{-\infty}^{\infty} 2F_R(\nu)U(\nu)\, e^{i2\pi\nu t}\, d\nu$$

$$= 2\,\mathrm{TF}^{-1}\{F_R(\nu)\} * \mathrm{TF}^{-1}\{U(\nu)\}$$

A TF^{-1} de $U(\nu)$ (ver seção B.2.5 - Apêndice) vale:

$$\mathrm{TF}^{-1}\{U(\nu)\} = \frac{i}{2\pi t} \tag{4.89}$$

que, substituída na expressão anterior para $f(t)$, resulta:

$$f(t) = 2\,\mathrm{TF}^{-1}\{F_R(\nu)\} * \mathrm{TF}^{-1}\{U(\nu)\} = 2\int_{-\infty}^{\infty} i\frac{f_R(\xi)}{2\pi(t-\xi)}\, d\xi \tag{4.90}$$

que permite calcular $f(t)$ a partir de $f_R(t)$ e onde * indica um produto de convolução (ver Apêndice A). Por outro lado, se definimos:

$$F_R(\nu) \equiv a(\nu)\, e^{i\phi(\nu)} \qquad a(\nu) \text{ e } \phi(\nu) \text{ reais} \tag{4.91}$$

podemos escrever, segundo a Eq. (4.81):

$$f_R(t) = \int_0^{+\infty} 2a(\nu)\cos(2\pi\nu t + \phi(\nu))\, \mathrm{d}\nu \tag{4.92}$$

com

$$f_I(t) = \int_0^{+\infty} 2a(\nu)\,\mathrm{sen}(2\pi\nu t + \phi(\nu))\mathrm{d}\nu \tag{4.93}$$

$$f(t) = \int_0^{+\infty} 2a(\nu)\, e^{i2\pi\nu t + \phi(\nu)}\, \mathrm{d}\nu \tag{4.94}$$

4.4.1 Exemplo: onda senoidal

Seja a onda real:

$$f_R(t) = \cos(2\pi\nu_0 t) \qquad \nu_0 > 0 \tag{4.95}$$

Para calcular seu sinal analítico conforme o raciocínio na Eq. (4.75), basta escrever:

$$f(t) = e^{i2\pi\nu_0 t} \tag{4.96}$$

cuja TF será:

$$\mathrm{TF}\{\, e^{i2\pi\nu_0 t}\,\} = \delta(\nu - \nu_0) \tag{4.97}$$

que também podemos calcular da Eq. (4.86) como:

$$F(\nu) = 2F_R(\nu)U(\nu) = 2\left(\frac{1}{2}\delta(\nu-\nu_0) + \frac{1}{2}\delta(\nu+\nu_0)\right)U(\nu) = \delta(\nu-\nu_0) \tag{4.98}$$

4.4.2 Exemplo: pulso amortecido

Seja o pulso dado pela expressão real:

$$g_R(t) = \begin{cases} A\, e^{-at}\cos\omega_0 t & t \geq 0 \\ 0 & t < 0 \end{cases} \tag{4.99}$$

cuja TF é:

$$G_R(\nu) = \int_0^{+\infty} A\, e^{-at - i\omega t}\cos\omega_0 t\, \mathrm{d}t = A\frac{a + i\omega}{(a+i\omega)^2 + \omega_0^2} \tag{4.100}$$

A função em questão também pode ser escrita assim:

$$g_R(t) = \begin{matrix} A\, e^{-at}\,[\, e^{i\omega_0 t} + e^{-i\omega_0 t}\,]/2 & t \geq 0 \\ 0 & t < 0 \end{matrix} \tag{4.101}$$

cuja TF resulta ser:

$$\begin{aligned} G_R(\nu) &= A\frac{1}{a+i\omega} * \frac{\delta(\omega-\omega_0)+\delta(\omega+\omega_0)}{2} \\ &= \frac{A}{2(a+i(\omega-\omega_0)} + \frac{A}{2(a+i(\omega+\omega_0)} \end{aligned} \quad \textbf{(4.102)}$$

que é igual à expressão na Eq. (4.100). Se usamos o sinal analítico correspondente:

$$g(t) = \begin{cases} A\,e^{-at}\,e^{i\omega_0 t} & t \geq 0 \\ 0 & t < 0 \end{cases} \quad \text{onde } \omega_0 = 2\pi\nu_0 \quad \textbf{(4.103)}$$

sua TF, calculada diretamente como $G(\nu) = \mathrm{TF}\{g(t)\}$, com $\omega = 2\pi\nu$, será:

$$G(\omega) = \begin{cases} A/(a+i(\omega-\omega_0)) & \omega \geq 0 \\ 0 & \omega < 0 \end{cases} \quad \textbf{(4.104)}$$

e que equivale ao cálculo feito pela expressão na Eq. (4.86):

$$\begin{aligned} G(\omega) &= 2G_R(\omega)U(\omega) = 2\left(\frac{A/2}{a+i(\omega-\omega_0)} + \frac{A/2}{a+i(\omega+\omega_0)}\right)U(\omega) \\ &= \frac{A}{a+i(\omega-\omega_0)} \qquad \omega > 0 \end{aligned} \quad \textbf{(4.105)}$$

4.5 Interferência e reflexões múltiplas em filmes e lâminas

Este assunto é bastante diferente dos outros tópicos aqui tratados e sua inclusão deve-se a seu grande interesse prático. Supondo um raio incidindo com um ângulo θ sobre duas interfaces perfeitamente paralelas, que limitam um meio de índice de refração n, a intensidade da luz transmitida pode ser calculada (Fowles, 1975) como:

$$I_T = I_o\frac{T^2}{(1-R)^2}\frac{1}{1+F\,\mathrm{sen}^2(\Delta/2)} \qquad F = \frac{4R}{(1-R)^2} \qquad \Delta = \delta_r + 4\pi nd\cos\theta'/\lambda \quad \textbf{(4.106)}$$

onde R e T são a refletância e a transmitância, respectivamente (em intensidade), de cada uma das interfaces; d, a distância entre as duas interfaces; θ', o valor de θ dentro do meio entre as duas interfaces; λ, o comprimento de onda da luz (no vácuo); e δ_r, a eventual mudança de fase provocada pela reflexão numa das interfaces em relação à outra.

Quando $R \approx 1$, a luz transmitida apresenta picos muito estreitos, o que permite separar facilmente comprimentos de onda muito próximos. O instrumento com tais características chama-se Interferômetro de Fabry-Perot e usualmente tem uma capacidade de resolução espectral muito grande. Quando $R \ll 1$, então $F \ll 1$, e a Eq. (4.106) pode-se aproximar a:

$$I_T \approx I_o\frac{T^2}{(1-R)^2}\left(1 - F\,\mathrm{sen}^2(\Delta/2)\right) \quad \textbf{(4.107)}$$

que representa uma função senoidal de modulação muito pequena.

Pode-se observar esse tipo de comportamento ao fazer espectrofotometria de transmissão num filme ou lâmina finos, cuja espessura óptica (nd) seja menor que o comprimento de coerência da luz utilizada. A Eq. (4.107) pode ser utilizada para analisar esse espectro de transmissão e calcular a espessura e/ou o índice de refração do filme ou lâmina. Já sabemos que a coerência é maior quanto menor a largura espectral. Esta última depende da largura da fenda do monocromador utilizado no espectrofotômetro, daí que o comportamento descrito pela Eq. (4.107) poderá ser observado (dentro de certos limites) ao reduzir suficientemente a largura da fenda do monocromador (ver problema 4.6.15) .

A Fig. 4.22 mostra o espectro de transmissão de um filme fino de fotorresina sobre um substrato de vidro, onde se pode ver a interferência do filme, superposto ao espectro de transmissão da amostra. O substrato de vidro tem uma espessura da ordem do milímetro, que é maior que o comprimento de coerência da luz utilizada. O filme é suficientemente fino para permitir observar as interferências múltiplas descritas pelas Eqs. (4.106) e (4.107). Na Fig. 4.23, foi colocado em gráfico o inverso da transmitância (base 1, e não %) (eixo da esquerda), enquanto no eixo da direita (quadrados), o número de ordem dos extremos (máximos e mínimos) sucessivos, começando arbitrariamente no número de ordem de interferência N = 1. Da Eq. (4.106) e supondo incidência normal, em que $\cos\theta' = 1$, deduzimos que:

$$4nd\frac{1}{\lambda} = N \text{ número de ordem} \qquad \textbf{(4.108)}$$

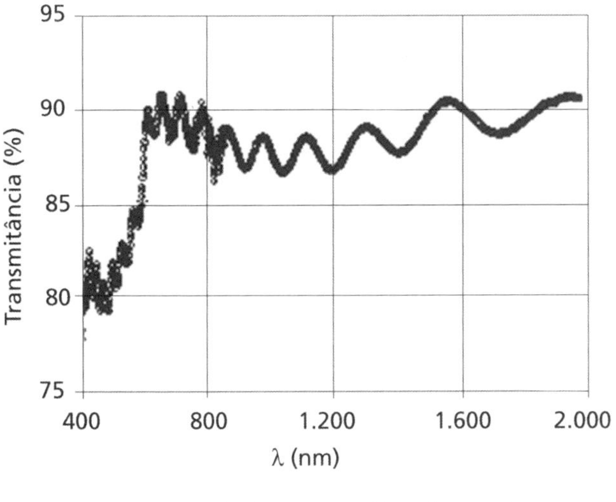

Fig. 4.22 Transmitância (%) de um filme fino de fotorresina sobre um substrato de vidro, medido com o espectrofotômetro do Laboratório de Ensino de Óptica-IFGW/Unicamp (Dados fornecidos pela Profa. Lucila Cescato)

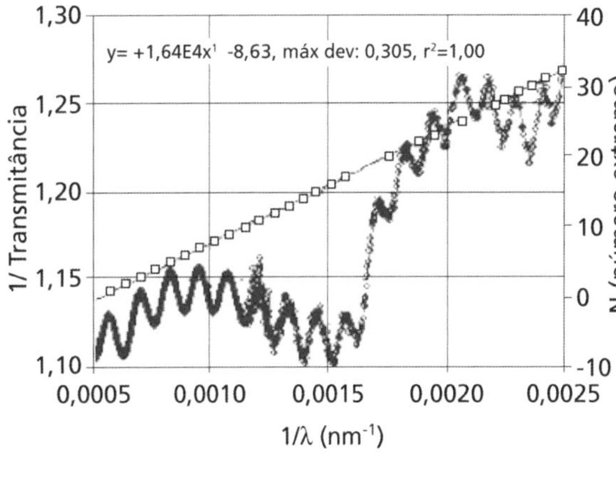

Fig. 4.23 Inversa da Transmitância (base 1, e não 100) no eixo da esquerda, e número de ordem dos extremos sucessivos na Transmitância (quadrados) no eixo da direita, ambos *vs.* $1/\lambda$

Do ajuste linear na Fig. 4.23, calculamos a espessura óptica do filme nd = 4.100 nm. Sabendo que esses filmes têm um índice de refração da ordem de 1,6, podemos estimar a espessura geométrica $d \approx$ 2.563 nm. É interessante notar o excelente ajuste dos dados (quadrados) na figura com uma linha reta, o que significa que a dispersão cromática do índice de refração, se existe, é menor que a precisão das medidas, pelo menos na faixa espectral analisada.

4.5.1 Lâminas

Uma situação de interesse prático aparece no caso de nd ser bastante maior que o comprimento de coerência da luz ou, também, no caso em que as duas interfaces sejam pouco paralelas, de forma que o período das franjas de interferência resultantes não possa ser espacialmente resolvido pelo fotodetector. Supondo ainda que o material apresente um coeficiente de absorção α em intensidade, as intensidades transmitida, refletida e absorvida podem ser escritas, respectivamente, como:

$$I_T = I_o \frac{(1-R)^2 e^{-\alpha d}}{1-R^2 e^{-2\alpha d}} \tag{4.109}$$

$$I_R = I_o \left[R + \frac{(1-R)^2 R e^{-2\alpha d}}{1-R^2 e^{-2\alpha d}} \right] \tag{4.110}$$

$$I_A = I_o \frac{(1-R)(1-e^{-\alpha d})}{1-R e^{-\alpha d}} \tag{4.111}$$

Verifique que $I_T + I_R + I_A = I_o$.

4.6 Problemas

4.6.1 Fendas de Young

Seja um experimento de fendas de Young em que a distância entre as fendas (supostas infinitamente estreitas) é de 1 mm. Iluminam-se as fendas com uma luz de 590 nm, cujo grau de coerência complexo é da forma:

$$\gamma(\tau) = e^{i\omega\tau} \Lambda \left(\frac{\tau c}{100\mu m} \right)$$

onde ω corresponde à luz de 590 nm e c é a velocidade da luz no vácuo.

Observando as franjas de interferência que se formam numa tela a 1 m de distância, calcule:

1. o período da franjas;

   Resp.: 0,59 mm
2. a visibilidade das franjas na região central (ordem de interferência próxima de zero);

   Resp.: 1
3. a visibilidade das franjas a 5 cm da franja central;

   Resp.: 0,5
4. quantas franjas poderão ser observadas ao todo na tela?

   Resp.: 339

4.6.2 Lâmina de faces paralelas

Seja o caso de uma lâmina transparente de faces paralelas como representado na Fig. 4.4, onde observamos a interferência do feixe refletido na primeira interfase com o refletido na segunda.

1. Mostre que, para incidência quase normal, verifica-se a Eq. (4.7), reproduzida abaixo:

$$D = \frac{\lambda n}{\alpha_2^2 - \alpha_1^2}$$

onde D é a espessura da lâmina; n é o índice de refração do vidro; e λ é o comprimento de onda da luz (suposta coerente). Os ângulos α_1 e α_2 são os ângulos de incidência do feixe onde se podem ver dois mínimos de interferência consecutivos.

OBS: $\operatorname{sen}\theta \approx \theta$ e $\cos\theta \approx 1 - \theta^2/2$ para $\theta \ll 1$

2. Num experimento realizado em aula, obtiveram-se os seguintes dados:
   (a) a lâmina utilizada foi um porta-objeto de microscópio com espessura aproximada de 1 mm;
   (b) iluminação com um *laser* de He-Ne de $\lambda = 0{,}6328\,\mu$m;
   (c) posição angular da lâmina para incidência normal ($\alpha = 0$): $3^o41' \pm 1'$;
   (d) posição angular da lâmina para uma franja escura: $2^o58'$;
   (e) posição angular da lâmina para a franja escura seguinte: $1^o48'$;
   (f) espessura medida com paquímetro: D = 1,03 mm ± 3%.

   Com base nesses dados, calcule o índice de refração da lâmina de vidro e estime a precisão do valor.

   Resp.: n = 1,50 ± 0,005. Prove que a incerteza é basicamente originada pelos erros de medida dos ângulos.

4.6.3 Velocimetria Doppler

Num interferômetro de Michelson, um dos espelhos está fixo e o outro se move com uma velocidade constante de 10 mm/s. Se utilizo uma luz de λ = 670 nm e observo o sinal de interferência, na saída, com um fotodetector:

1. Qual será a frequência do sinal elétrico medido no fotodetector?
2. Se a largura espectral desse *laser* é de $\Delta\lambda \approx 0{,}01$ nm, quantas franjas de interferência podem passar, no máximo, por esse fotodetector?

4.6.4 Medida de vibrações por efeito Doppler

A Fig. 4.24 mostra o sinal Doppler num experimento de medida de vibrações mecânicas por efeito Doppler com *laser* de λ = 633 nm, visto na tela do osciloscópio. Calcule:

1. a velocidade máxima do alvo;

   Resp.: $v_M = 1{,}41$ mm/s
2. a frequência de oscilação do alvo;

   Resp.: 290 Hz
3. a amplitude de oscilação.

   Resp.: 0,774 μm

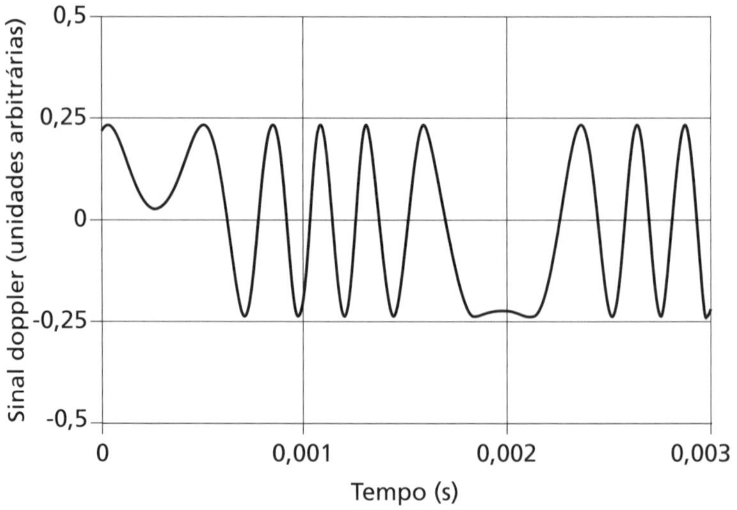

Fig. 4.24 Sinal Doppler

4.6.5 Interferência, coerência e visibilidade

A Fig. 4.25 mostra um experimento em que um feixe *laser* ($\lambda = 514{,}5\,\text{nm}$) é dividido (com o *beam-splitter* - BS) em dois, e esses feixes (por meio dos espelhos E) interferem entre si, formando um ângulo de 30°. Na região do espaço onde os feixes se superpõem, formam-se franjas de interferência (plano FI). Um sistema de dois prismas (A e B) é utilizado para variar o comprimento (caminho óptico) de um dos feixes que interferem. Como o período espacial desse padrão de franjas é muito pequeno para ser observado ou medido, usa-se uma lente para projetar esse padrão ampliado sobre um fotodetector (F no plano P), o qual é utilizado para medir a visibilidade das franjas em função da posição do prisma **B**. O resultado aparece na Fig. 4.26, em que os círculos indicam os dados experimentais. A curva contínua utilizada para o ajuste desses dados é:

$$y = a\,e^{-(x-d)^2/b^2}$$

sendo que os valores $a = 0{,}34$, $b = 35{,}8\,\text{mm}$ e $d = 44{,}7\,\text{mm}$ resultam desse ajuste. Note que uma variação de uma unidade na posição de B significa o dobro em termos de variação de caminho óptico, por conta do percurso de ida e volta da luz nesse dispositivo.

1. Calcule a diferença de caminho óptico correspondente a um período espacial das franjas de luz no plano (FI) de interferência.

   Resp.: 514,5 nm

2. Com base na fórmula apresentada, que descreve a visibilidade das franjas, formule uma expressão para $|\gamma(\tau)|$.

   Resp.:$|\gamma(\tau)| = e^{-\tau^2/T_o^2}$ $\quad T_o = 2b/c \approx 239$ ps.

3. Note que a visibilidade no máximo é bem menor que 1. Quais podem ser as causas?
4. Qual é a posição do prisma **B** onde os dois braços do interferômetro são iguais?

   Resp.: $x = 44{,}7\,\text{mm}$

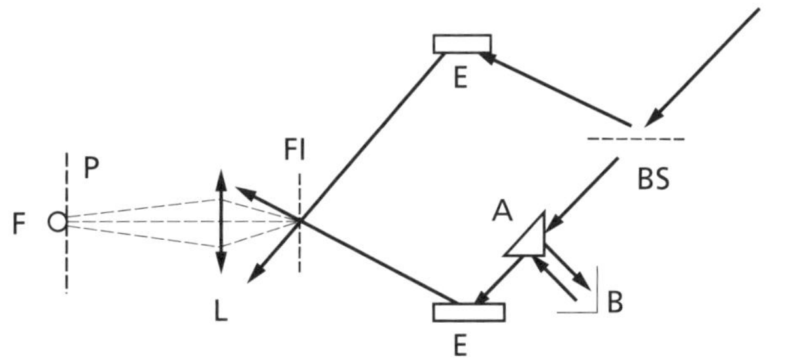

Fig. 4.25 Esquema de um experimento de interferência

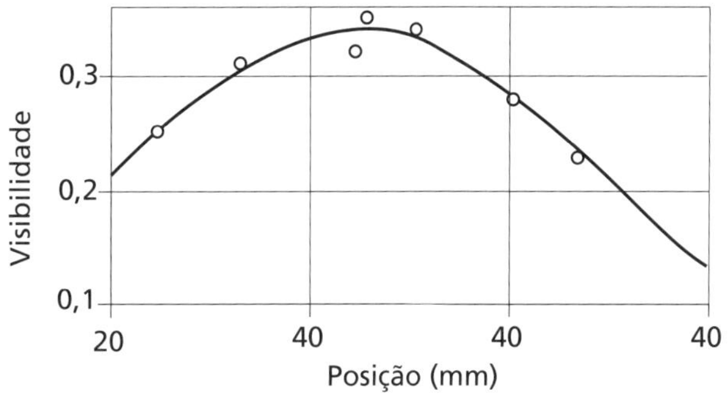

Fig. 4.26 Visibilidade das franjas de interferência no experimento da Fig. 4.25 em função da posição do prisma retrorrefletor **B** (do trabalho de tese de Mestrado de Ivan de Oliveira)

5. Qual é o comprimento de coerência dessa luz?

   Resp.: $l_c = 2b\sqrt{\pi} \approx 127\,\text{mm}$, utilizando o critério indicado na seção B.3 (Apêndice) e lembrando que $\int_{-\infty}^{\infty} e^{-x^2}\,dx = \sqrt{\pi}$.

6. Quantas franjas de interferência será possível detectar movendo o prisma **B** de ambos os lados do máximo, até o ponto onde a visibilidade cai para a metade do seu valor no máximo?

   Resp.: 232.047

4.6.6 Comprimento de coerência

O fabricante de um *laser* de emissão contínua, de Nd-YAG, com dobrador de frequência (λ = 532 nm) e 500 mW de potência, alega que o comprimento de coerência é maior que 150 m. Nesse caso, qual deve ser sua "pureza" espectral?

Resp.: $\Delta\lambda \approx 1{,}9 \times 10^{-6}$nm

4.6.7 Função de autocorrelação

Com base na definição da Eq. (4.11), prove que:

1. a função de autocorrelação $\Gamma(\tau)$ satisfaz, em geral, a seguinte propriedade:

$$\Gamma^*(-\tau) = \Gamma(\tau)$$

2. para o caso de uma função f(t) real, sua autocorrelação é simétrica, isto é,

$$\Gamma(\tau) = \Gamma(-\tau).$$

4.6.8 Espectro de potência

Prove que o espectro de potência de uma função real deve ser simétrico, isto é, $S(\nu) = S(-\nu)$. Para isso, leve em conta que:

1. $S(\nu)$ é a TF de $\Gamma(\tau)$;
2. considere o resultado em 4.6.7.

4.6.9 Luz branca no interferômetro de Michelson

Num interferômetro de Michelson com luz "branca", observam-se uma franja de interferência central e cinco franjas de cada lado, ao deslocar um dos espelhos e utilizar um fotodetector para detectar essas franjas. Sabendo que o pico de sensibilidade desse detector ocorre para $\lambda = 800\,\text{nm}$, calcule:

1. o comprimento de coerência da luz "branca" filtrada pelo fotodetector (Resp.: 4.000 nm);
2. o comprimento de coerência dessa luz se ela fosse efetivamente branca, e não apenas "branca" (Resp.: 0);
3. a largura de banda efetiva (em nanômetros, por ex.) do fotodetector para a medida da luz. (Resp.: 160 nm centrada em $\lambda = 800\,\text{nm}$).

4.6.10 Interferograma de um LED

A Fig. 4.27 mostra o interferograma de um LED (em unidades arbitrárias) obtido no interferômetro de Michelson. Com as informações dessa figura, faça um gráfico da visibilidade e, supondo que seja uma distribuição gaussiana, estime a largura do espectro da luz desse LED.

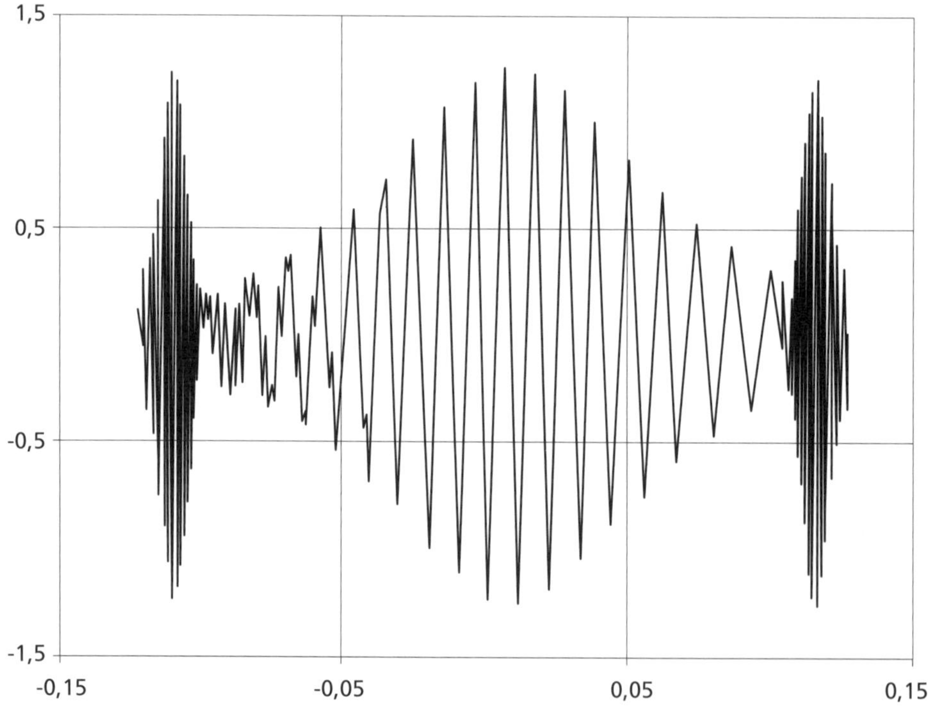

Fig. 4.27 Franjas de interferência observadas com um LED de $\lambda = 520\,\text{nm}$ num interferômetro de Michelson ao se mover um dos seus espelhos com um cristal piezoelétrico acionado com uma tensão na forma de uma rampa. Ordenadas e abscissas em unidades arbitrárias

4.6.11 Dubleto do sódio

Na luz emitida pela lâmpada de sódio, existem duas linhas muito próximas ($\lambda_1 = 588{,}995\,\text{nm}$ e $\lambda_2 = 589{,}592\,\text{nm}$) e de intensidades I similares (Jenkins; White, 1981).

1. Descreva formalmente o espectro de potência dessa luz, supostamente formada apenas por esse dubleto, supondo ainda que cada linha é infinitamente estreita.

   Resp.: $S(\nu) = I\,[\delta(\nu - \nu_1) + \delta(\nu - \nu_2)] \qquad \nu_1 = c/\lambda_1 \qquad \nu_2 = c/\lambda_2$

2. Calcule a parte real da função de autocorrelação.

   Resp.:

$$\Re\{\Gamma(\tau)\} = 2I\cos\left(2\pi\tau\frac{\nu_1 + \nu_2}{2}\right)\cos\left(2\pi\tau\frac{\nu_1 - \nu_2}{2}\right)$$

3. Calcule o comprimento de coerência dessa luz.

   Resp.: Infinito.

4. Supondo que utilizo essa luz num experimento de Michelson, calcule a expressão da intensidade na saída, com especial atenção ao termo de interferência.

   Resp.: $I_T = I_1 + I_2 + 2\Re\{\Gamma(\tau)\}$

5. O experimento de Michelson serviria para medir a separação das linhas do dubleto? Explique como faria.

6. Na realidade, ambas as linhas não são infinitamente estreitas (Jenkins; White, 1981; Collier et al., 1971), mas têm uma largura de aproximadamente 0,006 nm. Qual será o efeito dessa largura nas respostas para os três primeiros itens acima?

   Resp.:

   (a) $S(\nu) = \frac{I}{a_o}\,[\delta(\nu - \nu_1) + \delta(\nu - \nu_2)] * e^{-\nu^2\pi/a_o^2} \qquad a_o = c\Delta\lambda/\lambda^2 \approx 5{,}17\times10^6\,\text{Hz}$

   (b) $\Re\{\Gamma(\tau)\} = 2I\cos(2\pi\tau(\nu_1 + \nu_2)/2)\cos(2\pi\tau(\nu_1 - \nu_2)/2)\,e^{-\pi a_o^2\tau^2}$

   (c) $c/a_o \approx 58\,\text{mm}$

4.6.12 Espectro contínuo

Suponha uma luz com um espectro contínuo e constante (entre $\lambda_1 = 500{,}0$ e $\lambda_2 = 600{,}0\,\text{nm}$).

1. Represente matematicamente o espectro de potência dessa luz.

   Resp.:

$$S(\nu) = \frac{1}{a}\text{rect}((\nu - \nu_o)/a) \qquad \nu_o = \frac{c(\lambda_1 + \lambda_2)}{2\lambda_1\lambda_2} \qquad a = \frac{c}{\lambda_1} - \frac{c}{\lambda_2}$$

2. Calcule a função de autocorrelação.

   Resp.: $\Gamma(\tau) = \text{sinc}(a\tau)\,e^{i2\pi\nu_o\tau}$

3. Calcule a visibilidade das franjas de interferência quando observadas num interferômetro de Michelson, por exemplo.

   Resp.: $\mathcal{V} = |\Gamma(\tau)/\Gamma(0)| = |\text{sinc}(a\tau)|$

4. Calcule o comprimento de coerência dessa luz.

   Resp.: c/a ≈ 3.025 nm

4.6.13 Espectro de pulsos amortecidos

Seja uma sucessão de pulsos reais cujo sinal analítico tem a forma:

$$f(t) = A\,e^{-at\,-\,i\omega_o t} \qquad \text{para } t \geq 0 \qquad a > 0 \tag{4.112}$$

$$f(t) = 0 \qquad \text{para } t < 0 \tag{4.113}$$

sendo $a^2 \gg \omega_o^2$. Considerando que $\bar{N}$ é a taxa de emissão desses pulsos, calcule:

1. o espectro de potência;

   Resp.:
   $$S(\nu) \simeq \frac{1}{4}\frac{\bar{N}\,|\,A\,|^2}{a^2 + 4\pi^2(\nu - \nu_o)^2} + \frac{1}{4}\frac{\bar{N}\,|\,A\,|^2}{a^2 + 4\pi^2(\nu + \nu_o)^2}$$

2. a intensidade dessa radiação;

   Resp.:
   $$\frac{\bar{N}|\,A\,|^2}{2a}$$

3. o fluxo de energia de cada pulso;

   Resp.:
   $$\frac{|\,A\,|^2}{2a}$$

4. a função de autocorrelação;

   Resp.:
   $$\Gamma(\tau) = \frac{\bar{N}\,|\,A\,|^2}{2a}\, e^{-\,|\,a\tau\,|} \cos(\omega_o\tau)$$

5. o termo de interferência tal como seria observado num interferômetro de Michelson, por exemplo, ao ser iluminado com essa luz.

   Resp.:
   $$2\Re\{\Gamma(\tau)\} = \frac{\bar{N}\,|\,A\,|^2}{a}\, e^{-\,|\,a\tau\,|} \cos(\omega_o\tau)$$

4.6.14 Pulsos gaussianos

Seja uma onda luminosa de frequência angular centrada em ω_o, formada por pulsos gaussianos cujo sinal analítico vale:

$$f(t) = e^{-t^2/T_o^2}\, e^{i\omega_o t} \qquad \text{com } T_o^2 \ll \omega_o^2$$

1. Calcule o espectro de potência dessa luz.

   Resp.:
   $$S(\nu) \propto e^{-T_o^2\frac{(\omega - \omega_0)^2}{2}} + e^{-T_o^2\frac{(\omega + \omega_0)^2}{2}}$$

2. Calcule a função de autocorrelação.

   Resp.:
   $$\Gamma(\tau) \propto e^{-\frac{\tau^2}{2T_o^2}}\,(e^{i\omega_0\tau} + e^{-i\omega_0\tau})$$

3. Escreva a expressão matemática do termo de interferência da luz observada num interferômetro de Michelson ao ser iluminado com essa luz.

   Resp.:
   $$2\Re\{\Gamma(\tau)\} \propto e^{-\frac{\tau^2}{2T_o^2}} \cos(\omega_0\tau)$$

Lembre-se de que:

$$\int_{-\infty}^{+\infty} e^{-(ax^2+bx+c)}\,dx = \sqrt{\frac{\pi}{a}}\,e^{\frac{b^2-4ac}{4a}}$$

4.6.15 Filme fino e espectro de potência

Para que, num experimento de espectroscopia por transmissão, o padrão de interferência produzido pelo filme fino possa ficar em evidência, é necessário que a luz produzida pelo monocromador do aparelho seja suficientemente "monocromática", isto é, que tenha uma largura espectral suficientemente estreita. Isso se consegue, dentro de certos limites, ao se diminuir a largura da fenda no monocromador (ao custo de reduzir a intensidade da luz disponível e, consequentemente, aumentando o "ruído" na medida). Para o caso exemplificado na Fig. 4.22, qual deve ser a largura espectral da luz, de maneira que apareça o padrão de interferência do filme fino, mas não o da lâmina de vidro?

Resp.: $1\ \text{nm} \ll \Delta\lambda \ll 250\ \text{nm}$

4.6.16 Filme fino

Um filme fino (índice de refração de aproximadamente 1,5), depositado sobre uma lâmina transparente de vidro de $\approx$1 cm de espessura, é colocado num espectrofotômetro sob incidência normal, para medir o espectro de transmissão. O espectro resultante apresenta a modulação característica de interferência múltipla, como exemplificado na Fig. 4.22. Dentre o conjunto de máximos e mínimos de interferência que aparecem no caso em questão, observamos dois máximos sucessivos em $\lambda = 520\,\text{nm}$ e em $\lambda = 530\,\text{nm}$. Com esses dados:

1. calcule a espessura geométrica do filme fino;
2. dê uma razão possível para explicar o fato de que a lâmina de vidro não tem, aparentemente, nenhuma participação no padrão de franjas observado.

4.7 Experimentos ilustrativos

4.7.1 Interferência numa lâmina de faces paralelas

Trata-se de medir o índice de refração n de uma lâmina transparente de faces paralelas, utilizando a interferência de um feixe *laser* direto (de baixa potência) se refletindo em cada uma das duas faces, como ilustrado na Fig. 4.4. Conhecendo-se a espessura óptica e medindo-se a espessura geométrica com um paquímetro, podemos calcular o índice de refração.

1. Mostre que, para o caso do ângulo de incidência ser muito pequeno ($\alpha \ll 1$), a espessura geométrica da lâmina D e seu índice de refração n estão relacionados pela fórmula (Born; Wolf, 1975):

$$D = \frac{\lambda n}{\alpha_2^2 - \alpha_1^2} \tag{4.114}$$

onde n é o índice de refração do vidro e λ é o comprimento de onda da luz (suposta coerente). O ângulo α_1 é o ângulo de incidência do feixe em que se pode ver um mínimo de interferência. O ângulo α_2 corresponde ao próximo mínimo de interferência.

2. Para fazer a medida, é necessário dispor de um sistema mecânico capaz de produzir suaves movimentos angulares para encontrar os ângulos de interferência sucessivos α_1 e α_2.
3. Meça a espessura geométrica D da lâmina (pode ser uma lâmina porta-objeto de microscópio, de aprox. 1 mm de espessura) com um paquímetro.
4. Com D, λ, α_1 e α_2 substituídos na Eq. (4.114), calcule n.

4.7.2 Velocimetria Doppler

Este experimento utiliza o efeito Doppler para estudar o movimento oscilatório de um alto-falante comercial. O sinal Doppler gerado pela luz refletida no alto-falante é utilizado também para estudar a resposta do fotodetector empregado no experimento. Este pode ser realizado com um simples interferômetro de Michelson, ou com um velocímetro Doppler, que nada mais é do que um interferômetro de Michelson com óptica e eletrônica específicas.

Estudo do movimento de um alto-falante comercial

Trata-se de estudar o movimento oscilatório de um alto-falante comercial. Em particular, mas não apenas, medir a amplitude de oscilação, a velocidade máxima e a linearidade da resposta do alto-falante.

O efeito Doppler, que resulta na mudança da frequência da luz ao se refletir num objeto em movimento, permite medir a velocidade desse objeto. Para isso, utiliza-se um interferômetro de Michelson simplificado, em que um dos espelhos está fixo e o outro é o objeto (alvo) em movimento a ser estudado. Às vezes, a refletividade do alvo é suficiente; outras vezes (como no caso de um alto-falante), porém, é necessário colocar um pequeno pedaço de fita retrorrefletiva ou pintá-lo com uma camada muito fina de tinta retrorrefletiva, a fim de produzir a luz refletida necessária para obter a intensidade adequada de luz de retorno do alvo. A teoria está descrita nas seções 4.1.4 e 4.1.5. Uma descrição mais completa do uso dessa técnica foi publicada por Freschi e colaboradores (Freschi et al., 2003).

Proceder da seguinte forma:

1. Posicionar o alvo (nesse caso, um alto-falante) à distância correta do aparelho, lembrando que os dois braços do interferômetro de Michelson devem ser aproximadamente iguais, dentro dos limites da coerência da luz utilizada no aparelho.
2. Observar o sinal do detector, na saída do interferômetro, num osciloscópio, ajustando a distância do alvo para obter um sinal Doppler adequado (como o da Fig. 4.28) e com a máxima intensidade possível.

3. Observando o número de ciclos no osciloscópio, podemos calcular a amplitude do movimento e, pelo menor período, calcular a velocidade máxima, como discutido na seção 4.1.5 e ilustrado no problema 4.6.4.
4. Medindo-se a amplitude para diferentes correntes circulando no alto-falante, podemos estudar a linearidade da resposta.
5. Pela relação existente entre a amplitude e a velocidade máxima, podemos verificar se se trata de uma oscilação harmônica, o que também está relacionado com a linearidade da resposta.

Estudo eletromecânico de um alto-falante

Trata-se de determinar os parâmetros eletromecânicos mais importantes de um alto--falante comercial.

O movimento de um alto-falante pode ser caracterizado como uma oscilação harmônica com amortecimento, em que o movimento sem excitação é descrito pela equação:

$$m\ddot{x} + b\dot{x} + kx = 0 \tag{4.115}$$

cuja solução é:

$$x = A\ e^{-\gamma t/2}\cos(\omega_f t + \phi) \tag{4.116}$$

$$\text{com } \gamma \equiv b/m \qquad \omega_0^2 \equiv k/m \qquad \omega_f^2 = \omega_0^2 - (\gamma/2)^2 \tag{4.117}$$

$$\text{sendo: } \gamma/2 \ll \omega_0 \text{ e } \omega_f \approx \omega_0 - \frac{1}{8}\gamma^2/\omega_0 \tag{4.118}$$

A energia total desse oscilador é:

$$W = \frac{1}{2}m(\dot{x})^2 + \frac{1}{2}kx^2 \tag{4.119}$$

e sua taxa de variação temporal:

$$\frac{dW}{dt} = \frac{\partial W}{\partial \dot{x}}\frac{d\dot{x}}{dt} + \frac{\partial W}{\partial x}\frac{dx}{dt} = (m\ddot{x} + kx)\dot{x} = -b\dot{x}^2 \leq 0 \tag{4.120}$$

Da Eq. (4.120) conclui-se que a energia do oscilador diminui com o tempo, o que era de se esperar por tratar-se de uma oscilação com amortecimento. Substituindo a expressão para x da Eq. (4.116) na Eq. (4.119), resulta:

$$W = \frac{1}{2}A^2 m\, e^{-\gamma t}\left[\frac{\gamma^2}{4}\cos(2\omega_f t + 2\phi) + \omega_0^2 + \frac{\gamma\omega_f}{2}\operatorname{sen}(2\omega_f t + 2\phi)\right] \tag{4.121}$$

e a média temporal num ciclo fica assim:

$$\langle W\rangle = \frac{1}{2}A^2 m\omega_0^2 e^{-\gamma t} \text{ para } \gamma \ll \omega_0 \tag{4.122}$$

$$-\frac{d\langle W\rangle}{dt} = \frac{1}{2}\gamma A^2 m\omega_0^2 e^{-\gamma t} \tag{4.123}$$

Desse modo, a taxa de dissipação relativa de energia é:

$$-\frac{1}{\langle W\rangle}\frac{d\langle W\rangle}{dt} = \gamma \tag{4.124}$$

No caso de ressonância forçada, a Eq. (4.115) fica assim:

$$m\ddot{x} + b\dot{x} + kx = F\cos(\omega t) \tag{4.125}$$

cuja solução particular é:

$$x = A\cos(\omega t + \phi_f) \tag{4.126}$$

$$\text{tg}\,\phi_f = \frac{b\,\omega}{m\omega^2 - k} \tag{4.127}$$

$$A = -\frac{F/m}{\sqrt{\gamma^2\omega^2 + (\omega^2 - \omega_0^2)^2}} \tag{4.128}$$

O valor máximo da amplitude ocorre para:

$$\omega^2 = \omega_0^2 + \gamma^2/2 \qquad \omega_0^2 \gg \gamma^2/2 \tag{4.129}$$

e vale:

$$A_o = -\frac{F/m}{\sqrt{\gamma^2(\omega_0^2 + \gamma^2/2) + (\gamma^2/2)^2}} \approx -\frac{F/m}{\gamma\omega_0} \tag{4.130}$$

Tais resultados nos mostram que, em termos de amplitude de oscilação, a frequência de ressonância é diferente para os diferentes casos, assim discriminados:

$$\text{Ressonância sem amortecimento} \Rightarrow \omega_0 \tag{4.131}$$

$$\text{Ressonância livre com amortecimento} \Rightarrow \omega_f^2 = \omega_o^2 - \gamma^2/4 \tag{4.132}$$

$$\text{Ressonância forçada com amortecimento} \Rightarrow \omega_{\text{rf}}^2 = \omega_o^2 + \gamma^2/2 \tag{4.133}$$

Devemos lembrar que, no caso do alto-falante, sua membrana está fixada numa bobina que se move no campo magnético de um ímã permanente. Por isso, a força responsável pelo movimento da membrana é:

$$F \propto iB\ell \tag{4.134}$$

onde ℓ é o comprimento da bobina; B é a indução magnética e i é a corrente que circula pela bobina. Isso significa que, ao normalizar a amplitude, a velocidade e outros parâmetros experimentais do alto-falante, é preferível fazê-lo pela intensidade, e não pela tensão aplicada na bobina do alto-falante.

Vejamos alguns resultados experimentais obtidos com um alto-falante que tem a membrana pintada com uma camada muito fina de tinta retrorrefletiva. Ele é alimentado com uma tensão senoidal, e o sinal Doppler resultante é transformado num sinal elétrico por um fotodetector e visualizado, junto com o sinal de alimentação, num osciloscópio, como ilustrado na Fig. 4.28.

Pode-se medir a amplitude de oscilação diretamente da Fig. 4.28. Cada período do sinal Doppler representa o deslocamento de $\lambda/2$ na posição da membrana do alto-falante. Para meio período do movimento da membrana, que é o intervalo entre duas posições consecutivas de velocidade zero no alto-falante e que corresponde ao intervalo de 0,56 ms

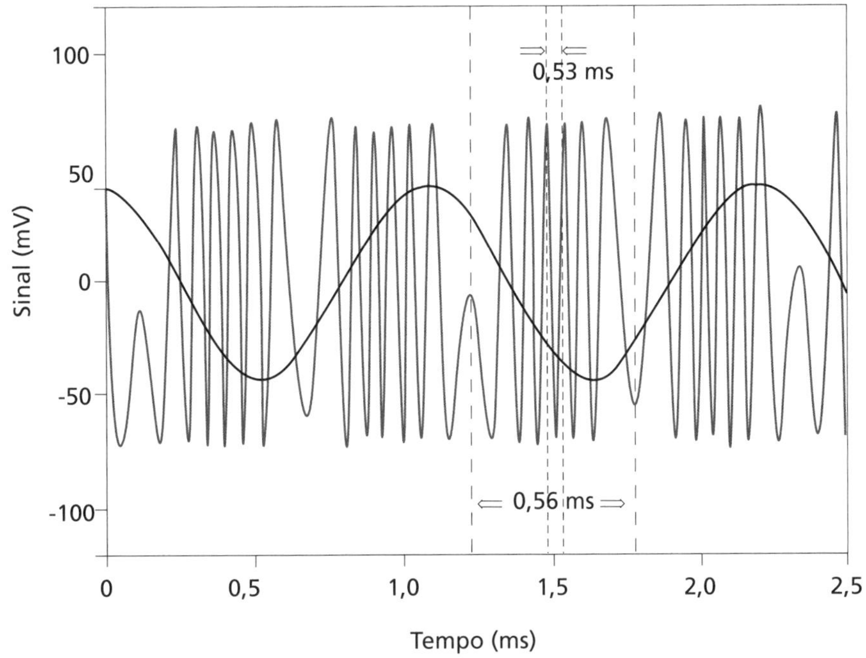

Fig. 4.28 Sinal Doppler típico produzido pela membrana de um alto-falante alimentado por uma tensão senoidal de 88 mV (pico a pico) e frequência de $f = 900$ Hz. Os 0,56 ms medidos sobre o sinal representam o semiperíodo do sinal de alimentação. O período mínimo (0,053 ms) indicado na figura sobre o sinal Doppler mostra a região onde a velocidade da membrana do alto-falante é máxima

indicado na Fig. 4.28, podemos distinguir aproximadamente 6,5 ciclos de sinal Doppler, o que representa:

$$A \approx 6{,}5\ \lambda/4 \approx 1{,}03\ \mu\text{m para } \lambda = 0{,}633\ \mu\text{m} \qquad \textbf{(4.135)}$$

onde $\lambda = 0{,}633\ \mu$m corresponde ao *laser* utilizado no experimento da Fig. 4.28 e A é a amplitude de oscilação do alto-falante.

A Fig. 4.28 também permite calcular a medida da velocidade do alto-falante, particularmente a velocidade máxima u_M. Para isso, basta procurar no sinal Doppler a região onde o período é menor, que corresponde, nesse caso, à indicada como 0,053 ms na figura. Sempre levando em conta que um período do sinal Doppler corresponde ao movimento da membrana numa distância $\lambda/2$, calculamos a velocidade por meio de:

$$u_M = (\lambda/2)/(0{,}053\ \text{ms}) = 5{,}97\ \text{mm/s} \qquad \textbf{(4.136)}$$

As equações de movimento aqui formuladas incluem sempre o termo "kx" para a força de restituição, o que significa que o sistema opera na região perfeitamente elástica. Por esse motivo, a amplitude A é sempre proporcional à força F agindo sobre o sistema, como indicado pela Eq. (4.128). Da Eq. (4.126) podemos calcular a velocidade por meio de:

$$u = \left|\frac{\mathrm{d}}{\mathrm{d}t}(A\cos(\omega t + \phi_f))\right| = \omega A|\,\text{sen}(\omega t + \phi_f)| \qquad \textbf{(4.137)}$$

$$u_M = \omega A \qquad \textbf{(4.138)}$$

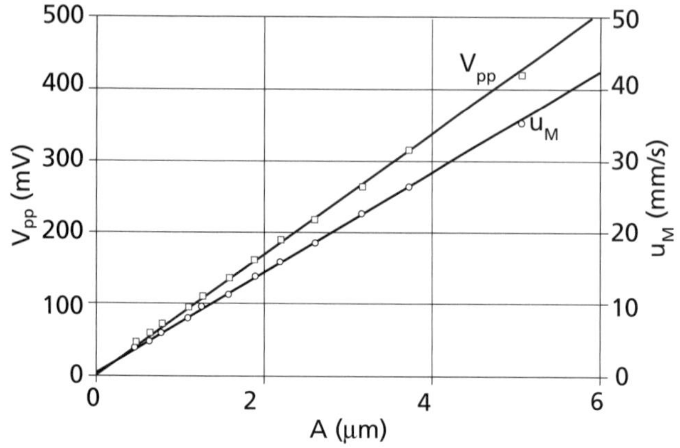

Fig. 4.29 Resposta de um alto-falante em termos da tensão pico a pico (V_{pp}) aplicada e da velocidade máxima, ambas colocadas em gráfico em função da amplitude medida A da oscilação, para uma frequência de excitação $f = 1.100$ Hz no alto-falante

que significa que, na hipótese de operação dentro do regime perfeitamente elástico, existe a relação simples na Eq. (4.138) entre u_M e A. Para verificar isso experimentalmente, podemos medir diretamente A e u_M, como indicado anteriormente, para diferentes tensões aplicadas ao alto-falante, para uma frequência fixa, e colocar em gráfico esses resultados, como na Fig. 4.29, onde nossas hipóteses de linearidade são perfeitamente verificadas. Note que, para o caso de frequência fixa, a tensão e a corrente no alto-falante são proporcionais, pois a impedância também é constante. Nesse caso, então, os parâmetros podem ser normalizados pela tensão ou pela corrente, indistintamente. No caso da Fig. 4.29, o coeficiente angular resultou ser 7,09 (mm/s)/μm, de cujo valor calculamos:

$$f = \frac{7090s^{-1}}{2\pi} = 1128Hz \tag{4.139}$$

que é bastante próximo do valor nominal de 1100 Hz, utilizado no experimento.

A potência dissipada pelo alto-falante é dada por:

$$P_d = b(\dot{x})^2 = b\omega^2 A^2 \cos^2(\omega t + \phi_f) \tag{4.140}$$

e seu valor médio (temporal) é:

$$\langle P_d \rangle = \frac{1}{2} bA^2\omega^2 \tag{4.141}$$

$$= \frac{1}{2} b(F/m)^2 \frac{\omega^2}{\gamma^2\omega^2 + (\omega^2 - \omega_o^2)^2} \tag{4.142}$$

É fácil verificar que o valor máximo para a potência se atinge para $\omega = \omega_0$, resultando:

$$\langle P_d \rangle_o = \frac{1}{2} \frac{b(F/m)^2}{\gamma^2} \tag{4.143}$$

Chamando ω_1 e ω_2 às frequências a meia potência (potência metade da de ressonância), tem-se:

$$\langle P_d \rangle_1 = \frac{1}{2} \frac{b(F/m)^2\omega_1^2}{\gamma^2\omega_1^2 + (\omega_1^2 - \omega_0^2)^2} = \frac{1}{4} \frac{b(F/m)^2}{\gamma^2} \tag{4.144}$$

$$\langle P_d \rangle_2 = \frac{1}{2} \frac{b(F/m)^2\omega_2^2}{\gamma^2\omega_2^2 + (\omega_2^2 - \omega_0^2)^2} = \frac{1}{4} \frac{b(F/m)^2}{\gamma^2} \tag{4.145}$$

do que resulta:

$$(\omega_1^2 - \omega_0^2)^2 = \omega_1^2\gamma^2 \qquad (\omega_2^2 - \omega_0^2)^2 = \omega_2^2\gamma^2 \Rightarrow \omega_2 - \omega_1 = \gamma \tag{4.146}$$

O fator de qualidade, que é definido como:

$$Q \equiv \frac{\omega_0}{\omega_2 - \omega_1} \tag{4.147}$$

resulta ser:

$$Q = \omega_0/\gamma \tag{4.148}$$

$$\frac{Q}{2\pi} = \frac{1}{\gamma T_o} \tag{4.149}$$

que, em função do significado de γ na Eq. (4.124), representa a energia média armazenada, por energia dissipada num ciclo.

Na Fig. 4.30 estão representadas as medidas de amplitude A, para um valor fixo da tensão aplicada (o correto seria usar a corrente, e não a tensão), feitas num alto-falante comercial, ao redor da sua ressonância. Na mesma figura, fez-se também o gráfico do valor $A^2f^2 \propto \langle P_d \rangle$, onde, utilizando os valores de $\omega_0 = 2\pi f_0 = 2\pi 1015$ Hz e das frequências a meia altura, $\omega_1 = 2\pi 917{,}47$ Hz e $\omega_2 = 2\pi 1122{,}13$ Hz, calculou-se $Q = 4{,}96$, que coincide com o valor calculado diretamente da Eq. (4.149). Calculou-se, ainda, a velocidade máxima, nas condições do experimento, para a frequência de ressonância $f_o = 1.015$ Hz:

$$u_M = A2\pi f_o = 38{,}52 \text{ mm/s} \tag{4.150}$$

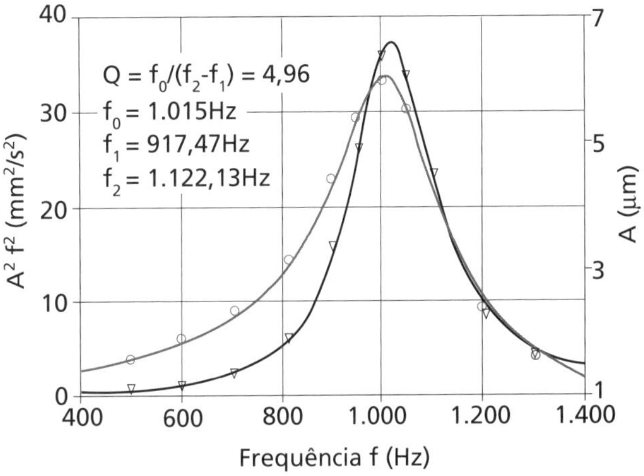

Fig. 4.30 Amplitude de oscilação A (círculos) e A^2f^2 (triângulos) medida em função da frequência de excitação f para um alto-falante comercial. As curvas são os melhores ajustes, para a amplitude com a Eq. (4.128) (parâmetros $F/m = 49{,}35 \times 10^6\ \mu\text{m/s}^2$, $\gamma = 1286$ Hz e $\omega_0 = 2\pi 1012$ Hz), e para A^2f^2 com a Eq. (4.142) (parâmetros $F/m = 49{,}31 \times 10^3 \text{ mm/s}^2$, $\gamma = 1286$ Hz e $\omega_0 = 2\pi 1015$ Hz). Resultados dos alunos Edmilson Besseler e Carlos Luciano de Danieli no curso de Óptica em abril/2002

Supondo uma massa de aproximadamente 10 g para a membrana (e bobina acoplada) vibrante, podemos estimar a energia media do alto-falante:

$$\langle W \rangle = m\, u_M^2/2 \approx 7{,}42\ \mu\text{J} \tag{4.151}$$

Substituindo esse resultado na Eq. (4.149), podemos calcular a potência dissipada na ressonância:

$$\begin{aligned}\langle P_d \rangle_o &= \langle W \rangle 2\pi f_o/Q \\ &\approx 10\text{mW para } f_o = 1.015 \text{ Hz}\end{aligned} \tag{4.152}$$

que deve ser, basicamente, a potência sonora do alto-falante.

A Fig. 4.31 mostra o estudo de outro alto-falante, num domínio mais amplo de frequências, exibindo mais de uma ressonância.

A Fig. 4.32 apresenta o gráfico do quadrado da velocidade máxima $u_M \propto Af$ normalizado sobre a corrente i_M na bobina, para um outro alto-falante, em função da frequência f, ao redor da ressonância, obtendo-se um ajuste perfeito com a equação teórica (4.142).

Medida da banda passante de um fotodetector

Trata-se de medir a banda passante de um fotodetector utilizando o sinal Doppler gerado por um alto-falante.

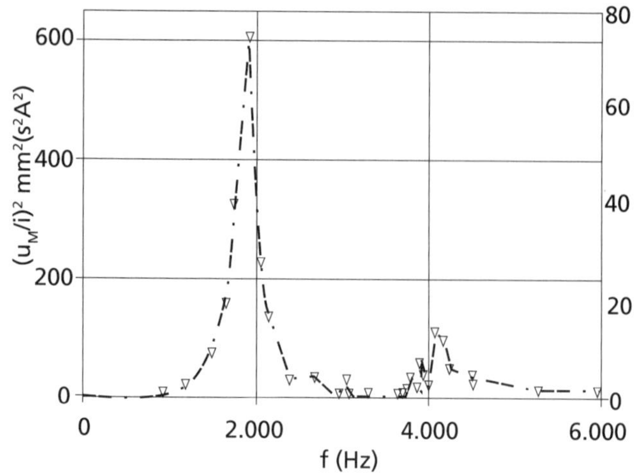

Fig. 4.31 Potência de um alto-falante (quadrado da velocidade máxima normalizada sobre a corrente circulando no alto-falante) em função da frequência, num domínio maior, mostrando outras ressonâncias menores, possivelmente um segundo harmônico. Para o maior pico de ressonância foi calculado $Q \approx 7{,}34$

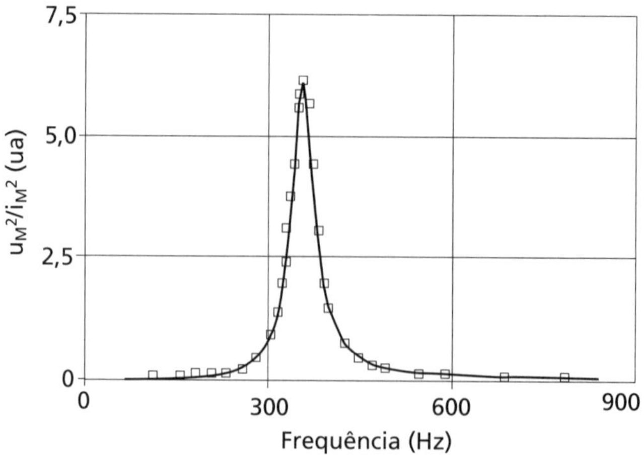

Fig. 4.32 Gráfico do quadrado da velocidade máxima (u_M) sobre o quadrado da corrente (i_M) medida num alto-falante comercial em função da frequência (f), ao redor da ressonância, e ajustada com a Eq. (4.142) para os parâmetros $\gamma = 124{,}12$ Hz e $f_0 = 355$ Hz

A mesma montagem anteriormente utilizada para estudar o movimento de um alto-falante pode ser usada para estudar a banda passante de um fotodetector, no caso, o próprio detector empregado para medir o sinal Doppler (ver Eq. 4.8) do experimento anterior, cuja frequência vale:

$$f_D = |u|/\lambda_0 \qquad \textbf{(4.153)}$$

onde u é a velocidade instantânea do alto-falante e λ_0, o comprimento de onda da luz no experimento.

A Fig. 4.33 ilustra o assunto e a Fig. 4.34 mostra um detalhe. A amplitude do sinal nas bordas (onde o sinal tem uma frequência Doppler quase zero $f_D \approx 0$) é a resposta R_0 do detector a $f \approx 0$, enquanto no centro (onde a frequência Doppler f_D é máxima e, assim, chamaremos de f_D^M) a amplitude corresponde à resposta R_{f_D} à frequência Doppler f_D nesse ponto. Esta última pode ser diretamente calculada na tela do osciloscópio. A razão $R(f_D) = R_{f_D}/R_0$ é a resposta relativa. Deve-se repetir o experimento para várias frequências f_D no centro e, com isso, fazer um gráfico, como o da Fig. 4.35, que deve responder à equação teórica:

$$R = \frac{1}{\sqrt{1 + f_D^2/f_c^2}} \qquad \textbf{(4.154)}$$

O valor de f_D que corresponde a $R = 1/\sqrt{2}$ (ou -3 dB) é o chamado "valor de corte" f_c para a frequência do detector, e é o que determina sua "banda passante".

4.7.3 Coerência e espectro de potência da luz

Existe uma relação matemática bem estabelecida, estudada na seção 4.2, entre o comprimento de coerência e o espectro (de potência) da luz (Fowles, 1975). Pode-se medir o espectro

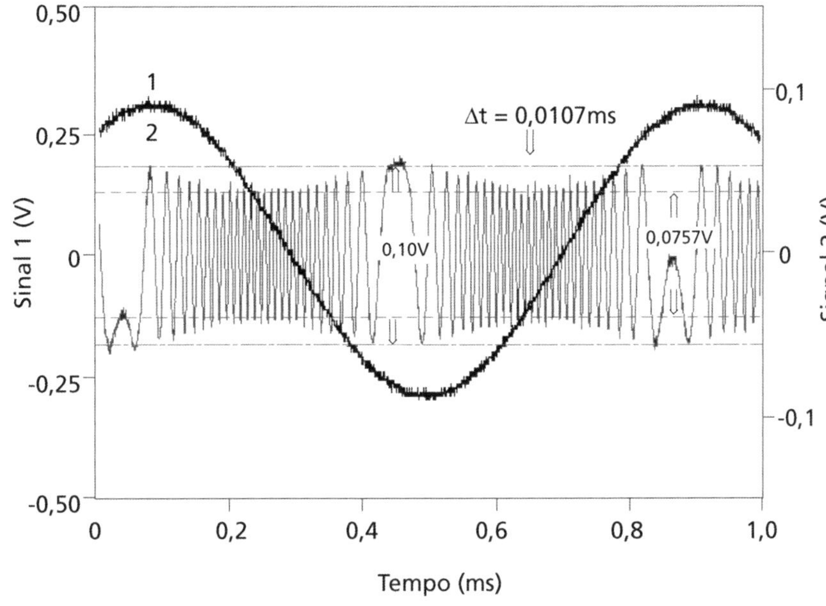

Fig. 4.33 Efeito da largura de banda passante limitada na resposta do detector sobre o sinal Doppler. A tensão aplicada é senoidal de frequência 1.200 Hz, com amplitude pico a pico de 0,177 V. As respostas do detector nas frequências Doppler zero e máxima ($f_D^M = 93{,}46$ kHz) são 0,10 V e 0,0757 V, respectivamente

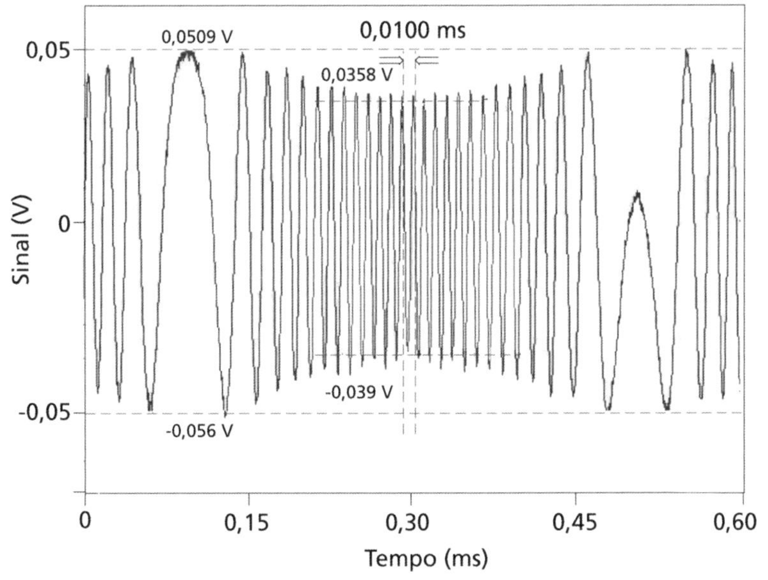

Fig. 4.34 Vista detalhada da Fig. 4.33: A resposta em $f_D \approx 0$ é 0,1069 V (pico a pico), enquanto que, para a posição onde o período é mínimo (Δt=0,0100 ms), cai para 0,0748 V

$S(\nu)$ com a ajuda de um espectrômetro. Por outro lado, a função de autocorrelação $\Gamma(\tau)$, que está relacionada com a interferência da luz (ver seção 4.2), pode ser medida por meio de um interferômetro de Michelson. Ambas as quantidades estão relacionadas pela transformação de Fourier:

$$S(\nu) = TF\{\Gamma(\tau)\} \quad \textbf{(4.155)}$$

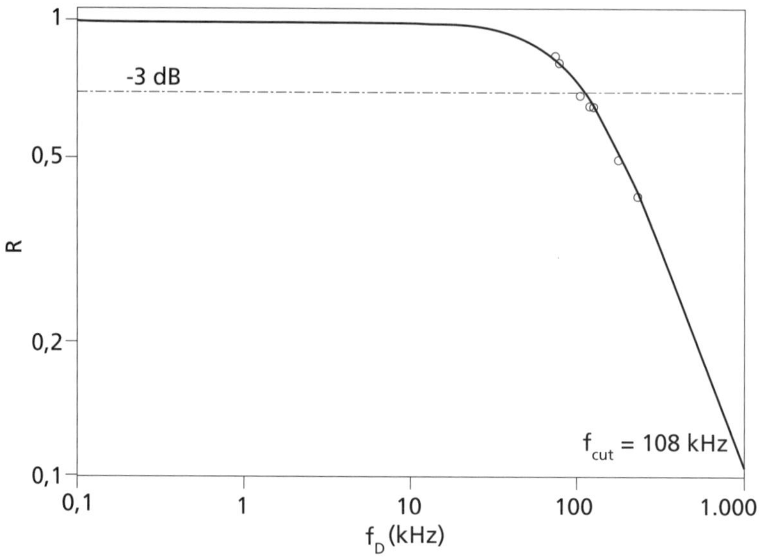

Fig. 4.35 Medida da resposta R de um fotodetector em função da frequência Doppler f_D, cuja frequência de corte resultou ser $f_C = 108$ kHz

Essa relação é o fundamento da "Espectrometria por Transformação de Fourier", que permite calcular o espectro a partir do interferograma medido num interferômetro de Michelson. A relação de transformação de Fourier leva também à relação simples (ver a seção B.3 - Apêndice):

$$\Delta\tau\Delta\nu \geq 1$$

Como $\Delta\tau$ está relacionada com o comprimento de coerência e $\Delta\nu$, com a monocromaticidade ou pureza espectral, fica claro que, conhecendo um deles, podemos estimar o outro.

Os objetivos se dividem em duas partes: uma dedicada ao ajuste do instrumento, e outra ao estudo propriamente dito das fontes de luz.

- Ajuste do interferômetro: primeiramente é necessário fazer o alinhamento e os ajustes iniciais do aparelho, como detalhado no Apêndice G, para depois proceder ao estudo das fontes luminosas.
- Estudo das fontes de luz disponíveis no laboratório: laser de He-Ne, lâmpada de vapor de mercúrio, de vapor de Na, fotodiodo (LED), lâmpada incandescente, luz branca através de um filtro interferencial etc.
  1. Medir o espectro (num espectrômetro) dessas luzes, como ilustrado na Fig.4.36.
  2. Observar as franjas de interferência produzidas pelas fontes de luz no interferômetro. Medir os máximos e mínimos de intensidade dessas franjas para calcular a visibilidade, como ilustrado na Fig.4.37.
  3. Medir as larguras do espectro e da visibilidade para verificar a relação de incerteza (ver Eq.(B.30)): $\Delta\tau\ \Delta\nu \geq 1$. Na impossibilidade de obter-se o espectro, estimar sua largura em função da largura $\Delta\tau$ da visibilidade das franjas.

4. Observar a estrutura das franjas de interferência no interferômetro e concluir alguma(s) característica(s) do espectro dessa luz, quando possível.

A Fig. 4.36 mostra o espectro de um LED emitindo em 504 nm. A curva foi ajustada por uma gaussiana em função de $1/\lambda$, como indicado na figura. Na Fig. 4.37 aparece a medida das intensidades máximas e mínimas das franjas de interferência, e a visibilidade calculada para essas franjas. A curva de visibilidade também foi ajustada com uma gaussiana em função da distância relativa entre os dois espelhos. Ela foi medida sabendo-se que uma interfranja representa uma distância de $\lambda = 504$ nm. A Fig. 4.88 mostra a visibilidade das

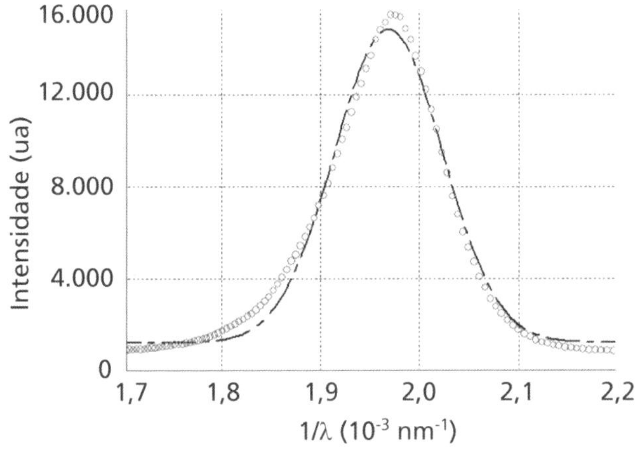

Fig. 4.36 Espectro (ua) de um LED (o) emitindo em 504 nm, em função de $1/\lambda$, ajustado por uma gaussiana (curva tracejada) $\exp(-x^2/a^2)$ centrada em $1{,}97\times10^{-3}\,nm^{-1}$, com $a \approx 0{,}078 \times 10^{-3}\,nm^{-1}$

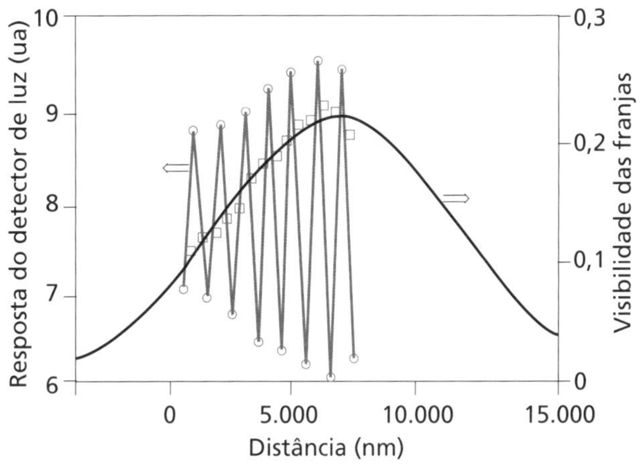

Fig. 4.37 Intensidade das franjas de interferência medidas no interferômetro de Michelson (o - eixo da esquerda) e cálculo da visibilidade (□ - eixo da direita) para o LED cujo espectro aparece na Fig. 4.36, em função da distância (atraso relativo) dos espelhos no interferômetro

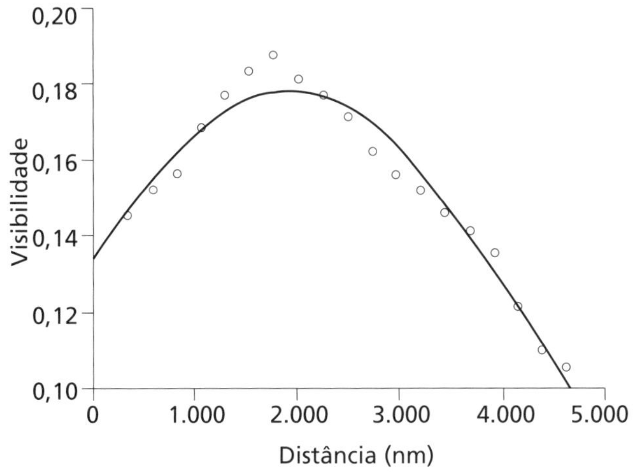

Fig. 4.38 Visibilidade das franjas de interferência medidas da mesma forma que na Fig. 4.37, mas utilizando um LED de $\lambda = 476$ nm, cujo espectro aparece, junto com o de outros, na Fig. 4.39. A curva foi ajustada com uma gausssiana

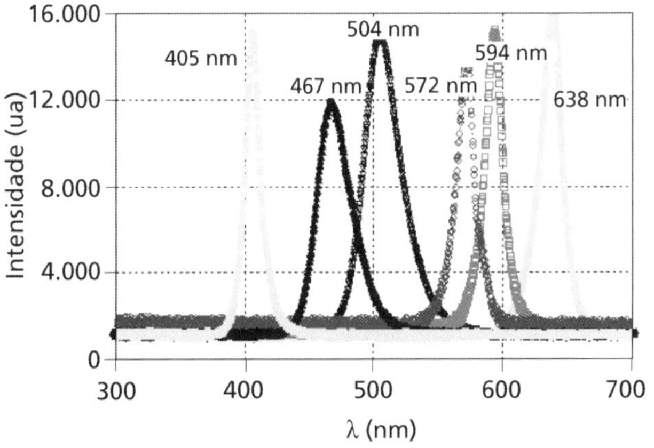

Fig. 4.39 Espectro de potência de alguns LEDs comerciais

franjas de interferência medida para um LED violeta, seguindo o mesmo procedimento da Fig. 4.37.

Na hora de escolher o tipo de iluminação, devemos ter cuidado com a coerência da luz: se ela é muito coerente, significa que tem uma função de autocorrelação muito larga e, nesse caso, poderia acontecer que a visibilidade das franjas de interferência não variasse sensivelmente no pequeno percurso em que podemos mover o espelho do interferômetro de Michelson. Por outro lado, uma luz muito pouco coerente pode nos permitir ver muito poucas franjas ao mover o espelho e, dessa forma, inviabilizar o experimento. A Fig. 4.39 mostra espectros medidos para alguns LEDs usuais.

5 Difração e Óptica de Fourier

Estudaremos a difração da luz utilizando as ferramentas proporcionadas pelo formalismo da Transformação de Fourier, que simplifica consideravelmente a resolução dos problemas. Esse formalismo introduz algumas aproximações cuja validade deve ser discutida em cada caso. Primeiramente vamos analisar o formalismo clássico para o cálculo da difração, baseado na superposição de ondas, como é apresentado nos textos usuais de Óptica (Jenkins; White, 1981), para depois estudar uma formulação mais rigorosa, que leva à abordagem da Óptica de Fourier. A teoria escalar da difração será desenvolvida detalhadamente a partir do teorema de Green até a formulação mais completa, de Rayleigh-Sommerfeld.

A parte final deste capítulo trata da transformação de Fourier pelas lentes e do processamento de imagens, sempre nos limites da Teoria Escalar e do ponto de vista da Óptica de Fourier.

O primeiro registro do fenômeno da difração ocorreu num trabalho de Leonardo da Vinci (1452-1519), mas a descrição rigorosa só apareceu num livro (1665) de Grimaldi. Na época, dominava amplamente a teoria corpuscular, que não podia explicar a difração. O primeiro a propor uma teoria ondulatória foi Huygens, em 1678, que aparentemente desconhecia o trabalho de Grimaldi. Em 1818, Fresnel publicou um trabalho mostrando que a difração poderia ser explicada com a construção de Huygens para a propagação da luz, junto com o princípio de interferência das ondas. Em 1882, Kirchhof colocou o assunto sobre bases matemáticas mais sólidas e, desde então, o assunto foi evoluindo permanentemente.

5.1 Formalismo clássico

Nesta primeira parte, resolveremos problemas clássicos de difração utilizando, sem maiores preocupações formais, o princípio de superposição de ondas formulado por Huygens.

5.1.1 Princípio de Huygens-Fresnel

Huygens formulou uma teoria para a propagação da luz sob a perspectiva ondulatória. A formulação, chamada de Huygens-Fresnel, está esquematicamente ilustrada na Fig. 5.1. Mais detalhes podem ser encontrados, por exemplo, em (Born; Wolf, 1975). O ponto fundamental é que a propagação da luz é vista como um conjunto de ondas esféricas secundárias sendo geradas em cada ponto da frente de onda primária, e isso pode ser aplicado ao estudo da difração.

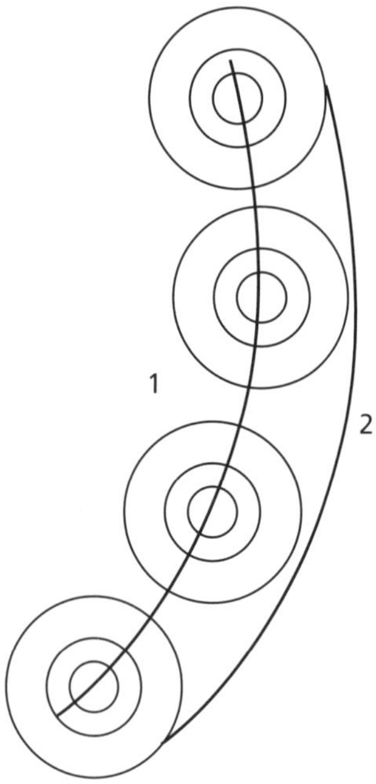

Fig. 5.1 Teoria de Huygens para a propagação da luz

Segundo Huygens, cada ponto de uma frente de onda pode ser considerado, por sua vez, como um centro gerador de uma onda esférica (secundária) centrada nele. A frente de onda principal num tempo posterior está determinada pela envolvente, num dado instante, de todas essas ondas secundárias. As amplitudes e fases dessas ondas secundárias teriam que ter determinadas propriedades matemáticas para descrever corretamente o fenômeno e fazer com que, por exemplo, a onda se propague para frente, e não para trás.

5.1.2 Difração por uma fenda

Antes de nos aprofundarmos num formalismo matemático mais complexo, vamos estudar a difração com a abordagem ondulatória mais simples.

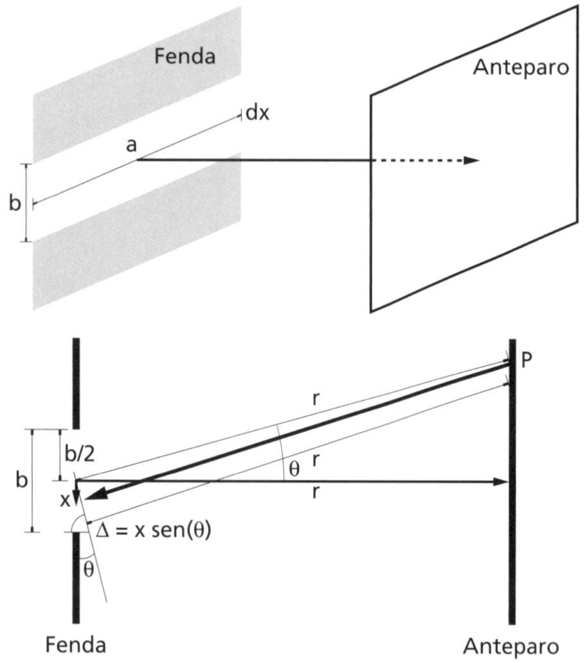

Fig. 5.2 Difração por uma fenda de largura b e comprimento $a \gg b$, observado num anteparo a uma distância muito grande

Vamos supor uma onda luminosa plana de amplitude E_0 incidindo perpendicularmente no plano da fenda, como ilustrado na Fig. 5.2. Queremos calcular a amplitude da luz que chega ao ponto **P** no anteparo, formada pelas ondas secundárias vindas da fenda, o que representa a difração da luz pela fenda. Para tanto, vamos decompor a fenda em pequenos segmentos de comprimento a (o comprimento da fenda) e de largura dx, suficientemente pequena para poder supor que a amplitude é uniforme em cada segmento. Calculamos a contribuição de cada um desses elementos da fenda, sobre o ponto **P**, e somamos todos.

Calculemos primeiro a amplitude dE_x que chega ao ponto **P** no anteparo, vinda do segmento adx na posição x, medida a partir do centro da fenda:

$$dE_x = \frac{E_0 a dx}{ab\,r} \operatorname{sen}(kr - \omega t + k\Delta) \qquad \textbf{(5.1)}$$

$$\text{onde } \Delta \equiv x \operatorname{sen}\theta \text{ e } k \equiv 2\pi/\lambda \tag{5.2}$$

$$\text{para } r \gg b \tag{5.3}$$

onde Δ é a diferença de caminho em relação ao centro da fenda. A expressão simétrica à mesma distância x, mas para cima, é:

$$\mathrm{d}E_{x^-} = \frac{E_0 \mathrm{d}x}{b\,r} \operatorname{sen}(kr - \omega t - k\Delta) \tag{5.4}$$

e a soma dos dois fica assim:

$$\mathrm{d}E = \mathrm{d}E_x + \mathrm{d}E_{x^-} = \frac{E_0 \mathrm{d}x}{b\,r} 2 \operatorname{sen}(kr - \omega t)\cos(k\Delta) \tag{5.5}$$

$$\text{porque } \operatorname{sen}\alpha + \operatorname{sen}\beta = 2\operatorname{sen}\frac{\alpha+\beta}{2}\cos\frac{\alpha-\beta}{2} \tag{5.6}$$

Para calcular a contribuição da fenda toda, sobre o ponto **P**, integramos de 0 até $b/2$:

$$E = \int_{x=0}^{x=b/2} \mathrm{d}E = \frac{2E_0}{b\,r}\operatorname{sen}(kr - \omega t)\int_0^{b/2} \cos(kx \operatorname{sen}\theta)\mathrm{d}x \tag{5.7}$$

$$= \frac{2E_0}{b\,r}\operatorname{sen}(kr - \omega t)\left[\frac{\operatorname{sen}(kx\operatorname{sen}\theta)}{k\operatorname{sen}\theta}\right]_0^{b/2} = \frac{2E_0}{b\,r}\operatorname{sen}(kr - \omega t)\frac{\operatorname{sen}(k(b/2)\operatorname{sen}\theta)}{k\operatorname{sen}\theta} \tag{5.8}$$

$$E = \frac{E_0}{r}\operatorname{sen}(kr - \omega t)\frac{\operatorname{sen}(k(b/2)\operatorname{sen}\theta)}{k(b/2)\operatorname{sen}\theta} \tag{5.9}$$

Para calcularmos a intensidade correspondente a essa amplitude, devemos calcular a média temporal do módulo quadrado dessa amplitude (ver seção 3.2) da seguinte forma:

$$I(\theta) = \langle |E|^2 \rangle = \left(\frac{E_0}{r}\right)^2 \left(\frac{\operatorname{sen}(k(b/2)\operatorname{sen}\theta)}{k(b/2)\operatorname{sen}\theta}\right)^2 \langle \operatorname{sen}^2(kr - \omega t)\rangle \tag{5.10}$$

sabendo que $\langle \operatorname{sen}^2(kr - \omega t)\rangle = 1/2$ concluimos que

$$I(\theta) = I(0)\left(\frac{\operatorname{sen}(k(b/2)\operatorname{sen}\theta)}{k(b/2)\operatorname{sen}\theta}\right)^2 \qquad I(0) = \frac{1}{2}\frac{E_0^2}{r^2} \tag{5.11}$$

Podemos escrever esse resultado de forma simplificada, chamando $\Phi \equiv kb\operatorname{sen}\theta$, que representa a diferença de fase dos dois raios saindo dos extremos da fenda, e substituindo na Eq. (5.11):

$$I(\theta) = I(0)\left(\frac{\operatorname{sen}\Phi/2}{\Phi/2}\right)^2 \tag{5.12}$$

$$\text{lembrando que } \lim_{\Phi\to 0}\frac{\operatorname{sen}\Phi/2}{\Phi/2} = 1 \tag{5.13}$$

5.1.3 Fenda dupla

Para o caso das duas fendas ilustradas na Fig. 5.3, o procedimento é similar, exceto que x é medida a partir do centro de simetria das duas fendas e a integração deve estar de acordo com esse novo esquema. Partindo da Eq. (5.7), correspondentemente modificada:

$$E = \frac{2E_0}{b\,r}\,\mathrm{sen}(kr - \omega t)\int_{x=L/2-b/2}^{x=L/2+b/2}\cos(kx\,\mathrm{sen}\,\theta)\mathrm{d}x \tag{5.14}$$

$$= \frac{2E_0}{b\,r}\,\mathrm{sen}(kr - \omega t)\left[\frac{\mathrm{sen}(kx\,\mathrm{sen}\,\theta)}{k\,\mathrm{sen}\,\theta}\right]_{L/2-b/2}^{L/2+b/2} \tag{5.15}$$

$$= \frac{E_0}{r}\,\mathrm{sen}(kr - \omega t)\frac{\mathrm{sen}(k(L/2 + b/2)\,\mathrm{sen}\,\theta) - \mathrm{sen}(k(L/2 - b/2)\,\mathrm{sen}\,\theta)}{k(b/2)\,\mathrm{sen}\,\theta} \tag{5.16}$$

$$E = \frac{E_0}{r}\,\mathrm{sen}(kr - \omega t)2\cos(k(L/2)\,\mathrm{sen}\,\theta)\frac{\mathrm{sen}(k(b/2)\,\mathrm{sen}\,\theta)}{k(b/2)\,\mathrm{sen}\,\theta} \tag{5.17}$$

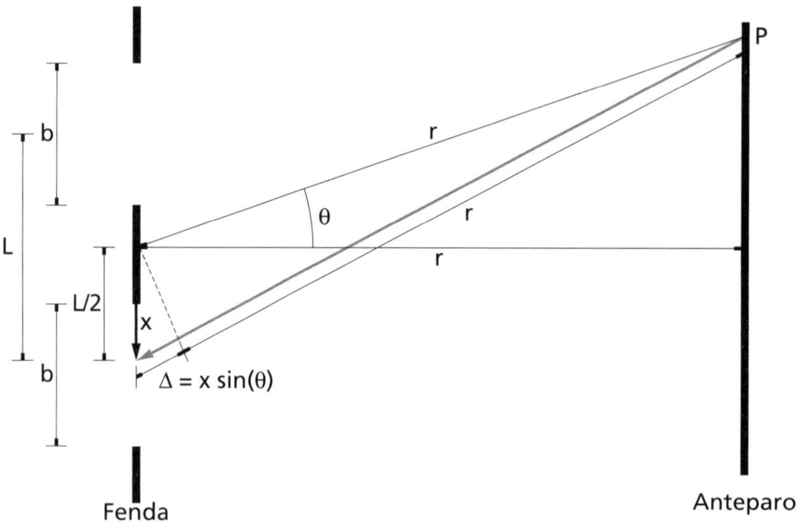

Fig. 5.3 Difração por duas fendas de largura b e comprimento $a \gg b$, separadas por uma distância L, observada num anteparo a uma distância muito grande

Com o mesmo raciocínio desenvolvido para a fenda única, calculamos agora a intensidade total como:

$$I(\theta) = 4I(0)\cos^2(k(L/2)\,\mathrm{sen}\,\theta)\left(\frac{\mathrm{sen}(k(b/2)\,\mathrm{sen}\,\theta}{k(b/2)\,\mathrm{sen}\,\theta}\right)^2 \tag{5.18}$$

sabendo que $2\cos^2\alpha = 1 + \cos 2\alpha$, que substituímos acima, resulta:

$$I(\theta) = 2I(0)\left(\frac{\mathrm{sen}(k(b/2)\,\mathrm{sen}\,\theta}{k(b/2)\,\mathrm{sen}\,\theta}\right)^2[1 + \cos(kL\,\mathrm{sen}\,\theta)] \tag{5.19}$$

$$I(\theta) = 2I(0)\left(\frac{\mathrm{sen}\,\Phi/2}{\Phi/2}\right)^2[1 + \cos(kL\,\mathrm{sen}\,\theta)] \text{ onde } \Phi \equiv kb\,\mathrm{sen}\,\theta \tag{5.20}$$

Note que o termo entre colchetes representa a difração por duas fendas infinitamente finas (ver Fendas de Young na Eq. 4.6), separadas por uma distância L, enquanto o primeiro termo representa a difração por uma fenda larga (largura b). Assim, o resultado pode ser interpretado como sendo a difração de duas fendas finas, modulada pela difração da largura real de cada uma delas.

Fenda dupla: outra forma

Podemos calcular a difração de uma fenda dupla escrevendo a amplitude complexa a difratada no plano de observação de uma das fendas e adicionando a outra, com uma defasagem δ, em razão do seu deslocamento longitudinal L no plano difratante:

$$A = a + a\,e^{i\delta} \qquad \delta \equiv kL\,\text{sen}\,\theta \tag{5.21}$$

e calculando a intensidade na forma usual:

$$|A|^2 = A.A^* \tag{5.22}$$

$$= |a|^2 (1 + e^{i\delta}).(1 + e^{-i\delta}) \tag{5.23}$$

$$= 2|a|^2 (1 + \cos\delta) \tag{5.24}$$

Substituindo a pela sua expressão na Eq. (5.11):

$$|a|^2 = I(0)\left(\frac{\text{sen}(k(b/2)\,\text{sen}\,\theta)}{k(b/2)\,\text{sen}\,\theta}\right)^2$$

resulta:

$$I = 2I(0)\left(\frac{\text{sen}(k(b/2)\,\text{sen}\,\theta)}{k(b/2)\,\text{sen}\,\theta}\right)^2 (1 + \cos kL\,\text{sen}\,\theta) \tag{5.25}$$

5.1.4 Multiplas fendas: rede de difração

Seja o caso de uma sucessão de muitas fendas de largura finita, como representado na Fig. 5.4, em que a expressão na Eq. (5.21) pode ser generalizada da seguinte forma:

$$A\,e^{i\theta} = a(1 + e^{i\delta} + e^{i2\delta} + \cdots + e^{i(N-1)\delta}) \tag{5.26}$$

$$= a\frac{1 - e^{iN\delta}}{1 - e^{i\delta}} \tag{5.27}$$

$$\delta \equiv 2\pi L\,\text{sen}\,\theta/\lambda = kL\,\text{sen}\,\theta \qquad k \equiv 2\pi/\lambda$$

com a intensidade:

$$I \propto |A\,e^{i\theta}|^2 = A^2 = a^2\frac{1 - e^{iN\delta}}{1 - e^{i\delta}}\,\frac{1 - e^{-iN\delta}}{1 - e^{-i\delta}}$$

$$I \propto a^2\frac{1 - \cos N\delta}{1 - \cos\delta}$$

e sabendo que:

$$1 - \cos\alpha = 2\,\text{sen}^2(\alpha/2)$$

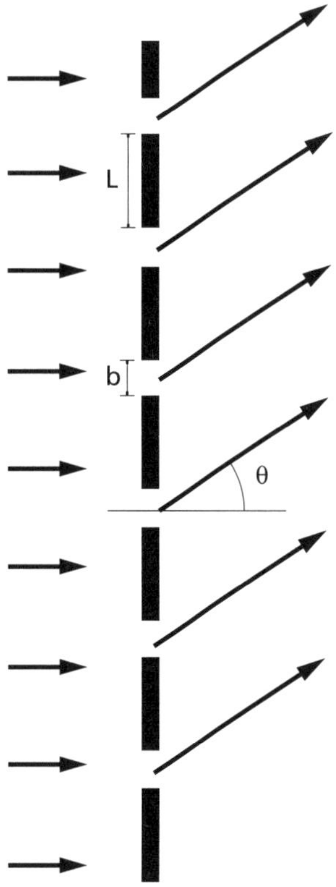

Fig. 5.4 Múltiplas fendas com largura finita: rede de difração

a expressão acima fica assim:

$$I \propto a^2\frac{\text{sen}^2(N\delta/2)}{\text{sen}^2(\delta/2)} = a^2\frac{\text{sen}^2(Nk(L/2)\,\text{sen}\,\theta)}{\text{sen}^2(k(L/2)\,\text{sen}\,\theta)} \tag{5.28}$$

Substituindo o valor de a para uma única fenda:

$$I \propto = I(0) \underbrace{\left(\frac{\mathrm{sen}(k(b/2)\,\mathrm{sen}\,\theta)}{k(b/2)\,\mathrm{sen}\,\theta} \right)^2}_{\text{(a)}} \underbrace{\frac{\mathrm{sen}^2(Nk(L/2)\,\mathrm{sen}\,\theta)}{\mathrm{sen}^2(k(L/2)\,\mathrm{sen}\,\theta)}}_{\text{(b)}} \tag{5.29}$$

onde os termos (a) e (b) representam, respectivamente, a contribuição da estrutura de uma fenda e da estrutura periódica.

Vamos analisar mais detalhadamente o caso da difração de uma rede com $N = 20$, $L = 10\ \mu$m, $b = 3\ \mu$m e $\lambda = 0{,}5\ \mu$m, cujo espectro de difração angular está representado na Fig. 5.5.

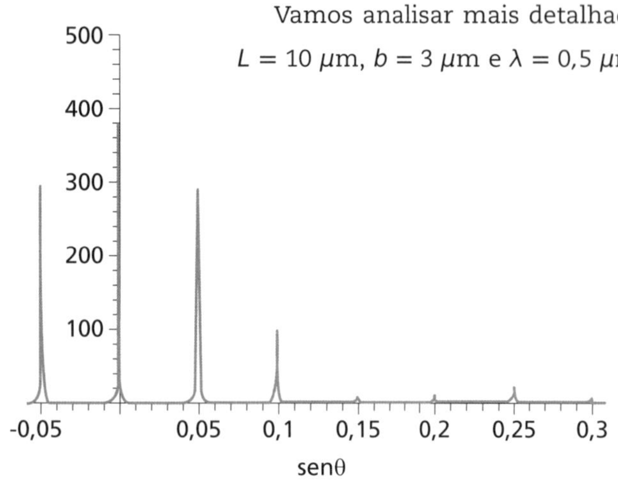

Fig. 5.5 Espectro de difração de um conjunto de 20 fendas retangulares de largura 3 μm, com espaçamento de 10 μm entre si

Em função da Eq. (5.29), temos que o espaçamento (angular) entre as ordens pode ser calculado em função do denominador do termo (b):

$$\Delta(\mathrm{sen}\,\theta) = \lambda/L = 0{,}05 \tag{5.30}$$

como indicado na Fig. 5.5. A intensidade de cada ordem (mais intensa no centro para $\theta = 0$) está modulada, por causa da largura finita de cada fenda, e ela pode ser calculada em função do termo (a) na Eq. (5.29), que representa um envelope cujo primeiro mínimo (angular) vale:

$$\Delta\,\mathrm{sen}\,\theta = \lambda/b = 0{,}167 \tag{5.31}$$

como representado na Fig. 5.6. Cada uma das ordens de difração tem uma largura finita, em razão do tamanho finito da rede (N = 20 fendas), o que pode ser calculado em função do numerador do termo (b) na Eq. (5.29):

$$\Delta(\mathrm{sen}\,\theta) = \frac{\lambda}{NL} = 0{,}005 \tag{5.32}$$

como ilustrado na Fig. 5.7.

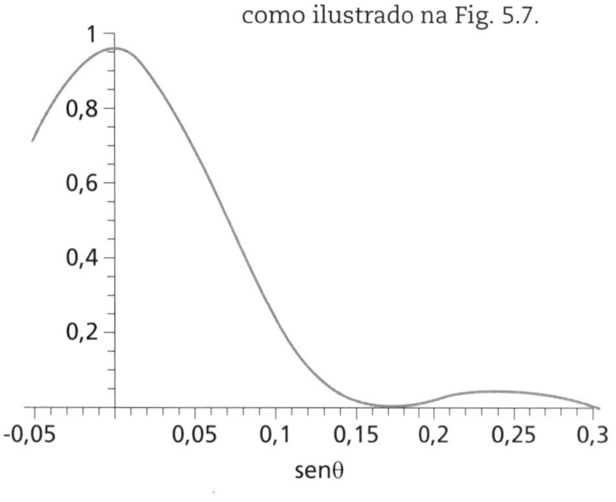

Fig. 5.6 Envelope de modulação das ordens de difração na Fig. 5.5

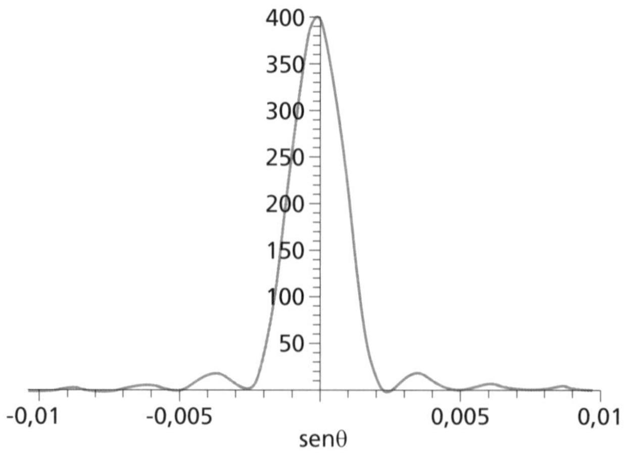

Fig. 5.7 Largura de cada ordem de difração da rede da Fig. 5.5

5.1.5 Pente de Dirac

Para o caso em que a largura das fendas na Fig. 5.4 seja infinitamente fina, a Eq. (5.29) fica assim:

$$I(\text{sen}\,\theta) = I(0)\frac{\text{sen}^2(Nk(L/2)\,\text{sen}\,\theta)}{\text{sen}^2(k(L/2)\,\text{sen}\,\theta)} \tag{5.33}$$

A Fig. 5.8 mostra como as diferentes ordens de difração vão ficando mais estreitas à medida que o número de fendas aumenta de 2 (estrutura senoidal perfeita, como no caso da interferência nas fendas de Young), aumentando para 3 e, finalmente, para 20 fendas. Conforme o número de fendas aumenta, a estrutura de difração vai se parecendo cada vez mais com um pente. No limite para N muito grande, temos a expressão de um pente de Dirac (ver seções A.1 e B.2.6 - Apêndice).

$$I(\theta) = I(0)\,\text{Ш}\left(\frac{L\,\text{sen}\,\theta}{\lambda}\right) \tag{5.34}$$

$$\text{Ш}\left(\frac{L\,\text{sen}\,\theta}{\lambda}\right) = \lim_{N\to\infty}\frac{\text{sen}^2\,\frac{\pi N L\,\text{sen}\,\theta}{\lambda}}{\text{sen}^2\,\frac{\pi L\,\text{sen}\,\theta}{\lambda}} \tag{5.35}$$

Como nos casos anteriores, a posição e a largura (angulares) das ordens de difração resultam ser, respectivamente:

$$\Delta\,\text{sen}\,\theta = \lambda/L \tag{5.36}$$

$$\Delta\,\text{sen}\,\theta = \frac{\lambda}{NL} \tag{5.37}$$

mas a intensidade da cada ordem resulta ser:

$$I(\theta) = I(0)\lim_{N\to\infty} N \tag{5.38}$$

e a potência de cada ordem será, na aproximação de uma figura triangular:

$$I(0)\lim_{N\to\infty}\frac{\lambda}{NL}N = I(0)\lambda/L \tag{5.39}$$

que resulta ser um valor finito.

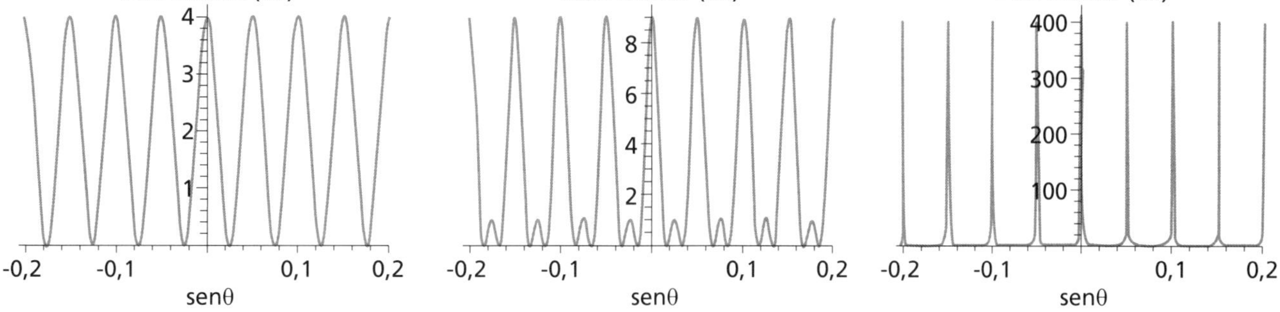

Fig. 5.8 Difração de uma rede com período $L = 10\ \mu$m, $\lambda = 0{,}5\ \mu$m e fendas infinitamente estreitas com $N = 2$ (esquerda), $N = 3$ (centro) e $N = 20$ (direita)

5.2 Teoria escalar

Nesta seção faremos uma abordagem matemática mais geral do problema da difração escalar. Para tanto, não levaremos em conta a natureza vetorial da luz, razão pela qual teremos que supor que os contornos da abertura de difração não modificam a luz na abertura. Isso pode ser aceito se as dimensões da abertura são grandes em comparação com o comprimento de onda da luz.

Seja a expressão da onda:

$$u(P,t) = U(P)\cos(2\pi\nu t + \phi(P)) \quad \textbf{(5.40)}$$

$$= \Re\{\mathcal{U}(P)e^{-i2\pi\nu t}\} \qquad \mathcal{U}(P) = U(P)e^{-i\phi(P)} \quad \textbf{(5.41)}$$

que deve verificar a equação da onda; portanto:

$$\left(\nabla^2 - \frac{1}{c^2}\frac{\partial^2}{\partial t^2}\right)u(P,t) = 0 \quad \textbf{(5.42)}$$

Em se tratando de uma onda harmônica, a Eq. (5.42) simplifica-se assim:

$$\left(\nabla^2 + k^2\right)\mathcal{U}(P) = 0 \quad \textbf{(5.43)}$$

5.2.1 Teorema de Green

Começaremos com uma abordagem geral do problema, demonstrando o teorema de Green para a difração, ponto de partida para uma formulação matemática rigorosa. Esse teorema basicamente assinala que, se conheço a amplitude (complexa) da onda e sua derivada, numa superfície fechada, posso calcular o valor dessa onda num ponto qualquer dentro do volume limitado por essa superfície. Essa formulação é muito geral e pouco útil para o cálculo prático da difração, razão pela qual precisaremos elaborá-la um pouco mais até chegarmos a uma formulação de interesse prático. Esse será o objetivo desta seção.

Teorema de Gauss

O teorema de Gauss é formulado assim:

$$\int_V \nabla.\vec{A}\,\mathrm{d}v = \oint_S \vec{A}.\vec{\mathrm{d}s} \quad \textbf{(5.44)}$$

onde a superfície S envolve completamente o volume V, como indicado na Fig. 5.9.

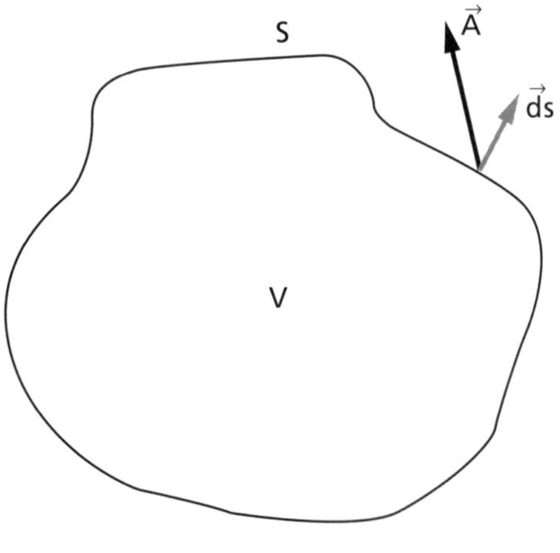

Fig. 5.9 Teorema de Gauss

Se definimos:

$$\vec{A} = \phi\nabla\psi \quad \textbf{(5.45)}$$

calculamos a divergência:

$$\nabla.\vec{A} = \nabla.(\phi\nabla\psi) = \phi\nabla^2\psi + \nabla\phi.\nabla\psi \quad \textbf{(5.46)}$$

e integramos no volume:

$$\int_V \nabla.(\phi\nabla\psi)\mathrm{d}v = \int_V (\phi\nabla^2\psi + \nabla\phi.\nabla\psi)\mathrm{d}v \quad \textbf{(5.47)}$$

utilizando o teorema de Gauss, podemos substituir o termo da esquerda na Eq. (5.47) por uma integral de superfície, para ficar assim:

$$\oint_S \phi \nabla \psi . \vec{ds} = \int_V (\phi \nabla^2 \psi + \nabla \phi . \nabla \psi) dv \qquad \textbf{(5.48)}$$

Substituindo ϕ pelo ψ, e vice-versa, na Eq. (5.48), e subtraindo uma da outra, tem-se:

$$\oint_S (\phi \nabla \psi - \psi \nabla \phi) . \vec{ds} = \int_V \left(\phi \nabla^2 \psi - \psi \nabla^2 \phi\right) dv \qquad \textbf{(5.49)}$$

Podemos também escrever:

$$\nabla \phi . \vec{ds} = \frac{\partial \phi}{\partial n} ds \qquad \textbf{(5.50)}$$

onde n é a normal à superfície (paralela a $\vec{ds}$), dirigida de dentro para fora, como representado na Fig. 5.9, e que, substituída na Eq. (5.49), resulta:

$$\oint_S \left(\phi \frac{\partial \psi}{\partial n} - \psi \frac{\partial \phi}{\partial n}\right) ds = \int_V \left(\phi \nabla^2 \psi - \psi \nabla^2 \phi\right) dv \qquad \textbf{(5.51)}$$

É importante lembrar que:

$$\frac{\partial \phi}{\partial n} \qquad \textbf{(5.52)}$$

representa a derivada ao longo da normal à superfície nesse ponto.

Teorema de Green

Sejam duas funções escalares complexas, $\mathcal{U}(P)$ e $\mathcal{G}(P)$, que podemos substituir, respectivamente no lugar de ϕ e ψ, na Eq. (5.51):

$$\oint_S \left(\mathcal{G} \frac{\partial \mathcal{U}}{\partial n} - \mathcal{U} \frac{\partial \mathcal{G}}{\partial n}\right) ds = \int_V \left(\mathcal{G} \nabla^2 \mathcal{U} - \mathcal{U} \nabla^2 \mathcal{G}\right) dv \qquad \textbf{(5.53)}$$

onde a superfície S limita o volume V, como ilustrado na Fig. 5.9.

5.2.2 Formulação de Kirchhof

O problema da difração, na formulação de Kirchhof, resume-se assim: trata-se de calcular o valor da função $\mathcal{U}$ no ponto P_0, conhecendo-se o valor dessa função:

$$\mathcal{U}(P_1) \qquad P_1 \in S$$

e de sua derivada:

$$\left[\frac{\partial \mathcal{U}(P)}{\partial n}\right]_{P_1} \qquad P_1 \in S$$

sobre uma superfície que limita o volume onde se encontra o ponto P_0 em questão, como representado na Fig. 5.10. Para isso, escolhe-se uma função auxiliar de Green da forma:

$$\mathcal{G}(P_1) \equiv \frac{e^{ikr_{01}}}{r_{01}} \qquad \textbf{(5.54)}$$

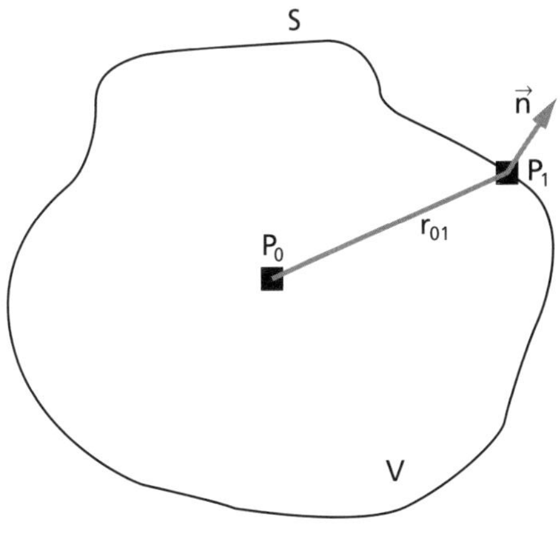

Fig. 5.10 Formulação de Kirchhof

Ambas, $\mathcal{U}$ e $\mathcal{G}$, são ondas harmônicas por definição. Elas devem, então, verificar a equação da onda na formulação de Helmholtz na Eq. (5.43):

$$(\nabla^2 + k^2)\mathcal{U} = 0 \tag{5.55}$$

$$(\nabla^2 + k^2)\mathcal{G} = 0 \tag{5.56}$$

que, substituídas na Eq. (5.53), permite escrevê-la assim:

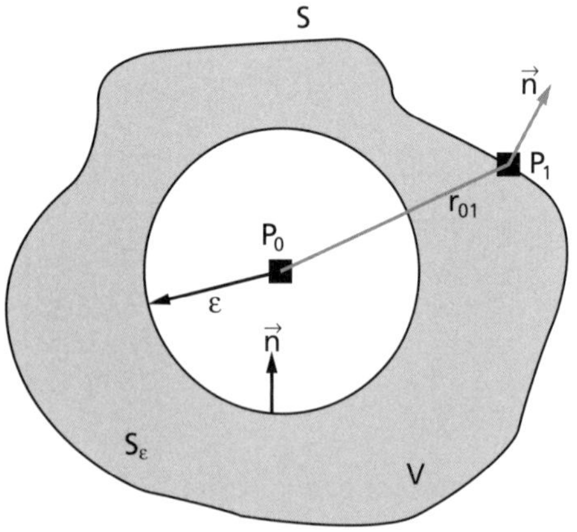

Fig. 5.11 Construção de Kirchhof

$$\oint_S \left(\mathcal{G}\frac{\partial \mathcal{U}}{\partial n} - \mathcal{U}\frac{\partial \mathcal{G}}{\partial n}\right) ds = \int_V \left(\mathcal{G}k^2\mathcal{U} - \mathcal{U}k^2\mathcal{G}\right) dv = 0$$

$$\text{ou seja, que } \oint_S \left(\mathcal{G}\frac{\partial \mathcal{U}}{\partial n} - \mathcal{U}\frac{\partial \mathcal{G}}{\partial n}\right) ds = 0 \tag{5.57}$$

Agora vamos excluir o ponto P_0 do volume V, o que fazemos envolvendo-o numa esfera de raio ϵ. O volume em questão está agora limitado pelas superfícies externa S e interna S_ϵ (da pequena esfera de raio ϵ), como indicado na Fig. 5.11.

A Eq. (5.57) fica agora reformulada assim:

$$\oint_{S'=S+S_\epsilon} \left(\mathcal{G}\frac{\partial \mathcal{U}}{\partial n} - \mathcal{U}\frac{\partial \mathcal{G}}{\partial n}\right) ds' = 0 \tag{5.58}$$

ou seja:

$$-\oint_{S_\epsilon} \left(\mathcal{G}\frac{\partial \mathcal{U}}{\partial n} - \mathcal{U}\frac{\partial \mathcal{G}}{\partial n}\right) ds_\epsilon = \oint_S \left(\mathcal{G}\frac{\partial \mathcal{U}}{\partial n} - \mathcal{U}\frac{\partial \mathcal{G}}{\partial n}\right) ds \tag{5.59}$$

onde a função auxiliar de Green e sua derivada normal valem:

$$\mathcal{G}(P_1) = \frac{e^{ikr_{01}}}{r_{01}} \tag{5.60}$$

$$\frac{\partial \mathcal{G}}{\partial n} = \cos(\vec{n}.\vec{r_{01}})(ik - 1/r_{01})\frac{e^{ikr_{01}}}{r_{01}} \tag{5.61}$$

$$\text{onde } \cos(\vec{n}, \vec{r_{01}}) = -1 \text{ para } P_1 \in S_\epsilon \tag{5.62}$$

onde $\vec{n}, \vec{r_{01}}$ indica o ângulo entre esses 2 vetores.

Substituindo as Eqs. (5.60-5.62) na Eq. (5.59) e considerando o limite da expressão do membro da direita, temos:

$$\lim_{\epsilon \to 0} \int_{S_\epsilon} \left(\frac{e^{ik\epsilon}}{\epsilon}\frac{\partial \mathcal{U}}{\partial n} - \mathcal{U}\frac{e^{ik\epsilon}}{\epsilon}(1/\epsilon - ik)\right) ds_\epsilon = -4\pi\mathcal{U}(P_0) \tag{5.63}$$

$$\text{com } \quad \mathcal{U} \quad \frac{\partial \mathcal{U}}{\partial n} \text{ continuas em } P_0 \tag{5.64}$$

E substituindo a Eq. (5.63) na Eq. (5.59), podemos reescrevê-la assim:

$$\mathcal{U}(P_0) = \frac{1}{4\pi} \int_S \left(\frac{e^{ikr_{01}}}{r_{01}}\frac{\partial \mathcal{U}}{\partial n} - \mathcal{U}(ik - 1/r_{01})\frac{e^{ikr_{01}}}{r_{01}} \cos(\vec{n}, \vec{r_{01}})\right) ds \tag{5.65}$$

Formulação de Kirchhof

Vamos agora adaptar a formulação matemática da Eq. (5.65), representada na Fig. 5.12, ao problema específico da difração:

$$\mathcal{U}(P_0) = \frac{1}{4\pi}\int_{S_1+S_2}\left(\frac{e^{ikr_{01}}}{r_{01}}\frac{\partial\mathcal{U}}{\partial n} - \mathcal{U}(ik - 1/r_{01})\frac{e^{ikr_{01}}}{r_{01}}\cos(\vec{n},\vec{r_{01}})\right)\mathrm{d}s \qquad \textbf{(5.66)}$$

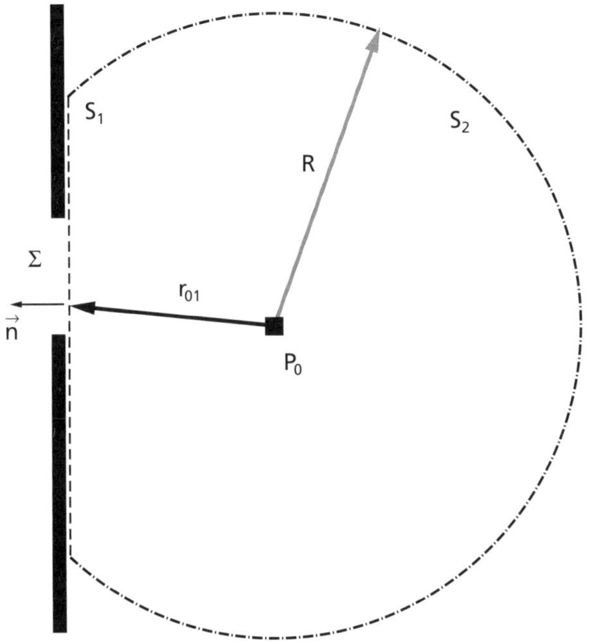

Fig. 5.12 Formulação de Kirchhof

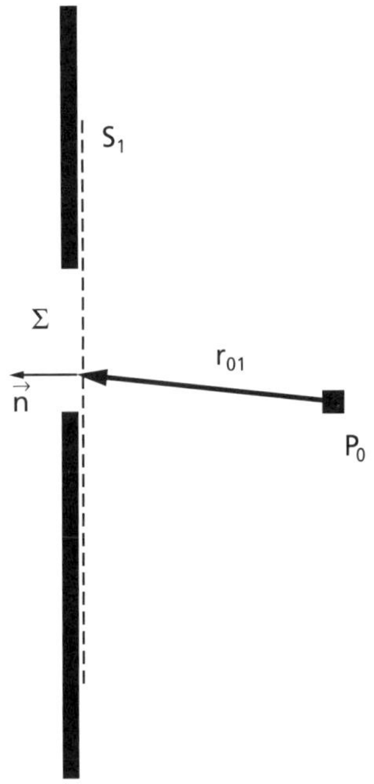

Fig. 5.13 Difração de Kirchhof

Analisando a integral sobre S_2, onde $r_{01} = R$, podemos escrever:

$$\lim_{R\to\infty}\int_{S_2}\left(\frac{e^{ikR}}{R}\frac{\partial\mathcal{U}}{\partial n} - \mathcal{U}(ik - 1/R)\frac{e^{ikR}}{R}\right)\mathrm{d}s = \int_{\Omega}\mathcal{G}R\left(\frac{\partial\mathcal{U}}{\partial n} - ik\mathcal{U}\right)R\,\mathrm{d}\Omega = 0 \qquad \textbf{(5.67)}$$

$$\text{Se se verifica que } \lim_{R\to\infty} R\left(\frac{\partial\mathcal{U}}{\partial n} - ik\mathcal{U}\right) = 0 \qquad \textbf{(5.68)}$$

A Eq. (5.68) representa a condição de radiação de Sommerfeld e é fácil verificar que ela vale para uma onda esférica. Porém, como qualquer onda pode ser formada por soma de ondas esféricas, concluímos que a condição na Eq. (5.68) vale para qualquer onda.

Levando em conta o resultado da Eq. (5.67), a formulação final para a Eq. (5.66) fica assim:

$$\mathcal{U}(P_0) = \frac{1}{4\pi}\int_{S_1}\left(\mathcal{G}\frac{\partial\mathcal{U}}{\partial n} - \mathcal{U}\frac{\partial\mathcal{G}}{\partial n}\right)\mathrm{d}s_1 \qquad \textbf{(5.69)}$$

$$\text{sendo } \mathcal{U} \text{ e } \frac{\partial\mathcal{U}}{\partial n} \text{ não perturbados em } \Sigma \qquad \textbf{(5.70)}$$

$$\text{e } \mathcal{U} = \frac{\partial\mathcal{U}}{\partial n} = 0 \text{ para } S_1 \ni \Sigma \qquad \textbf{(5.71)}$$

como ilustrado na Fig. 5.13.

5.2.3 Formulação de Rayleigh-Sommerfeld

Existe um problema formal com a formulação de Kirchhof: se $\mathcal{U}$ e sua derivada $\frac{\partial \mathcal{U}}{\partial n}$ são simultaneamente zero num intervalo qualquer, e elas são ambas contínuas e deriváveis no espaço todo, devem continuar nas mesmas condições (ambas nulas) no espaço todo, o que não nos convém. Para resolver esse impasse matemático, a formulação de Rayleigh-Sommerfeld utiliza uma outra função auxiliar de Green:

$$\mathcal{G}(S_1) \equiv \frac{e^{ikr_{01}}}{r_{01}} - \frac{e^{ik\tilde{r}_{01}}}{\tilde{r}_{01}} \qquad r_{01} = \tilde{r}_{01} \tag{5.72}$$

em lugar da Eq. (5.54), e que corresponde ao esquema da Fig. 5.14, onde $\tilde{P}_0$ é a imagem especular de P_0 sobre o plano S_1. Considerando que agora:

$$\mathcal{G}(S_1) = 0 \text{ sobre o plano de difração } S_1$$

também resulta que:

$$\frac{\partial \mathcal{G}(S_1)}{\partial n} = 2\cos(\vec{n}, \vec{r_{01}})(ik - 1/r_{01})\frac{e^{ikr_{01}}}{r_{01}}$$
$$\approx 2\cos(\vec{n}, \vec{r_{01}})(ik)\frac{e^{ikr_{01}}}{r_{01}}$$

para $k \gg 1/r_{01}$. Substituindo a expressão acima para $\frac{\partial \mathcal{G}(S_1)}{\partial N}$ e $\mathcal{G}(S_1) = 0$ na Eq. (5.69), resulta numa expressão simplificada de Rayleigh-Sommerfeld:

$$\mathcal{U}(P_0) = \frac{1}{i\lambda}\int_{\Sigma} \mathcal{U}(S_1)\frac{e^{ikr_{01}}}{r_{01}}\cos(\vec{n}, \vec{r_{01}})\, ds_1 \tag{5.73}$$

onde Σ é a abertura de difração.

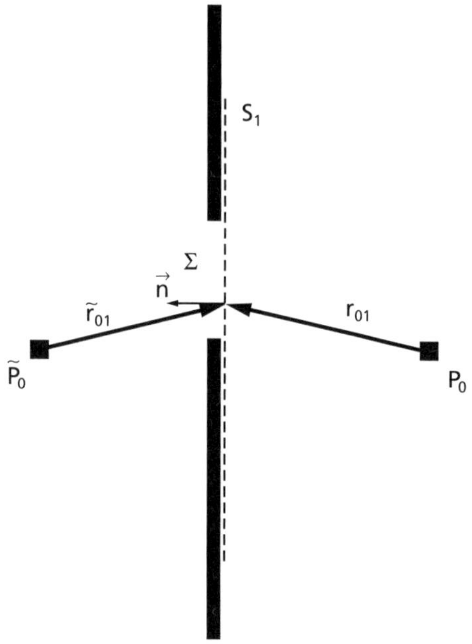

$\mathcal{U}$ $\frac{\partial \mathcal{U}}{\partial n}$ não perturbados em Σ

$\mathcal{U} = 0$ para $S_1 \ni \Sigma$

$\mathcal{G}(S_1) = 0$

$$\frac{\partial \mathcal{G}(S_1)}{\partial n} = 2\cos(\vec{n}.\vec{r_{01}})(ik - 1/r_{01})\frac{e^{ikr_{01}}}{r_{01}}$$

Fig. 5.14 Difração de Rayleigh-Sommerfeld

5.3 Sistemas lineares

Assim como uma função transforma um número em outro, um sistema (que chamaremos $\mathcal{S}$) transforma uma função em outra. No caso, $\mathcal{S}$ transforma $U(x)$ em $U_o(x_o)$, o que se pode escrever simbolicamente assim:

$$U_o(x_o) = \mathcal{S}\{U(x)\} \tag{5.74}$$

O sistema chama-se "linear" se verifica:

$$U_o(x_o) = \int_{-\infty}^{+\infty} U(x)h(x_o; x)dx \tag{5.75}$$

onde $h(x_o; x)$ é a chamada "resposta impulsional". Isso significa que é possível encontrar a resposta ($U_0(x_0)$) do sistema a partir de uma soma (continua no caso da Eq. (5.75)) linear da entrada ($U(x)$), desde que se conheça a resposta impulsional para todos os pontos entre a entrada x e a saída x_0.

Um exemplo de sistema linear em Óptica, pode ser o caso de uma lente que transforma um ponto luminoso no plano "objeto" (entrada) numa mancha luminosa no plano "imagem" (saída), como esquematizado na Fig. 5.15. Esse sistema é necessariamente linear pois todas as equações envolvidas na propagação do plano-objeto ao plano imagem, são lineares. Mesmo sendo linear, a lente pode não ser "ideal" e então apresentar aberrações. Nesse caso, cada ponto luminoso em diferentes posições sobre o plano-objeto vai produzir, no plano-imagem, manchas luminosas diferentes, o que representa a resposta impulsional $h(x_0; x)$ da lente.

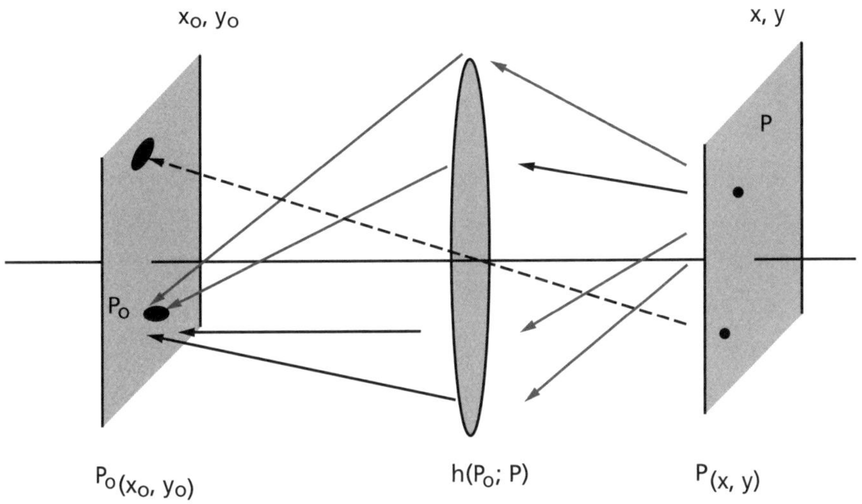

Fig. 5.15 Sistema linear representado por uma lente, não necessariamente perfeita, que transforma uma mancha de luz no plano de entrada numa outra no plano de saída

5.3.1 Sistema linear invariante

O sistema linear:

$$U_o(x_o) = \int_{-\infty}^{+\infty} U(x)h(x_o; x)dx \tag{5.76}$$

é chamado de "invariante" se sua resposta impulsional puder ser escrita assim:

$$h(x_o; x) \Rightarrow h(x_o - x) \tag{5.77}$$

em cujo caso podemos escrever:

$$U_o(x_o) = \int_{-\infty}^{+\infty} U(x)h(x_o - x)dx \equiv U(x_o) * h(x_o) \tag{5.78}$$

que representa o chamado "produto de convolução" (não confundir com a "correlação" ou "produto de correlação", que se refere a processos estocásticos), indicado pelo símbolo *

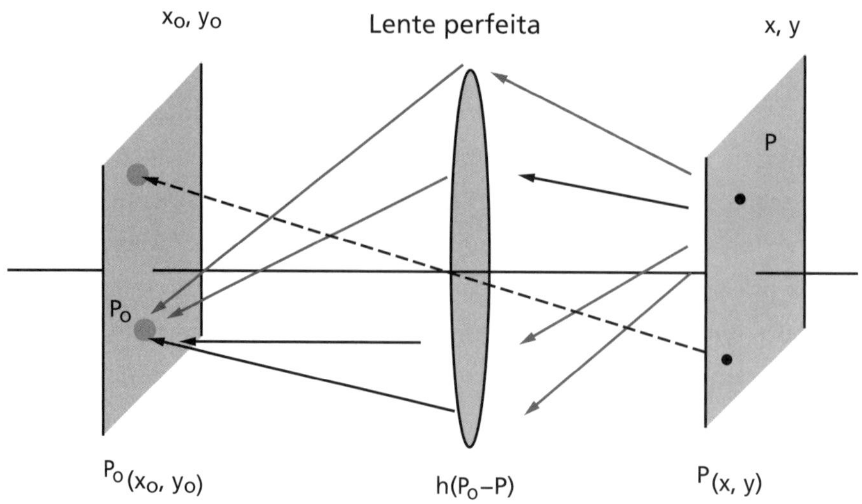

Fig. 5.16 Sistema linear invariante representado por uma lente perfeita

entre as funções $U(x_o)$ e $h(x_o)$, e assim definido genericamente na Eq. (5.78). Isso significa que a "resposta impulsional" não depende do ponto em questão, mas da diferença. No caso de um sinal temporal, significa que a resposta do sistema será a mesma em qualquer momento (tempo). No caso de um sistema óptico, isso significa que a imagem de um ponto luminoso será a mesma (terá a mesma forma) para qualquer ponto do plano objeto, o que seria o caso de uma lente ideal, sem aberrações, como representado esquematicaquente na Fig.5.16. O produto de convolução na Eq. (5.78) pode ser transformado vantajosamente num produto simples no domínio da Transformada de Fourier (TF):

$$U_o(x_o) = U(x_o) * h(x_o) \quad \textbf{(5.79)}$$

$$\mathrm{TF}\{U_o\} = \mathrm{TF}\{U\}\mathrm{TF}\{h\} \quad \textbf{(5.80)}$$

$$H(f_x) \equiv \mathrm{TF}\{h(x)\} \quad \textbf{(5.81)}$$

onde $H(f_x)$ é chamada de "função de transferência". A operação no domínio de Fourier facilita muito os cálculos, como se mostra no esquema operacional a seguir:

$$\text{dados iniciais: } U(x) \qquad H(f_x) \quad \textbf{(5.82)}$$

$$U(x) \Rightarrow \mathrm{TF}\{U\} \quad \textbf{(5.83)}$$

$$\mathrm{TF}\{U\}H(f_x) = \mathrm{TF}\{U_o(x_o)\} \quad \textbf{(5.84)}$$

cuja solução é:

$$\mathrm{TF}^{-1}\{\mathrm{TF}\{U_o(x_o)\}\} = U_o(x_o) \quad \textbf{(5.85)}$$

5.3.2 Espectro angular de ondas planas

Mostraremos que é sempre possível escrever qualquer onda em termos de uma soma infinita de ondas planas.

Seja uma onda cuja amplitude complexa no plano (x,y,0) é $\mathcal{U}(x,y,0)$ e cuja TF é:

$$A_0(f_x,f_y) = \int\int_{-\infty}^{\infty} \mathcal{U}(x,y,0)\, e^{-i2\pi(xf_x + yf_y)}\, dx\, dy \tag{5.86}$$

Nesse caso, a TF inversa é:

$$\mathcal{U}(x,y,0) = \int\int_{-\infty}^{\infty} A_0(f_x,f_y)\, e^{i2\pi(xf_x + yf_y)}\, df_x\, df_y \tag{5.87}$$

Se comparamos a Eq. (5.87) com a expressão de uma onda plana de amplitude unitária, excluído o termo temporal em $i\omega t$:

$$B(x,y,z) = e^{i\frac{2\pi}{\lambda}(\alpha x + \beta y + \gamma z)} \qquad \gamma = \sqrt{1 - \alpha^2 - \beta^2} \tag{5.88}$$

onde α, β e γ são os cossenos direcionais do vetor propagação $\vec{k}$ dessa onda plana, como indicado na Fig. 5.17. Fica evidente que $A_0(f_x,f_y)\, df_x\, df_y$ pode ser interpretada como a amplitude da onda plana cujos cossenos direcionais são $\alpha = \lambda f_x$ e $\beta = \lambda f_y$. Nesse caso, o cosseno direcional γ não aparece explicitamente, pois não é necessário.

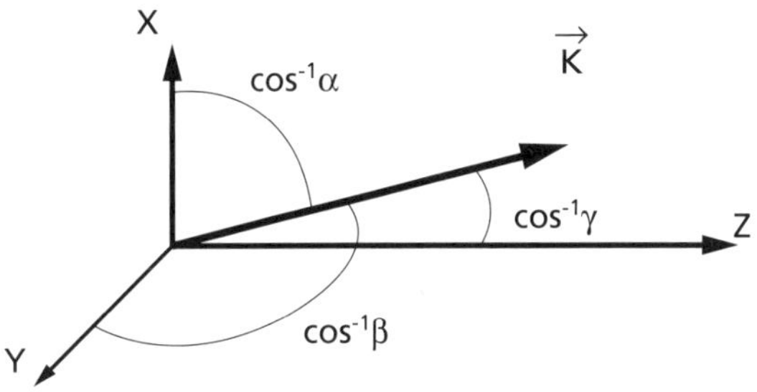

Fig. 5.17 Espectro angular de ondas planas: cossenos diretores α, β e γ para cada vetor propagação $\vec{k}$ de uma onda plana

A Eq. (5.87) representa então a onda $\mathcal{U}(x,y,0)$ escrita na forma de uma soma infinita de ondas planas. Os termos f_x e f_y são chamados de *frequências espaciais*. As Eqs. (5.86) e (5.87) podem ser também escritas assim:

$$A_0\left(\frac{\alpha}{\lambda},\frac{\beta}{\lambda}\right) = \int\int_{-\infty}^{\infty} \mathcal{U}(x,y,0)\, e^{-i2\pi\left(x\frac{\alpha}{\lambda} + y\frac{\beta}{\lambda}\right)}\, dx\, dy \tag{5.89}$$

$$\mathcal{U}(x,y,0) = \int\int_{-\infty}^{\infty} A_0\left(\frac{\alpha}{\lambda},\frac{\beta}{\lambda}\right) e^{i2\pi\left(x\frac{\alpha}{\lambda} + y\frac{\beta}{\lambda}\right)}\, d\frac{\alpha}{\lambda}\, d\frac{\beta}{\lambda} \tag{5.90}$$

Propagação

Vamos estudar a propagação de uma onda $\mathcal{U}(x,y,z)$ à luz do formalismo de espectro angular de ondas planas. Se formulamos as expressões nas Eqs. (5.89) e (5.90), para uma posição $z \neq 0$, resulta:

$$A\left(\frac{\alpha}{\lambda},\frac{\beta}{\lambda},z\right) = \int\int_{-\infty}^{\infty} \mathcal{U}(x,y,z)\, e^{-i2\pi(x\alpha/\lambda + y\beta/\lambda)}\, dx\, dy \tag{5.91}$$

$$\mathcal{U}(x,y,z) = \int\int_{-\infty}^{\infty} A\left(\frac{\alpha}{\lambda},\frac{\beta}{\lambda},z\right) e^{i2\pi\left(x\frac{\alpha}{\lambda} + y\frac{\beta}{\lambda}\right)}\, d\frac{\alpha}{\lambda}\, d\frac{\beta}{\lambda} \tag{5.92}$$

onde $\mathcal{U}$ verifica a equação da onda:

$$\nabla^2\mathcal{U} + k^2\mathcal{U} = 0 \tag{5.93}$$

Ao substituirmos a expressão na Eq. (5.92), na Eq. (5.93), resulta:

$$\frac{d^2A}{dz^2} + (2\pi/\lambda)^2(1 - \alpha^2 - \beta^2)A = 0 \tag{5.94}$$

cuja solução é:

$$A\left(\frac{\alpha}{\lambda}, \frac{\beta}{\lambda}, z\right) = A_0\left(\frac{\alpha}{\lambda}, \frac{\beta}{\lambda}\right) e^{i\frac{2\pi}{\lambda}\sqrt{1-\alpha^2-\beta^2}\,z} \tag{5.95}$$

Fica claro que, para:

- $\{\alpha^2 + \beta^2 < 1\}$

  o efeito da propagação numa distância z é apenas uma variação nas fases relativas entre as diferentes componentes angulares.

- $\{\alpha^2 + \beta^2 > 1\}$

  deve ser:

$$A\left(\frac{\alpha}{\lambda}, \frac{\beta}{\lambda}, z\right) = A_0\left(\frac{\alpha}{\lambda}, \frac{\beta}{\lambda}\right) e^{-\mu z} \qquad \mu \equiv \frac{2\pi}{\lambda}\sqrt{\alpha^2 + \beta^2 - 1} \tag{5.96}$$

  que representam ondas evanescentes.

Propagação: filtro linear invariante

A Eq. (5.95) indica que podemos definir assim uma função de transferência para a propagação:

$$H(f_x, f_y) = \frac{A(f_x, f_y, z)}{A_0(f_x, f_y)} = e^{i2\pi\sqrt{1/\lambda^2 - f_x^2 - f_y^2}\,z} \quad \text{para } f_x^2 + f_y^2 < 1/\lambda^2 \tag{5.97}$$

$$= 0 \text{ para } f_x^2 + f_y^2 \geq 1/\lambda^2 \tag{5.98}$$

$$\text{sendo} \qquad f_x \equiv \alpha/\lambda \qquad f_y \equiv \beta/\lambda \tag{5.99}$$

o que caracteriza a propagação como um filtro (ou sistema) linear invariante. O fato de ela ser linear não é novidade, uma vez que a propagação da onda origina-se na Eq. (5.94), que é uma equação diferencial linear; já o fato de ser invariante é uma informação nova e interessante.

Exemplo: efeito Goos-Hänchen na reflexão total

Estudaremos esse fenômeno como ilustração do uso do espectro angular de ondas planas.

O estudo do deslocamento de um raio de luz na reflexão total na proximidade do ângulo crítico já foi objeto de algumas publicações (Hugonin; Petit, 1977). Alguns autores tratam o problema de uma forma geral, seja utilizando critérios de conservação de energia, seja utilizando o método da fase estacionária. Outros utilizam uma abordagem particular e se interessam pelas transformações diretas sofridas pelo feixe na reflexão. Em geral, a distribuição de amplitude complexa incidente sofre uma transformação em consequência da reflexão. Essa transformação é regida pelas equações de Fresnel (ver seção 3.4.1), mas elas foram formuladas apenas para ondas harmônicas planas e, por isso, se queremos estudar a reflexão de um feixe, ele tem que ser decomposto em soma de ondas (harmônicas) planas.

Seja um feixe infinitamente largo na direção z e de largura Δx ao longo do eixo x, incidindo na interface $x - z$, para $y = 0$, com um ângulo θ_i, como ilustrado na Fig. 5.18. Vamos considerar apenas o caso em que o campo elétrico da onda é perpendicular ao plano de incidência (polarização TE). Nessas condições, a amplitude complexa da luz incidente no plano $x - z$, para um valor qualquer de y, pode ser escrita como uma soma contínua de ondas planas, segundo o formalismo da Eq. (5.87), considerando apenas a direção x. Assim:

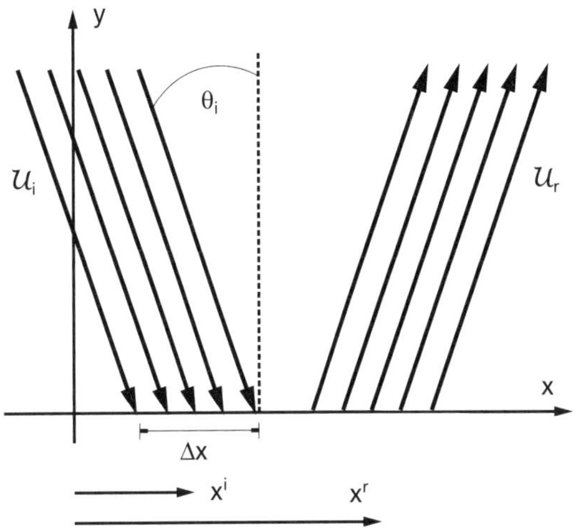

Fig. 5.18 Reflexão total e efeito Goos-Hänchen

$$\mathcal{U}^i(x,y) = \int_{-\infty}^{\infty} A(f_x,y)\, e^{i2\pi x f_x}\, df_x \qquad \textbf{(5.100)}$$

onde $f_x = \operatorname{sen}\theta/\lambda$. A largura angular do espectro em questão depende da largura do feixe (ver seção B.3 - Apêndice):

$$\Delta x\, \Delta f_x \approx 1 \qquad \textbf{(5.101)}$$

Em nosso caso, podemos escrever:

$$\frac{\Delta f_x}{\overline{f_x}} = \frac{\Delta\alpha}{\operatorname{sen}\theta_i/\lambda} \approx \frac{\lambda}{\Delta x\ \operatorname{sen}\theta_i} \approx 10^{-3} \qquad \textbf{(5.102)}$$

$$\text{para: } \Delta x \approx 1\,\text{mm} \qquad \lambda \approx 0{,}5\,\mu\text{m} \qquad \operatorname{sen}\theta_i \approx 1$$

onde $\overline{f_x}$ representa o valor médio. O resultado indica que a largura angular do feixe incidente é muito pequena, mesmo para um feixe relativamente estreito, razão pela qual podemos definir uma direção incidente média:

$$\overline{\alpha} = \operatorname{sen}\theta_i = \lambda\overline{f_x} \qquad \textbf{(5.103)}$$

Após a reflexão, podemos escrever, na interface $y = 0$:

$$\mathcal{U}^r(x,0) = \int_{-\infty}^{\infty} r(f_x) A(f_x,0)\, e^{i2\pi x f_x}\, df_x \qquad \textbf{(5.104)}$$

onde $r(x)$ é o coeficiente (complexo) de reflexão de Fresnel. Como queremos calcular o deslocamento do feixe na direção x, podemos definir um "centro de gravidade" da luz incidente e refletida, respectivamente:

$$x^i = \frac{\int_{-\infty}^{\infty} x|\mathcal{U}^i(x,0)|^2 dx}{\int_{-\infty}^{\infty} |\mathcal{U}^i(x,0)|^2 dx} \qquad \textbf{(5.105)}$$

$$x^r = \frac{\int_{-\infty}^{\infty} x|\mathcal{U}^r(x,0)|^2 dx}{\int_{-\infty}^{\infty} |\mathcal{U}^r(x,0)|^2\, dx} \qquad \textbf{(5.106)}$$

Por se tratar de uma onda, $\mathcal{U}^i(x,y)$ deve verificar a equação da onda:

$$(\nabla^2+k^2)\mathcal{U}^i(x,y) = (\nabla^2+k^2)\int_{-\infty}^{\infty} A(f_x,y)\,e^{i2\pi x f_x}\,df_x = \int_{-\infty}^{\infty}(\nabla^2+k^2)A(f_x,y)\,e^{i2\pi x f_x}\,df_x$$

$$= \int_{-\infty}^{\infty}\left(\frac{\partial^2 A(f_x,y)}{\partial y^2} + (k^2-4\pi^2 f_x^2)A(f_x,y)\right)e^{i2\pi x f_x}\,df_x = 0 \qquad \textbf{(5.107)}$$

Uma solução para a Eq. (5.107) é:

$$A(f_x,y) = A_1(f_x)\,e^{-i\sqrt{k^2-4\pi^2 f_x^2}\,y} + A_2(f_x)\,e^{i\sqrt{k^2-4\pi^2 f_x^2}\,y} \qquad \textbf{(5.108)}$$

que, substituída na Eq. (5.100), resulta em:

$$\mathcal{U}^i(x,y) = \int_{-\infty}^{\infty} A_1(f_x)\,e^{-i\sqrt{k^2-4\pi^2 f_x^2}\,y}\,df_x + \int_{-\infty}^{\infty} A_2(f_x)\,e^{i\sqrt{k^2-4\pi^2 f_x^2}\,y}\,df_x \qquad \textbf{(5.109)}$$

onde $\sqrt{k^2-4\pi^2 f_x^2} = k\cos\theta$. O primeiro termo representa ondas planas incidindo na interface $y=0$, enquanto o segundo termo representa ondas planas saindo dessa interface. Uma vez que queremos representar apenas ondas incidindo, fazemos $A_2(f_x)=0$, e, como estamos interessados apenas no plano $y=0$, resulta na expressão:

$$\mathcal{U}^i(x,0) = \int_{-\infty}^{\infty} A_1(f_x)\,e^{i\sqrt{k^2-4\pi^2 f_x^2}\,y}\,df_x \qquad f_x = \operatorname{sen}\theta/\lambda \qquad \textbf{(5.110)}$$

O tratamento do presente problema pode ser esquematizado assim:

feixe (largura limitada) incidente	⇒	Soma de ondas planas (incidentes) ilimitadas
⇓		⇓
não sabemos fazer		Equações de Fresnel
⇓		⇓
feixe (limitado) refletido	⇐	Soma de ondas planas (refletidas) ilimitadas

(5.111)

Levando em conta as seguintes propriedades (verifique!) da TF:

- se $A_1(f_x) = \text{TF}\{\mathcal{U}^i(x,0)\}$, então:

$$TF\{x\,\mathcal{U}^i(x,0)\} = \frac{1}{-i2\pi}\frac{dA_1(f_x)}{df_x} \qquad \textbf{(5.112)}$$

- se $\text{TF}\{U(x,0)\} = A_1(f_x)$ e $\text{TF}\{G(x)\} = B(f_x)$, então:

$$\int_{-\infty}^{\infty} U(x,0)G(x)^*\,dx = \int_{-\infty}^{\infty} A_1(f_x)B(f_x)^*\,df_x \qquad \textbf{(5.113)}$$

podemos escrever:

$$\int_{-\infty}^{\infty} x\,\mathcal{U}^i(x,0)\mathcal{U}^i(x,0)^*\,dx = \frac{i}{2\pi}\int_{-\infty}^{\infty}\frac{dA_1(f_x)}{df_x}A_1(f_x)^*\,df_x \qquad \textbf{(5.114)}$$

Aplicando esse resultado nas Eqs. (5.105) e (5.106), tem-se:

$$x^i = \frac{i}{2\pi} \frac{\int_{-\infty}^{\infty} \frac{dA_1(f_x)}{df_x} A_1(f_x)^* \, df_x}{\int_{-\infty}^{\infty} A_1(f_x) A_1(f_x)^* \, df_x} \tag{5.115}$$

$$x^r = \frac{i}{2\pi} \frac{\int_{-\infty}^{\infty} \frac{(dA_1(f_x) r(f_x))}{df_x} A_1(f_x)^* r(f_x)^* \, df_x}{\int_{-\infty}^{\infty} A_1(f_x) A_1(f_x)^* r(f_x) r(f_x)^* \, df_x} \tag{5.116}$$

No caso da reflexão total, temos $rr^* = 1$. Dessa forma, podemos escrever:

$$x^r - x^i = \frac{i}{2\pi} \frac{\int_{-\infty}^{\infty} A_1(f_x) A_1(f_x)^* \frac{dr}{df_x} r(f_x)^* \, df_x}{\int_{-\infty}^{\infty} A_1(f_x) A_1(f_x)^* \, df_x} \tag{5.117}$$

Em geral, $A_1(f_x)$ varia muito rapidamente em comparação com $r(f_x)$, razão pela qual podemos escrever:

$$\int_{-\infty}^{\infty} A_1 A_1^* \frac{dr(f_x)}{df_x} r(f_x)^* \, df_x \approx r(\overline{f_x})^* \left[\frac{dr(f_x)}{df_x} \right]_{\overline{f_x}} \int_{-\infty}^{\infty} A_1 A_1^* \, df_x \tag{5.118}$$

Substituindo essa expressão na Eq. (5.117), obtemos:

$$x^r - x^i = \frac{i}{2\pi} r(\overline{f_x})^* \left[\frac{dr(f_x)}{df_x} \right]_{\overline{f_x}} \tag{5.119}$$

Na reflexão total, temos:

$$r = e^{i\psi(f_x)} \qquad \frac{dr}{df_x} = i \frac{d\psi}{df_x} e^{i\psi(f_x)} \tag{5.120}$$

que, substituídos na Eq. (5.119), resultam em:

$$x^r - x^i = \frac{-1}{2\pi} \frac{d\psi}{df_x} \tag{5.121}$$

Da Eq. (3.53), podemos concluir que:

$$\text{tg}(\psi/2) = -\sqrt{\text{sen}^2 \theta_i - n^2} / \cos \theta_i \tag{5.122}$$

e com a definição $f_x \equiv \text{sen}\,\theta_i/\lambda$, resulta:

$$\partial\psi/\partial f_x = -\frac{2\lambda \,\text{sen}\,\theta_i}{\cos\theta_i \sqrt{\text{sen}^2 \theta_i - n^2}} \tag{5.123}$$

que, substituída na Eq. (5.121), fica assim:

$$x^r - x^i = \frac{2\,\text{sen}\,\theta_i \lambda}{2\pi \cos\theta_i \sqrt{\text{sen}^2 \theta_i - n^2}} \tag{5.124}$$

$$x^r - x^i = \infty \text{ para } \theta_i = \theta_c \tag{5.125}$$

Da Eq. (5.122), podemos concluir que, para o caso $\theta_i = \theta_c$, a diferença de fase ($\psi = 0$) é zero e o deslocamento Goos-Hänchen ($x^r - x^i = \infty$) é infinito. Na prática, porém, é extremamente difícil atingir as condições para que esse deslocamento seja sequer da ordem de alguns μm. Por exemplo, se supusermos a reflexão total na interface vidro-ar, em que o primeiro tenha um índice de refração $n = 1{,}5$, teremos que usar um feixe ($\lambda = 633\,\text{nm}$) cujo ângulo de incidência não poderá se afastar mais do que 10^{-5} rad (ou seja, $\approx 6 \times 10^{-4}$ graus) do valor exato do ângulo crítico de reflexão total, para termos um deslocamento $x^r - x^i \geq 50\,\mu\text{m}$!

Difração e espectro angular de ondas planas

Seja uma onda $U_i(x,y)$ incidindo numa abertura $t(x,y)$, onde $U_t(x,y)$ representa a onda transmitida pela abertura, tudo no mesmo plano (x,y). Nesse caso:

$$U_t(x,y) = U_i(x,y)\, t(x,y) \tag{5.126}$$

cujas TFs são:

$$A_t(f_x,f_y) = A_i(f_x,f_y) * T(f_x,f_y) \tag{5.127}$$

onde:

$$A_t = \int_{-\infty}^{\infty} U_t(x,y)\, e^{-i2\pi(xf_x + yf_y)}\, \mathrm{d}x\mathrm{d}y \tag{5.128}$$

$$A_i = \int_{-\infty}^{\infty} U_i(x,y)\, e^{-i2\pi(xf_x + yf_y)}\, \mathrm{d}x\mathrm{d}y \tag{5.129}$$

$$T = \int_{-\infty}^{\infty} t(x,y)\, e^{-i2\pi(xf_x + yf_y)}\, \mathrm{d}d\mathrm{d}x \tag{5.130}$$

$$f_x \equiv \alpha/\lambda \qquad f_y \equiv \beta/\lambda \tag{5.131}$$

A expressão na Eq. (5.127) é a formulação mais geral da difração, mas é pouco prática, exceto em casos particularmente simples, por envolver um produto de convolução. Dessa expressão, porém, concluímos que o efeito da abertura (na difração) é modificar o espectro angular de ondas planas da onda incidente, o que está na essência do fenômeno da difração.

Casos simples

Vejamos dois casos muito simples, como o de uma onda plana incidindo normalmente numa abertura circular infinitamente pequena, cuja transmitância complexa $t(x,y)$ e sua TF são, respectivamente:

$$t(x,y) = \delta(x,y) \qquad TF\{\delta(x,y)\} = 1(f_x,f_y) \tag{5.132}$$

resultando, assim, o espectro angular:

$$A_t = TF\{1(x,y)\} * TF\{\delta(x,y)\} = 1(f_x,f_y) \tag{5.133}$$

ou seja, que a luz incidente formada por uma onda plana com $\alpha = \beta = 0$ transformou-se numa onda esférica com espectro angular constante em todo o espaço angular.

Seja agora o caso de uma onda plana incidindo normalmente numa abertura circular de raio R. Nesse caso:

$$t(x,y) = \text{circ}\left(\frac{\sqrt{x^2+y^2}}{R}\right) \quad (5.134)$$

$$U_i = 1(x,y) \quad (5.135)$$

$$A_t(f_x,f_y) = TF\{1(x,y)\} * TF\{t(x,y)\} = TF\left\{\text{circ}\left(\frac{\sqrt{x^2+y^2}}{R}\right)\right\} \quad (5.136)$$

sendo que:

$$TF\left\{\text{circ}\left(\frac{\sqrt{x^2+y^2}}{R}\right)\right\} = 2\pi R^2 \frac{J_1(2\pi R\sqrt{f_x^2+f_y^2})}{2\pi R\sqrt{f_x^2+f_y^2}} \quad (5.137)$$

A função representada na Eq. (5.137) é chamada de função de Airy, tem a forma ilustrada na Fig. 5.19 e apresenta zeros para os seguintes valores de $2R\sqrt{f_x^2+f_y^2}$: 1,22; 2,23; 3,24 etc.

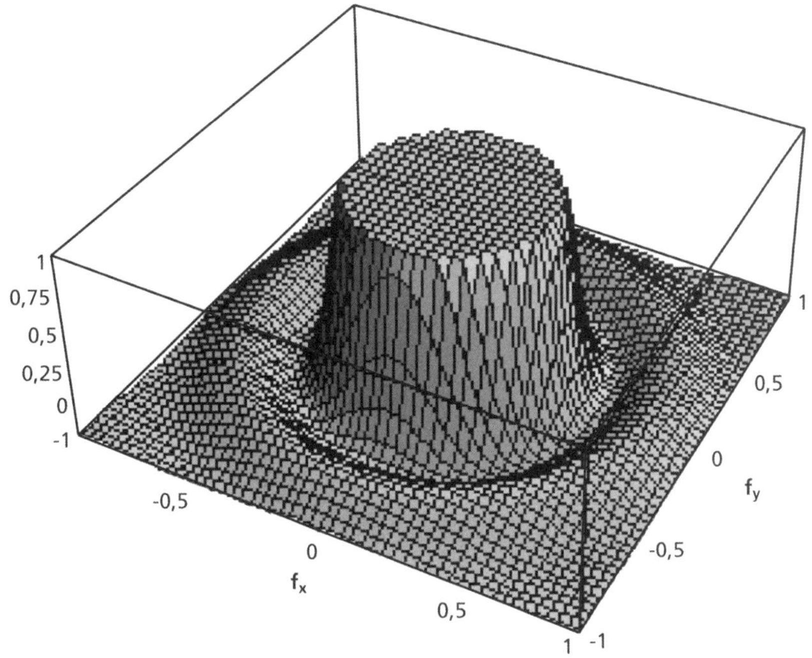

Fig. 5.19 Vista tridimensional de uma parte da função de Airy, mostrando o primeiro mínimo e o segundo máximo

5.4 Difração e teoria dos sistemas lineares

Nesta seção veremos que a difração na formulação de Rayleigh-Sommerfeld (ver seção 5.2.3) pode ser caracterizada como um filtro linear, mais fácil de calcular que a formulação geral na seção 5.3.2. Veremos também a chamada aproximação de Fresnel, que permite formular a difração quase como uma transformação de Fourier. Finalmente, estudaremos uma aproximação que impõe mais restrições, a de Franhofer, a qual permite reduzir o cálculo da intensidade da luz difratada a um problema de cálculo exato da transformação de Fourier.

5.4.1 Formulação de Rayleigh-Sommerfeld

A expressão da Eq. (5.73):

$$\mathcal{U}(P_0) = \frac{1}{i\lambda} \int_\Sigma \mathcal{U}(P_1) \frac{e^{ikr_{01}}}{r_{01}} \cos(\vec{n}, \vec{r_{01}})\, ds_1$$

pode ser escrita, sob o formalismo da teoria de sistemas, da seguinte forma:

$$\mathcal{U}(P_0) = \frac{1}{i\lambda} \int_{-\infty}^{\infty} \mathcal{U}(P_1) h(P_1, P_0)\, dP_1 \tag{5.138}$$

onde:

$$h(P_1, P_0) \equiv \frac{e^{ikr_{01}}}{\lambda i r_{01}} \cos(\vec{n}, \vec{r_{01}}) \qquad \text{para } P_1 \in \Sigma \tag{5.139}$$

$$\equiv 0 \qquad \text{para } P_1 \ni \Sigma \tag{5.140}$$

Essa formulação sinaliza que a difração pode ser tratada como um sistema linear, porém não invariante.

5.4.2 Aproximação de Fresnel

Na formulação de Rayleigh-Sommerfeld, para o caso de:

- o plano de observação estar a uma distância muito maior que as dimensões da abertura de difração; e
- o ponto de observação estar não muito longe do eixo central da abertura;

o que significa que:

$$x_1, y_1 \ll z \text{ e por isso } \cos(\vec{n}, \vec{r_{01}}) \approx 1 \Rightarrow \quad h \approx \frac{1}{i\lambda z} e^{ikr_{01}}$$

podemos então escrever:

$$h(P_1, P_0) = h(P_1 - P_0) \tag{5.141}$$

e o sistema fica sendo **invariante**, e não apenas linear. Mas podemos simplificar ainda mais:

$$r_{01} = \sqrt{z^2 + (x_o - x_1)^2 + (y_o - y_1)^2}$$

$$r_{01} \approx z + \frac{(x_o - x_1)^2}{2z} + \frac{(y_o - y_1)^2}{2z} \tag{5.142}$$

Nesse caso, a resposta impulsional na Eq. (5.139) fica assim:

$$h \approx \frac{e^{ikz}}{i\lambda z} e^{i\frac{k}{2z}[(x_o - x_1)^2 + (y_o - y_1)^2]}$$

e a formulação da difração dita de Fresnel fica assim:

$$U(x_o, y_o) = \frac{e^{ikz}}{i\lambda z} e^{i\frac{k}{2z}(x_o^2 + y_o^2)} \times$$

$$\iint_{-\infty}^{+\infty} U(x_1, y_1) e^{i\frac{k}{2z}(x_1^2 + y_1^2)} e^{-i\frac{2\pi}{\lambda z}(x_o x_1 + y_o y_1)} dx_1\, dy_1 \tag{5.143}$$

que se pode simbolizar assim:

$$U(x_o,y_o) \propto \mathrm{TF}\{U(x_1,y_1)\, e^{i\frac{k}{2z}(x_1^2+y_1^2)}\}_{\frac{x_o}{\lambda z},\ \frac{y_o}{\lambda z}}$$

e que representa uma transformação de Fourier da amplitude complexa $U(x_1,y_1)$ a menos de um termo exponencial $e^{i\frac{k}{2z}(x_1^2+y_1^2)}$.

5.4.3 Aproximação de Fraunhofer

Trata-se de uma aproximação mais "forte" que a de Fresnel, pois assume que:

$$e^{i\frac{k}{2z}(x_1^2+y_1^2)} \approx 1 \qquad (5.144)$$

e a formulação integral da Eq. (5.143) fica assim:

$$U(x_o,y_o) = \frac{e^{ikz}}{i\lambda z}\, e^{i\frac{k}{2z}(x_o^2+y_o^2)} \iint_{-\infty}^{+\infty} U(x_1,y_1)\, e^{-i\frac{2\pi}{\lambda z}(x_o x_1 + y_o y_1)}\, \mathrm{d}x_1\, \mathrm{d}y_1 \qquad (5.145)$$

$$U(\lambda z f_x,\lambda z f_y) = \frac{e^{ikz}}{i\lambda z}\, e^{i\frac{k}{2z}(x_o^2+y_o^2)} \iint_{-\infty}^{+\infty} U(x_1,y_1)\, e^{-i2\pi(x_1 f_x + y_1 f_y)}\, \mathrm{d}x_1\, \mathrm{d}y_1 \qquad (5.146)$$

ou, de forma simbólica:

$$U(\lambda z f_x,\lambda z f_y) \propto \mathrm{TF}\{U(x_1,y_1)\}_{f_x=\frac{x_o}{\lambda z},\ f_y=\frac{y_o}{\lambda z}}$$

que representa uma transformação de Fourier verdadeira da amplitude complexa $U(x_1,y_1)$. Note-se que sempre temos um termo exponencial na frente da integral que representa a TF, que afeta o resultado em termos da amplitude, mas que desaparece se estamos interessados apenas na intensidade ($\propto |U(\lambda z f_x,\lambda z f_y)|^2$) da luz difratada. É interessante notar que a aproximação de Fraunhofer é bastante restritiva. Por exemplo, se temos uma abertura difratante de 1 cm de diâmetro e usamos um comprimento de onda na faixa de 500 nm, para que nessas condições a Eq. (5.144) seja, digamos, de 1,1 (o valor ideal seria 1), teríamos que colocar o anteparo a uns 2 km! Veremos na seção 5.7, porém, que o uso de lentes nos permite observar a difração nas condições de Fraunhofer, mesmo estando, de fato, nas condições de Fresnel.

5.5 Teorema de Babinet: aberturas complementárias

A Fig. 5.20 mostra duas aberturas complementárias (parte superior), em que uma delas (à esquerda) é um furo hexagonal num anteparo opaco e a outra (à direita) é, ao contrário, um anteparo opaco hexagonal num fundo transparente. As duas aberturas estão juntas na figura de baixo: um furo hexagonal sobre um fundo transparente. Seja a formulação de Rayleigh-Sommerfeld aplicada para a difração de uma onda plana de amplitude unitária para esta última abertura, composta por $\Sigma_1 + \Sigma_2$:

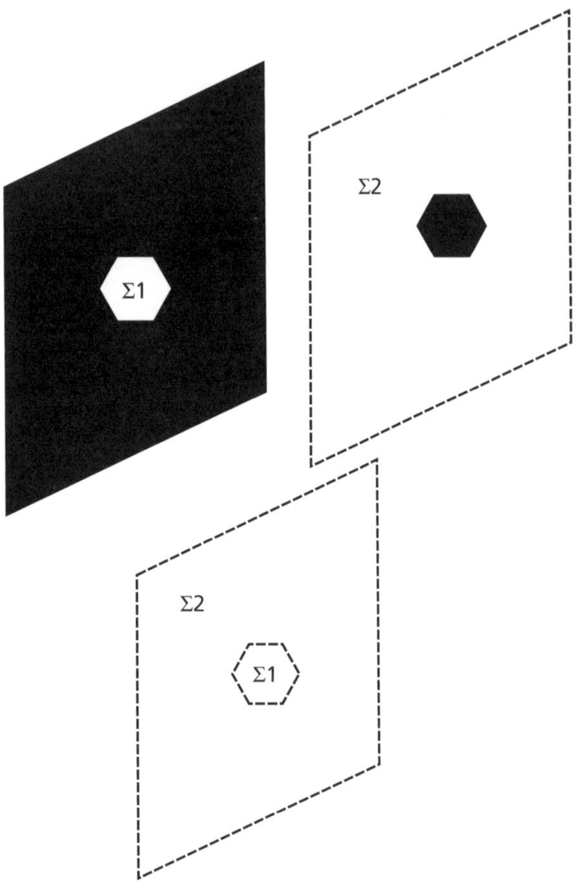

Fig. 5.20 Aberturas complementárias

$$U(P_o) = \frac{1}{i\lambda} \int \int_{\Sigma} U(P_1) \frac{e^{ikr_{01}}}{r_{01}} \cos(\vec{n}, \vec{r_{01}}) dP_1$$
$$\Sigma = \Sigma_1 + \Sigma_2$$

Mas a abertura Σ é totalmente transparente e, por isso:

$$U(P_0)_{\Sigma} = 1 = U(P_0)_{\Sigma_1} + U(P_0)_{\Sigma_2} \quad \textbf{(5.147)}$$

Finalmente, podemos provar que as difrações de ambas as aberturas complementares são iguais e opostas a menos de uma constante (1):

$$U(P_o)_{\Sigma_1} = 1 - U(P_o)_{\Sigma_2}$$

que, no domínio do espectro angular de ondas planas, vale TF{1} $= \delta(f_x, f_y)$. Então, a difração de ambas as aberturas será igual, mas em contrafase, em todo o espaço, exceto para P_0 em $f_x = f_y = 0$. Isso significa que, exceto em P_0, as intensidades (e apenas elas) difratadas serão iguais para as duas estruturas complementares.

5.6 Exemplos

Nesta seção discutiremos alguns exemplos de estruturas difratantes e a forma de se calcular a difração nelas, dentro da aproximação de Fraunhofer, para ilustrar as técnicas utilizadas.

5.6.1 Orifícios circulares

Difração por um orifício circular

Seja um orifício circular de raio $R = 50\ \mu$m, como ilustrado na Fig. 5.21, iluminado por uma luz de comprimento de onda $\lambda = 0{,}633\ \mu$m, uniforme, incidindo normalmente. Sua mancha de difração observada num anteparo à distância $L = 1$m, na aproximação de Fraunhofer, resulta numa estrutura conhecida como função de Airy (ver Fig. 5.19). A expressão matemática do furo é:

$$t(x,y) = \text{circ}\left(\frac{\sqrt{x^2+y^2}}{R}\right) \quad \textbf{(5.148)}$$

sua TF será (ver seção B.2.3 - Apêndice):

$$2\pi R^2 \frac{J_1(2\pi R\rho)}{2\pi R\rho} \qquad \rho \equiv \sqrt{f_x^2 + f_y^2} \quad \textbf{(5.149)}$$

Sabendo que $J_1(\pi x) = 0$ para $x = 1{,}22; 2{,}233; 3{,}238;...$, podemos concluir que os dois primeiros anéis escuros na mancha de difração ocorrerão para:

$$\rho = \frac{1,22}{2R} \text{ e } \frac{2,233}{2R} \quad (5.150)$$

cujos raios no plano de observação valem:

$$r = 1,22\frac{\lambda L}{2R} = 7,72\text{mm e } 2,233\frac{\lambda L}{2R} = 14,13\text{mm} \quad (5.151)$$

Difração de orifícios circulares alinhados

A Fig.5.21 mostra aberturas circulares iguais alinhadas regularmente (centro) e espaçadas aleatoriamente (direita). Como será a difração por essas duas estruturas?

No primeiro caso podemos escrever a difração da estrutura como:

$$Ae^{i\theta} = a(1 + e^{i\delta} + e^{i2\delta} + \dots e^{i(N-1)\delta} + \dots) \quad (5.152)$$

onde a representa agora a difração por um orifício circular (função de Airy) e δ representa a diferença de fase entre orificios sucessivos, como no caso das múltiplas fendas na seção 5.1.4. A intensidade da luz difratada, $I(x) \propto |Ae^{i\theta}|^2$, será igual à descrita na Eq.(5.28) onde $\text{sen}^2(N\delta/2)/\text{sen}^2(\delta/2)$, para $N \to \infty$ representa um pente de Dirac. O resultado então mostra manchas de Airy regularmente espaçadas, como representado na Fig.5.44, para duas dimensões.

No segundo caso, quando os furinhos estão aleatoriamente espaçados, a Eq.(5.152) deve ser modificada assim

$$Ae^{i\theta} = a(1 + e^{i\delta} + e^{i2\delta'} + \dots e^{i(N-1)\delta^N} + \dots) \quad (5.153)$$

onde δ, δ' etc. são arbitrariamente diferentes entre si. A intensidade então será:

$$I(x) \propto |Ae^{i\theta}|^2 = a^2|1 + e^{i\delta} + e^{i2\delta'} + \dots e^{i(N-1)\delta^N} + \dots|^2 = a^2N \quad (5.154)$$

já que os produtos cruzados $e^{i\delta'}\, e^{-i\delta''}$ se anulam em média para N muito grande. Resulta assim uma mancha de difração devida a um dos orifícios, cuja intensidade é multiplicada pelo número N de orifícios iluminados, como ilustrado na Fig.5.51, para duas dimensões.

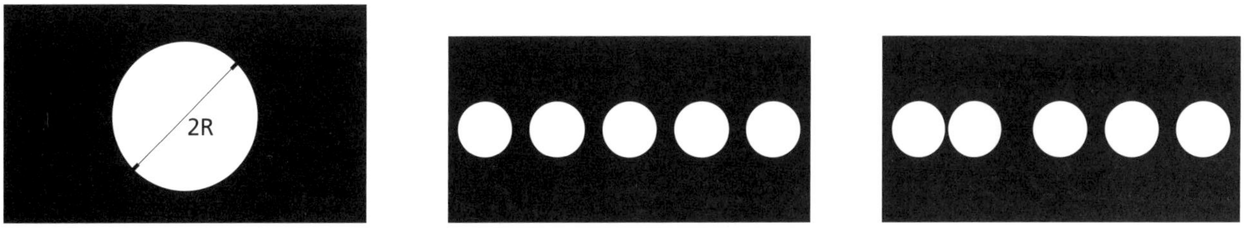

Fig. 5.21 Orifícios circulares: um único orifício de raio R (esquerda); orifícios de igual tamanho e igualmente espaçados (centro); e com espaçamento aleatório (direita)

5.6.2 Difração por uma rede retangular de amplitude

A Fig. 5.22 ilustra a transmitância de uma rede retangular de amplitude (rede de fendas) com período p e largura de fendas s. A expressão da transmitância é:

$$t(x) = \text{rect}(x/s) * \text{Ш}(x/p) \tag{5.155}$$

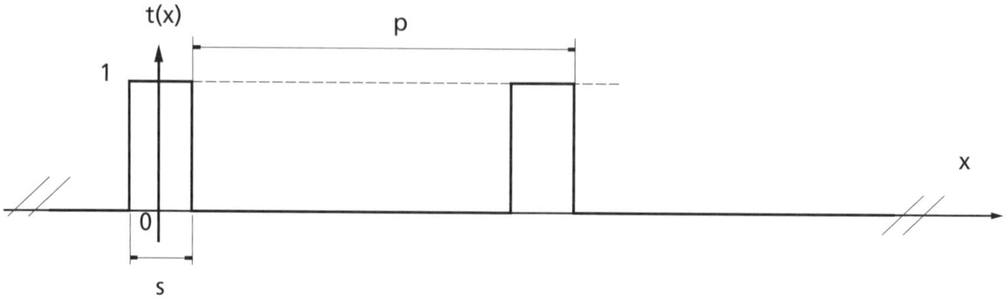

Fig. 5.22 Rede de transmissão retangular

Se imaginamos que a rede tem comprimento finito, digamos, de 100 períodos, é necessário modificar a expressão anterior para:

$$t(x) = \text{rect}(x/s) * [\text{Ш}(x/p)\,\text{rect}(x/L)] \qquad L = 100\,p \tag{5.156}$$

A difração de uma luz uniforme de comprimento de onda λ nessa rede, na aproximação de Fraunhofer, pode ser calculada pela TF da transmitância:

$$T(f) = TF\{t(x)\} \propto s\,\text{sinc}(sf)\,[p\ \text{Ш}(pf) * L\,\text{sinc}(Lf)] \tag{5.157}$$

cuja intensidade vale:

$$I(f) \propto |\,T(f)\,|^2 \propto s^2p^2L^2\,\text{envelop}(f)\,\left[\text{Ш}(pf) * \text{sinc}^2(Lf)\right] \tag{5.158}$$

$$\text{envelop}(f) \equiv \text{sinc}^2(sf) \tag{5.159}$$

Mas o termo periódico da direita pode ser escrito utilizando a expressão na Eq. (5.28):

$$\text{Ш}(pf) * \text{sinc}^2(Lf) = \frac{\text{sen}^2(N\pi p(\text{sen}\,\theta)/\lambda)}{\text{sen}^2(\pi p(\text{sen}\,\theta)/\lambda)} \qquad N = 100 \tag{5.160}$$

resultando, então, a formulação final:

$$I(f) \propto \text{envelop}(f)\,\frac{\text{sen}^2(100\pi p(\text{sen}\,\theta)/\lambda)}{\text{sen}^2(\pi p(\text{sen}\,\theta)/\lambda)} \tag{5.161}$$

Essa expressão está representada na Fig. 5.23 para valores particulares dos seus parâmetros.

Note que, por causa do mínimo no envelope, não existem as ordens 4 e -4, o que pode ser alterado mudando a relação s/p. Como deveria ser a rede para anular as ordens 2 e -2 em lugar das 4 e -4, por exemplo? Note também que a largura das ordens de difração depende do tamanho da rede: se a rede for menor ou maior, o envelope (e a relação da intensidade entre as ordens de difração) não muda, já que ele só depende do tamanho das fendas, mas a largura das ordens (a meia altura) fica maior ou menor, respectivamente, como ilustrado na Fig. 5.24.

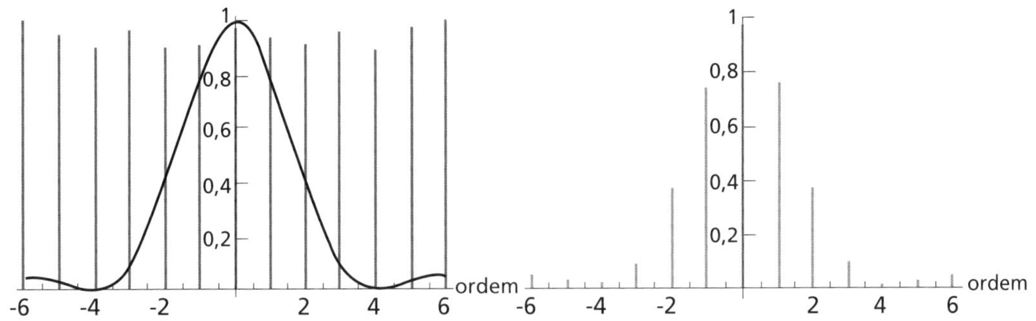

Fig. 5.23 Representação matemática da intensidade da difração da luz da rede representada na Fig. 5.22, para $s = 2{,}5\ \mu$m, $p = 10\ \mu$m, $N = 100$ e $\lambda = 0{,}63\ \mu$m. Na figura da esquerda, mostra-se a rede (normalizada sobre N^2) e o envelope superpostos, enquanto que na figura da direita vemos a rede completa, normalizada sobre o valor da ordem central

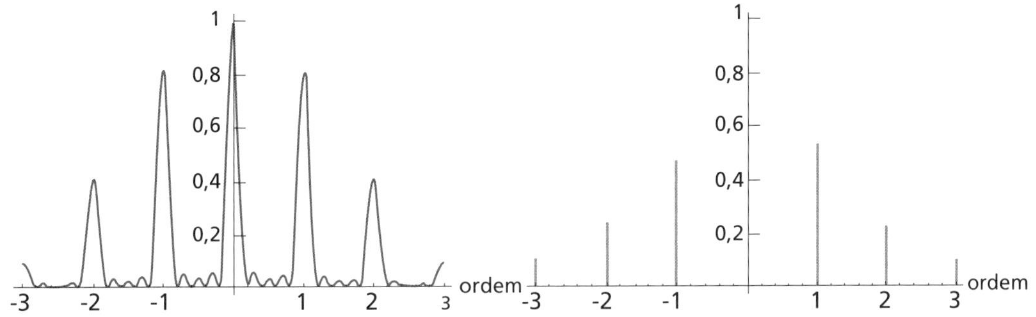

Fig. 5.24 Padrão de difração representado na Fig. 5.23, mas para $N = 5$ (esquerda) e $N = 500$ (direita), com ordens de difração com larguras de 0,2 e 0,002 (em frações de período), respectivamente

5.6.3 Difração de uma rede senoidal de fase

Estudemos o caso de uma rede com transmitância complexa da forma:

$$t(x) = e^{i\frac{m}{2}\operatorname{sen}(2\pi f_0 x)} \tag{5.162}$$

onde m representa a modulação em fase (pico a pico) da rede. Para calcular a difração da luz por essa rede, podemos usar a relação:

$$e^{i\frac{m}{2}\operatorname{sen}(2\pi f_0 x)} = \cos\left(\frac{m}{2}\operatorname{sen}(2\pi f_0 x)\right) + i\operatorname{sen}\left(\frac{m}{2}\operatorname{sen}(2\pi f_0 x)\right) \tag{5.163}$$

e a conhecida propriedade das funções de Bessel:

$$\begin{aligned}\cos\left(\frac{m}{2}\operatorname{sen}(2\pi f_0 x)\right) &= J_0\left(\frac{m}{2}\right) + 2J_2\left(\frac{m}{2}\right)\cos(2\pi(2)f_0 x) \\ &\quad + 2J_4\left(\frac{m}{2}\right)\cos(2\pi(4)f_0 x) + \cdots \qquad (5.164) \\ &= J_0\left(\frac{m}{2}\right) + 2J_2\left(\frac{m}{2}\right)\frac{e^{i2\pi(2)f_0 x} + e^{-i2\pi(2)f_0 x}}{2} \\ &\quad + 2J_4\left(\frac{m}{2}\right)\frac{e^{i2\pi(4)f_0 x} + e^{-i2\pi(4)f_0 x}}{2} + \cdots \qquad (5.165)\end{aligned}$$

e similarmente para:

$$\operatorname{sen}\left(\frac{m}{2}\operatorname{sen}(2\pi f_0 x)\right) = 2J_1\left(\frac{m}{2}\right)\operatorname{sen}(2\pi f_0 x) + 2J_3\left(\frac{m}{2}\right)\operatorname{sen}(2\pi(3)f_0 x) + \cdots \quad (5.166)$$

$$= 2J_1\left(\frac{m}{2}\right)\frac{e^{i2\pi f_0 x} - e^{-i2\pi f_0 x}}{2i} + 2J_3\left(\frac{m}{2}\right)\frac{e^{i2\pi(3)f_0 x} - e^{-i2\pi(3)f_0 x}}{2i} + \cdots \quad (5.167)$$

Sabendo que se verifica:

$$J_{-n}(x) = (-1)^n J_n(x) \quad (5.168)$$

podemos escrever:

$$t(x) = \sum_{n=-\infty}^{+\infty} J_n\left(\frac{m}{2}\right) e^{i2\pi n f_0 x} \qquad n : \text{inteiro} \quad (5.169)$$

Fazendo a TF, teremos as ordens de difração para $f_x = \frac{\xi}{\lambda z}$:

$$TF\{t(x)\} = \sum_{n=-\infty}^{+\infty} J_n\left(\frac{m}{2}\right)\delta(f_x - nf_0) \quad (5.170)$$

onde ξ é a coordenada correspondente a x, no plano de observação, com a interessante propriedade:

$$I(f) \propto |\, TF\{t(x)\}\,|^2 = \sum_{n=-\infty}^{+\infty} J_n\left(\frac{m}{2}\right)^2 = 1 \quad (5.171)$$

para quaisquer m, o que significa que a soma da intensidade de todas as ordens de difração vale o total da luz incidente, o que já era de se esperar, por se tratar de uma rede puramente de fase, sem absorção da luz.

5.6.4 Difração por uma rede de fase retangular

Vamos calcular a difração da luz numa rede de fase retangular, como ilustrado na Fig. 5.25. Primeiro precisamos formular matematicamente a expressão da transmitância complexa dessa rede:

$$t(x) = Ш\left(\frac{x}{p}\right) * \left[\operatorname{rect}\left(\frac{x}{s}\right) e^{i2\pi \ell n/\lambda} + \left(\operatorname{rect}\left(\frac{x}{p-s}\right) e^{i2\pi \ell/\lambda}\right) * \delta(x - p/2)\right] \quad (5.172)$$

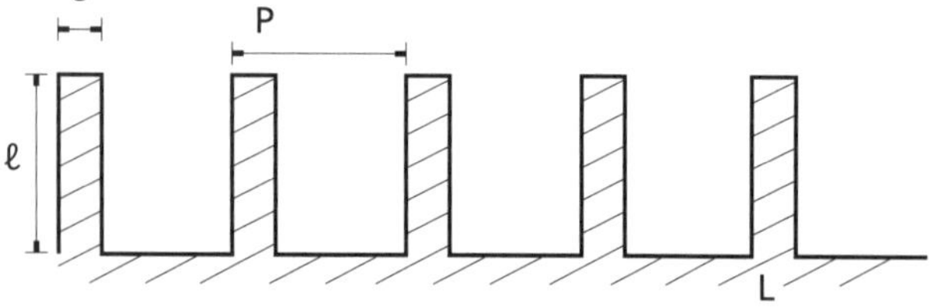

Fig. 5.25 Rede de difração de fase com perfil retangular, com período p e porções retangulares de largura s, altura ℓ e índice de refração n do material da rede, estando ela no ar

Para calcular a difração de uma luz uniforme incidindo normalmente à rede, faz-se o cálculo da TF de $t(x)$:

$$T(f) = TF\{t(x)\} = p\, Ш(pf)\, e^{i2\pi\ell/\lambda} \times \left[s \operatorname{sinc}(sf)\, e^{i2\pi\ell(n-1)/\lambda} + (p-s)\operatorname{sinc}(f(p-s))\, e^{-i2\pi pf/2}\right] \quad (5.173)$$

$$I(f) \propto |\, T(f)\,|^2 = p^2\, Ш(pf)\, \operatorname{Env}(f) \quad (5.174)$$

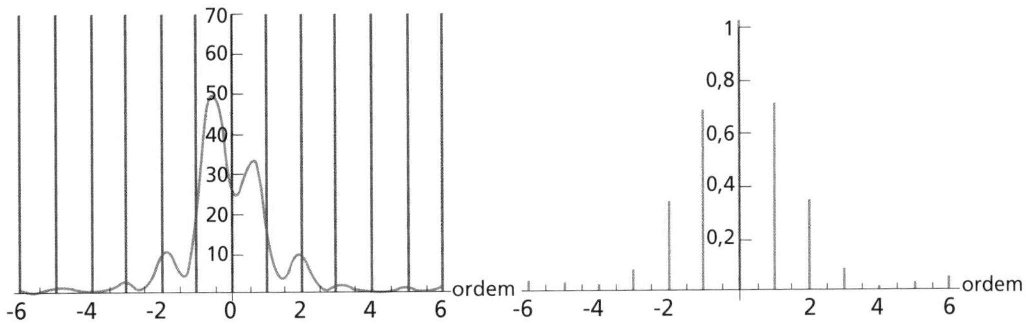

Fig. 5.26 Difração por uma rede retangular de fase como ilustrada na Fig. 5.25. Na figura da esquerda, mostram-se o envelope e as ordens de difração, e na figura da direita vemos a intensidade difratada total, representada pela Eq. (5.174), normalizada sobre a intensidade da ordem central

$$\begin{aligned}\mathrm{Env}(f) \equiv\ & s^2\mathrm{sinc}^2(sf) + (p-s)^2\mathrm{sinc}^2((p-s)f) \\ & + 2s(p-s)\mathrm{sinc}(sf)\,\mathrm{sinc}((p-s)f)\,\cos\left(2\pi\left(\frac{\ell(n-1)}{\lambda} - \frac{p}{2}f\right)\right)\end{aligned} \tag{5.175}$$

O envelope $\mathrm{Env}(f)$ com a posição das ordens de difração e a rede resultante estão em gráfico na Fig. 5.26, para o caso de $s = 2{,}5\mu\mathrm{m}$, $p = 10\mu\mathrm{m}$, $\ell = 0{,}9\lambda$, $N = 100$ e $\lambda = 0{,}633\mu\mathrm{m}$.

Note que, embora o envelope seja assimétrico, a intensidade das ordens simetricamente dispostas de um lado e do outro da ordem central é perfeitamente (verifique!) simétrica, o que parece razoável, já que a rede propriamente dita é simétrica.

Nesse caso, como no da rede de amplitude da Fig. 5.22, a relação das intensidades das diferentes ordens está controlada pelo envelope. Esse envelope, porém, depende da natureza e da geometria da rede, e no caso de uma rede de fase, é possível encontrar as condições para anular a ordem central (quais são?), coisa impossível para o caso de uma rede de amplitude.

5.6.5 Difração por uma rede *blazed* por transmissão

A Fig. 5.27 mostra uma rede de difração de fase com perfil do tipo "dente de serra", período Δ e ângulo α de inclinação dos "dentes". Essa rede é normalmente feita por gravação com uma ponta de diamante sobre um substrato que depois é metalizado. Nesse caso, a rede é utilizada em reflexão. Para nosso problema, podemos imaginar que os dentes são feitos de vidro com $n = 1{,}5$, por exemplo,

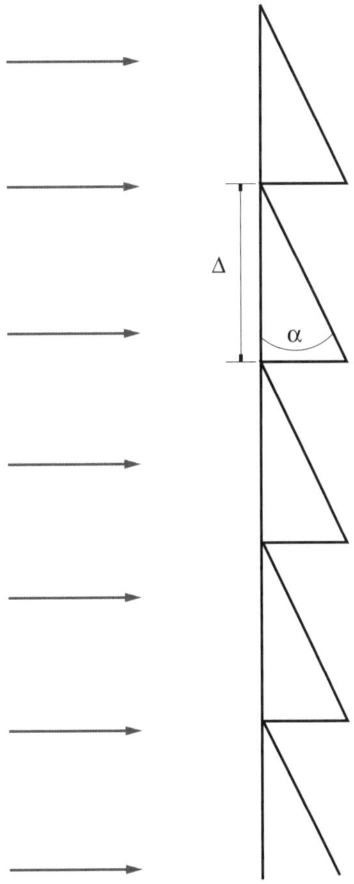

Fig. 5.27 Rede *blazed* de transmissão de fase com "dentes" de vidro, com índice de refração $n = 1{,}5$, no ar (n=1)

rodeados por ar (com $n = 1$), e, por ser transparente, podemos utilizar a rede em transmissão. O primeiro passo é descrever a transmitância complexa dessa rede:

$$t(x) = [\text{Ш}(x/\Delta)\text{rect}(x/L)] * \left[\text{rect}\left(\frac{x-\Delta/2}{\Delta}\right) e^{i2\pi((n-1)x\,\text{tg}\,\alpha + \Delta\,\text{tg}\,\alpha)/\lambda}\right] \tag{5.176}$$

onde o pente de Dirac representa a periodicidade da rede e o tamanho da rede está determinado pela função rect(x/L). Para calcular a difração na aproximação de Fraunhofer, temos que calcular a TF da transmitância:

$$T(f) = e^{i2\pi\Delta\,\text{tg}\,\alpha)/\lambda}\,\Delta^2 L\,[\text{Ш}(\Delta f_x) * \text{sinc}(Lf_x)] \left[\left(\text{sinc}(\Delta f_x)\,e^{-i2\pi\Delta/2f_x}\right) * \delta(f_x - (n-1)\,\text{tg}\,\alpha/\lambda)\right] \tag{5.177}$$

$$= \Delta^2 L \left[\sum_{n=-\infty}^{+\infty} \text{sinc}(L(f_x - n/\Delta))\right] \left[\text{sinc}(\Delta(f_x - (n-1)\,\text{tg}\,\alpha/\lambda))\,e^{-i2\pi\Delta/2(f_x - (n-1)\,\text{tg}\,\alpha/\lambda)}\right] \tag{5.178}$$

Supondo que $L \gg \Delta$, a intensidade será:

$$\begin{aligned} I(f_x) &\propto |T(f_x)|^2 \\ &\propto \left[\sum_{n=-\infty}^{+\infty} \text{sinc}(L(f_x - n/\Delta))\right]^2 \left|\text{sinc}(\Delta(f_x - (n-1)\,\text{tg}\,\alpha/\lambda))\,e^{-i2\pi\Delta/2(f_x - (n-1)\,\text{tg}\,\alpha/\lambda)}\right|^2 \\ &\propto \left[\sum_{n=-\infty}^{+\infty} \text{sinc}(L(f_x - n/\Delta))\right]^2 \text{sinc}^2(\Delta(f_x - (n-1)\,\text{tg}\,\alpha/\lambda)) \\ &\propto \left[\sum_{n=-\infty}^{+\infty} \text{sinc}^2(L(f_x - n/\Delta))\right] \text{sinc}^2(\Delta(f_x - (n-1)\,\text{tg}\,\alpha/\lambda)) \end{aligned} \tag{5.179}$$

Essa fórmula significa que:

- temos uma sucessão infinita de linhas com forma de sinc^2, espaçadas de $1/\Delta$ e de largura $1/L$;
- essa sucessão de linhas está limitada por uma envolvente com forma de sinc^2, centrada em $f_x = (n-1)\,\text{tg}\,\alpha/\lambda$ e cuja largura é $1/\Delta$

como ilustrado na Fig. 5.28 para $\alpha = 0{,}175$ rad.

Nas mesmas condições anteriores, quanto deve valer α para que toda (ou quase toda) a luz seja difratada numa direção apenas – por exemplo, na primeira ordem (+1) de difração? Nesse caso, a envolvente deve estar centrada em $f_x = 1/\Delta$, ou seja:

$$f_x = (n-1)\,\text{tg}\,\alpha/\lambda = 1/\Delta \tag{5.180}$$

$$(n-1)\,\text{tg}\,\alpha = \lambda/\Delta = 0{,}633/10 = 0{,}0633 \tag{5.181}$$

$$\text{ou seja: } \alpha \approx 0{,}126 \text{ rad} \tag{5.182}$$

como ilustrado na Fig. 5.29.

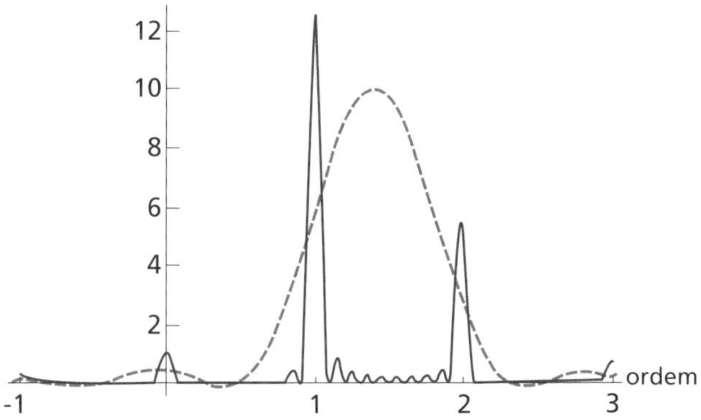

Fig. 5.28 Espectro de uma rede *blazed* de fase, como indicada na Fig. 5.27, com as ordens normalizadas sobre o valor da ordem "zero" (curva contínua), com a curva tracejada representando apenas o envelope. Nesse caso, $\Delta = 10\,\mu$m, $L = 100\,\mu$m e $\lambda = 0{,}633\,\mu$m, para $\alpha = 0{,}175$ rad

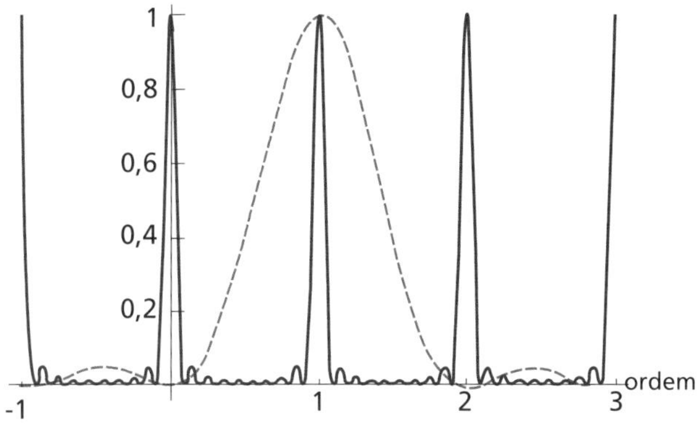

Fig. 5.29 Linhas das ordens de difração (curva contínua) e envolvente (tracejada) de uma rede *blazed* nas mesmas condições que na Fig. 5.28 mas para $\alpha = 0{,}126$ rad.

5.7 Transformação de Fourier pelas lentes

As lentes permitem tratar o problema da difração como um problema de transformação de Fourier, mesmo para o caso da difração nas condições da aproximação de Fresnel. Em condições especiais, elas ainda podem eliminar a presença do termo de fase que, mesmo na aproximação de Fraunhofer (ver seção 5.4.3), impede que a difração seja tratada como uma TF exata. O uso das lentes como instrumentos para realizar a TF faz parte dos fundamentos da Óptica de Fourier (Goodman, 1968), que abriu o caminho para o processamento puramente óptico de imagens e de sinais em duas dimensões.

5.7.1 Lente fina: transformação de fase

Atraso de fase na onda ao atravessar uma lente como a da Fig. 5.30:

$$\phi(x,y) = kn\Delta(x,y) + k[\Delta_o - \Delta(x,y)]$$

Se a lente for fina:

$$t(x,y) = e^{ik\Delta_o}\, e^{ik(n-1)\Delta(x,y)}$$

$$U_t(x,y) = U_i(x,y)t(x,y)$$

Aproximação paraxial:

$$\Delta(x,y) \approx \Delta_o - \frac{x^2+y^2}{2}\left(\frac{1}{R_1} - \frac{1}{R_2}\right)$$

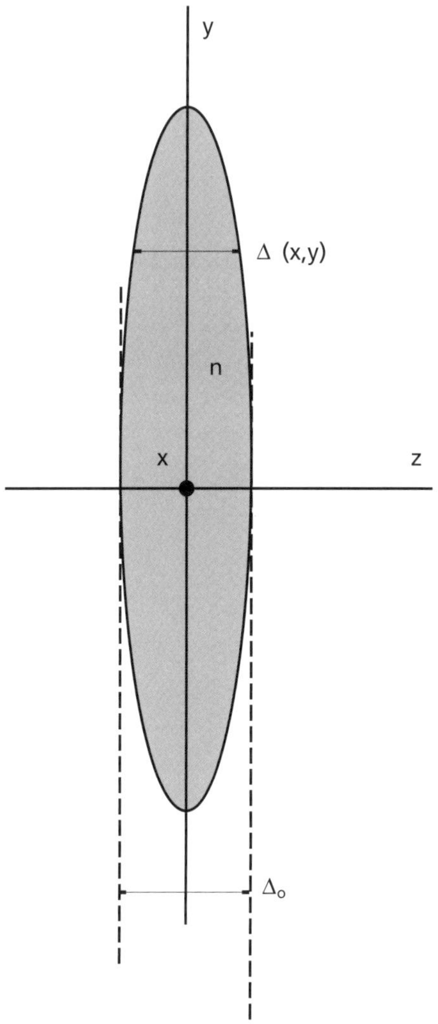

Fig. 5.30 Atraso de fase numa lente

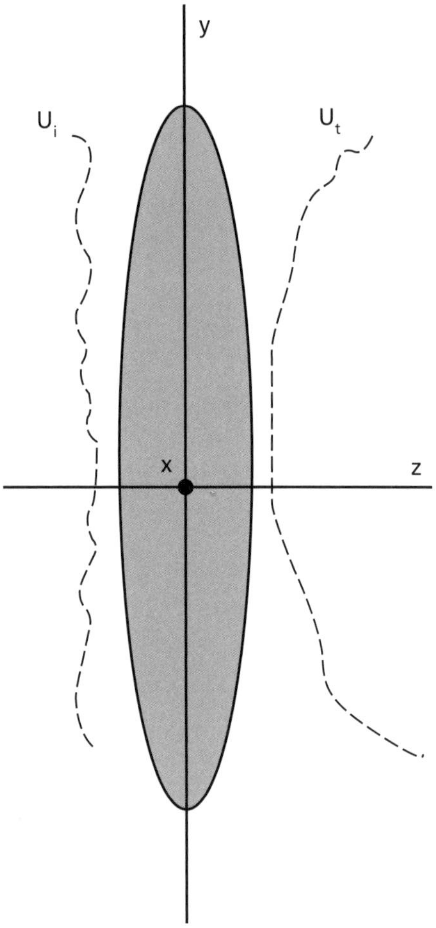

Fig. 5.31 Significação física

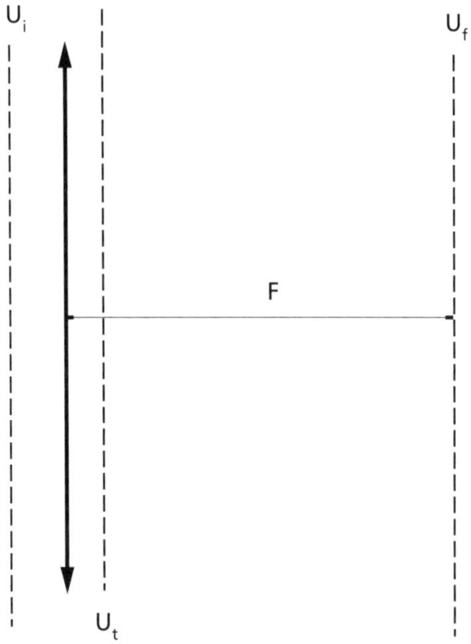

Fig. 5.32 Objeto encostado na entrada da lente

$$t(x,y) = e^{iknΔ_o}\, e^{-i\frac{k}{2F}(x^2+y^2)}$$

definindo: $$\frac{1}{F} = (n-1)\left(\frac{1}{R_1} - \frac{1}{R_2}\right)$$

Pelos cálculos simples apresentados, fica claro que uma lente pode ser considerada um sistema que transforma apenas a fase da onda que por ela passa.

Significação física

A Fig. 5.31 descreve o efeito da lente (suposta infinitamente fina) sobre a onda incidente U_i, que é transformada na onda transmitida U_t ao passar pela lente representada pela sua transmitância complexa $t(x,y)$:

$$U_t(x,y) \;=\; U_i(x,y)t(x,y) \qquad \textbf{(5.183)}$$

Supondo que a onda incidente seja uma onda plana:

$$U_i = 1 \qquad \textbf{(5.184)}$$

a onda transmitida depois da lente será:

$$U_t(x,y) = e^{iknΔ_o}\, e^{-i\frac{k}{2F}(x^2+y^2)} \qquad \textbf{(5.185)}$$

A segunda exponencial à direita representa a aproximação paraxial de uma onda esférica, sendo que, se F for positivo, a onda será convergente; se F for negativo, a onda será divergente. Verifique a aproximação paraxial partindo de uma onda esférica $\frac{e^{ikr}}{r}$, onde $r \equiv \sqrt{z^2+x^2+y^2}$.

5.7.2 Objeto encostado na entrada da lente

A Fig. 5.32 representa uma onda U_i encostada no plano de entrada da lente, sendo transmitida (U_t) por ela e, depois, vista como U_f no plano focal da lente, a uma distância F. Podemos imaginar que a onda incidente seja uma onda plana uniforme, de amplitude A, incidindo normalmente numa transparência complexa $t_o(x,y)$ (que representa a informação óptica a ser processada), de forma a se poder escrever:

$$U_i(x,y) = At_o(x,y) \qquad \textbf{(5.186)}$$

No plano da lente, imediatamente depois dela, temos:

$$U_t(x,y) = At_o(x,y)t(x,y)P(x,y) \qquad \textbf{(5.187)}$$

$$= \left[At_o(x,y)\, e^{-i\frac{k}{2F}(x^2+y^2)} \right] P(x,y)$$

onde o termo de fase, $e^{ikn\Delta_o}$, foi omitido por ser constante. A função:

$$P(x,y) = 1 \qquad x,y \text{ dentro da lente}$$

$$= 0 \qquad x,y \text{ fora}$$

representa a pupila da lente. No plano focal da lente, na aproximação de Fresnel da Eq. (5.143), podemos escrever:

$$U(x_F,y_F) = U(\lambda F f_x, \lambda F f_y) = \frac{e^{i\frac{k}{2F}(x_F^2+y_F^2)}}{i\lambda F} \times$$

$$\iint_{-\infty}^{+\infty} \left[At_o(x,y)\, e^{-i\frac{k}{2F}(x^2+y^2)} P(x,y) \right] e^{i\frac{k}{2F}(x^2+y^2)}\, e^{-i\frac{2\pi}{\lambda F}(x_F x + y_F y)}\, dx\, dy$$

$$U(x_F,y_F) = \frac{e^{i\frac{k}{2F}(x_F^2+y_F^2)}}{i\lambda F} F_t(f_x,f_y) \qquad \textbf{(5.188)}$$

onde o termo exponencial constante $e^{ikn\Delta_o}$ foi omitido, sendo:

$$F_t(f_x,f_y) \equiv \mathrm{TF}\{U_t(x,y)\} = A\ \mathrm{TF}\{t_o(x,y)\} * \mathrm{TF}\{P(x,y)\} \qquad \textbf{(5.189)}$$

Mas se $P(x,y)$ for uma função "larga", então:

$$\mathrm{TF}\{P(x,y)\} \approx \delta(f_x,f_y) \qquad \textbf{(5.190)}$$

em cujo caso podemos aproximar:

$$A\ \mathrm{TF}\{t_o(x,y)\} * \mathrm{TF}\{P(x,y)\} \approx A\ \mathrm{TF}\{t_o(x,y)\} = AF_o(f_x,f_y) \qquad F_o \equiv \mathrm{TF}\{t_o(x,y)\} \qquad \textbf{(5.191)}$$

resultando, assim:

$$F_t(f_x,f_y) \approx A\ \mathrm{TF}\{t_o(x,y)\} = AF_o(f_x,f_y) \qquad \textbf{(5.192)}$$

Levando em conta a aproximação da Eq. (5.191), a intensidade vale:

$$I_F(\lambda F f_x, \lambda F f_y) = \frac{A^2}{\lambda^2 F^2} \mid TF\{t_o(x,y)\} \mid^2$$

$$f_x = \frac{x_F}{\lambda F} \qquad f_y = \frac{y_F}{\lambda F}$$

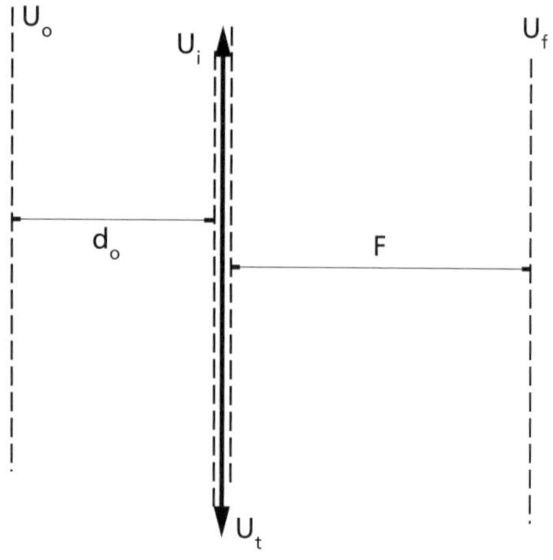

Fig. 5.33 Objeto antes da lente

5.7.3 Objeto antes da lente

A Fig. 5.33 representa uma onda $U_o(x_o,y_o) = At_o(x_o,y_o)$ produzida pela mesma transparência, mas agora colocada a uma distância d_o antes da lente. Sua TF no plano objeto será:

$$\begin{aligned} F_o(f_x,f_y) &= \mathrm{TF}\{U_o(x_o,y_o)\} \\ &= A\mathrm{TF}\{t_o(x_o,y_o)\} \end{aligned} \quad (5.193)$$

e no plano de entrada da lente:

$$F_i(f_x,f_y) = \mathrm{TF}\{U_i(x,y)\} \quad (5.194)$$

Considerando a propagação de (x_0,y_0) até o plano de entrada da lente, em termos do espectro angular de ondas planas (ver seção 5.3.2), que pode ser representada pela função de transferência definida na Eq. (5.97), podemos escrever:

$$F_i(f_x,f_y) = F_o(f_x,f_y)H(f_x,f_y) \quad (5.195)$$

e aproximando H para as condições paraxiais:

$$H = e^{i2\pi d_o\sqrt{1/\lambda^2 - \alpha^2/\lambda^2 - \beta^2/\lambda^2}} \approx e^{i2\pi d_o/\lambda}\, e^{-i\pi\lambda d_o(f_x^2+f_y^2)} \quad (5.196)$$

calculamos a amplitude complexa no plano focal:

$$U_F(x_F,y_F) = \frac{e^{i\frac{k}{2F}(x_F^2+y_F^2)}}{i\lambda F} F_i(f_x,f_y) \quad (5.197)$$

$$U_F(x_F,y_F) \approx \frac{e^{i\frac{k}{2F}(x_F^2+y_F^2)}}{i\lambda F} F_o(f_x,f_y)\, e^{i2\pi d_o/\lambda}\, e^{-i\pi\lambda d_o(f_x^2+f_y^2)} \quad (5.198)$$

$$U_F(x_F,y_F) \approx e^{i2\pi d_o/\lambda^2}\, \frac{e^{i\frac{k}{2F}(1-\frac{d_o}{F})(x_F^2+y_F^2)}}{i\lambda F} F_o(f_x,f_y) \quad (5.199)$$

$$U_F(x_F,y_F) = e^{i2\pi d_o/\lambda^2}\, \frac{e^{i\frac{k}{2F}(1-\frac{d_o}{F})(x_F^2+y_F^2)}}{i\lambda F} \quad (5.200)$$
$$\times A \int\int_{-\infty}^{+\infty} t_o(x_o,y_o)P(x_o+\frac{d_o}{F}x_F, y_o+\frac{d_o}{F}y_F)\, e^{-i2\pi(x_o\frac{x_F}{\lambda F}+y_o\frac{y_F}{\lambda F})}\, dx_o\, dy_o$$

Esse resultado representa a TF da transparência, limitada pela pupila da lente centrada no sistema de coordenadas no plano de observação e projetada ("vignetagem") sobre a transparência em questão, além de um termo exponencial que depende do ponto de observação e que desaparece se consideramos apenas a intensidade da difração, e não sua amplitude complexa.

Objeto no plano focal anterior

Nesse caso, podemos escrever $d_o = F$, que substituímos na Eq. (5.200), que fica assim:

$$U_F(x_F,y_F) = A\int\int_{-\infty}^{+\infty} t_o(x_o,y_o)P(x_o+x_F,y_o+y_F)e^{-i2\pi(x_o\frac{x_F}{\lambda F}+y_o\frac{y_F}{\lambda F})}\,dx_o\,dy_o \quad \textbf{(5.201)}$$

que representa a verdadeira TF em amplitude e fase, com a "vignetagem" representada pela projeção da pupila da lente, lembrando que o fator $e^{i2\pi d_o/\lambda^2}$ foi eliminado por ser constante.

5.7.4 Objeto depois da lente

Nesse caso (Fig. 5.34), mesmo que a onda incidente na lente seja plana e de amplitude A, ao iluminar a transparência no plano (x_o,y_o) depois da lente, ela fica esférica convergente, cuja aproximação paraxial nos permite escrever:

$$P(x,y) \Longrightarrow P\left(x_o\frac{F}{d},y_o\frac{F}{d}\right) \quad \textbf{(5.202)}$$

$$A \Longrightarrow A\frac{F}{d}e^{-i\frac{k}{2d}(x_o^2+y_o^2)} \quad \textbf{(5.203)}$$

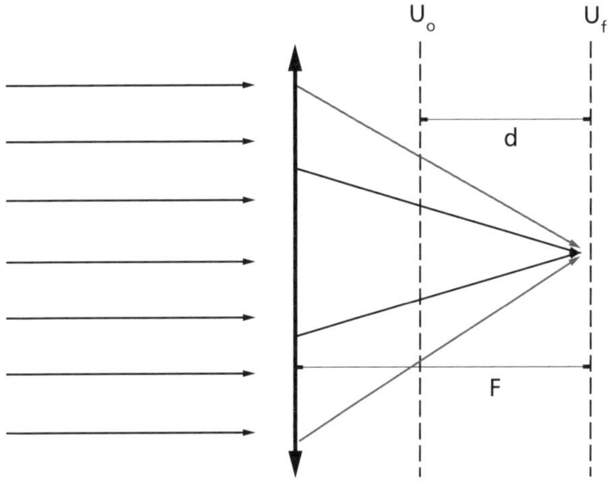

Fig. 5.34 Objeto depois da lente

e a onda U_o fica, então:

$$U_o(x_o,y_o) = \left[\frac{AF}{d}t_o(x_o,y_o)e^{-i\frac{k}{2d}(x_o^2+y_o^2)}\right] \quad \textbf{(5.204)}$$

e na aproximação da difração de Fresnel, resulta:

$$U_F(x_F,y_F) = \frac{e^{i\frac{k}{2d}(x_F^2+y_F^2)}}{i\lambda d}\times$$
$$\int\int_{-\infty}^{+\infty}\left[U_o(x_o,y_o)e^{i\frac{k}{2d}(x_o^2+y_o^2)}\right]P\left(x_o\frac{F}{d},y_o\frac{F}{d}\right)e^{-i2\pi\left(x_o\frac{x_F}{\lambda d}+y_o\frac{y_F}{\lambda d}\right)}dx_o dy_o$$
$$\textbf{(5.205)}$$

Simplificando:

$$U_F(x_F,y_F) = A\frac{F}{d}\frac{e^{i\frac{k}{2d}(x_F^2+y_F^2)}}{i\lambda d}\times$$
$$\int\int_{-\infty}^{+\infty}t_o(x_o,y_o)P\left(x_o\frac{F}{d},y_o\frac{F}{d}\right)e^{-i2\pi\left(x_o\frac{x_F}{\lambda d}+y_o\frac{y_F}{\lambda d}\right)}dx_o dy_o \quad \textbf{(5.206)}$$

que se pode simbolizar como:

$$U_F(\lambda d f_x,\lambda d f_y) = A\frac{F}{d}\frac{e^{i\frac{k}{2d}(x_F^2+y_F^2)}}{i\lambda d}\left[\mathrm{TF}\left\{t_o(x_o,y_o)P\left(x_o\frac{F}{d},y_o\frac{F}{d}\right)\right\}\right]_{f_x=\frac{x_F}{\lambda d},f_y=\frac{y_F}{\lambda d}} \quad \textbf{(5.207)}$$

5.7.5 Dupla transformação de Fourier

A Fig. 5.35 representa um esquema de dupla transformação de Fourier, com o plano objeto no plano focal anterior da primeira lente sendo iluminado com luz paralela, a TF do objeto localizada no plano focal F e a transformada da TF, no plano focal posterior da segunda lente e que representa a imagem (real e invertida) do objeto, como se pode verificar por um simples traçado de raios.

$$F = \mathrm{TF}\{O\} \qquad I(x,y) = \mathrm{TF}\{F\} = \mathrm{TF}\{\mathrm{TF}\{O\}\} = O(-x,-y) \tag{5.208}$$

O fato de que no plano focal da primeira lente temos a TF da onda-objeto foi discutido e demonstrado ao longo desta seção. Já o fato de no plano imagem I se formar a TF do plano focal F, via segunda lente, merece uma explicação. A primeira lente produz a TF do plano O sobre o plano F, mas a diferença entre uma TF e uma TF^{-1} (inversa) está dada apenas pelo sinal da exponencial $e^{\pm i2\pi t\nu}$, como indicado no Apêndice B. Se observamos apenas o plano focal F, a segunda lente e o plano I, mas olhamos na direção oposta, isto é, primeiro o plano I, depois a lente e, finalmente, o plano F, temos uma situação exatamente igual à do primeiro conjunto plano O-primeira lente-F, exceto pelo fato de que o sentido dos raios está invertido. Uma inversão na direção da propagação da luz, porém, significa uma inversão no sinal da exponencial, que caracteriza a TF, como indicado na Eq. (5.185). Ou seja, que na sequência I-lente-F, temos uma TF^{-1}, o que significa que na sequência oposta (original) F-lente-I, teremos um TF direta. Assim, podemos justificar, heuristicamente, a Eq. (5.208).

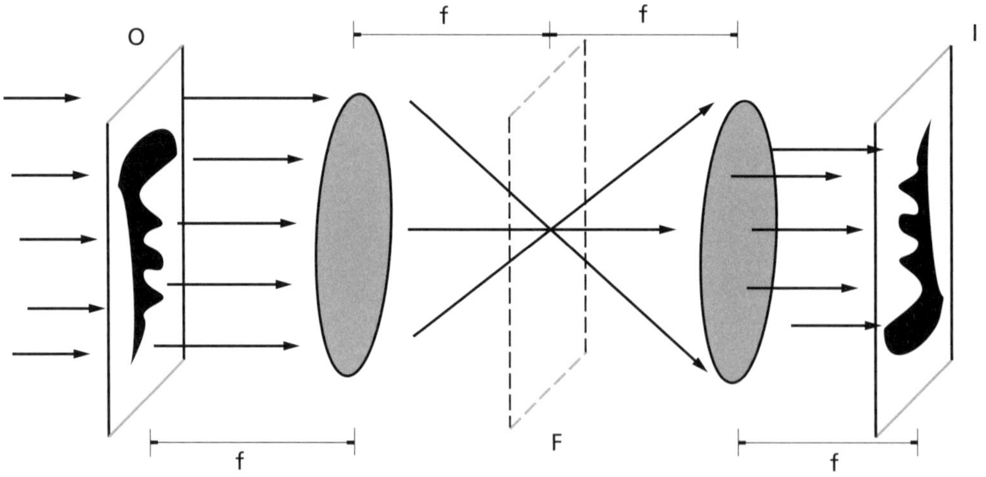

Fig. 5.35 Dupla TF: O-plano objeto; F-plano de Fourier; I-plano imagem; f-distância focal

O fato de que, na Fig. 5.35, o plano I é a imagem, real e invertida, do objeto no plano O, está em perfeito acordo com a relação $I(x,y) = O(-x,-y)$ na Eq. (5.208) e não constitui novidade alguma. A novidade aqui é a constatação de que o plano focal é, de fato, a TF do objeto, o que abre a possibilidade de modificar as imagens, atuando sobre o plano focal ou plano de Fourier. Esse será o assunto da próxima seção.

5.7.6 Processamento de imagens

Trata-se de modificar a imagem de um objeto por meio de manipulações de sua TF numa montagem de dupla TF. Um exemplo desse tipo de manipulação é a "suavização" ou o "endurecimento" de uma imagem. Se eliminarmos as altas frequências espaciais (responsáveis pelas linhas de grande contraste) e ficarmos apenas com as baixas, como ilustrado na Fig. 5.36, ficaremos com uma imagem sem linhas definidas e com variações suaves. Por outro lado, se cortarmos as frequências mais baixas e ficarmos com as maiores, a imagem ficará com contornos muito definidos, isto é, mais "dura", como ilustrado na Fig. 5.37.

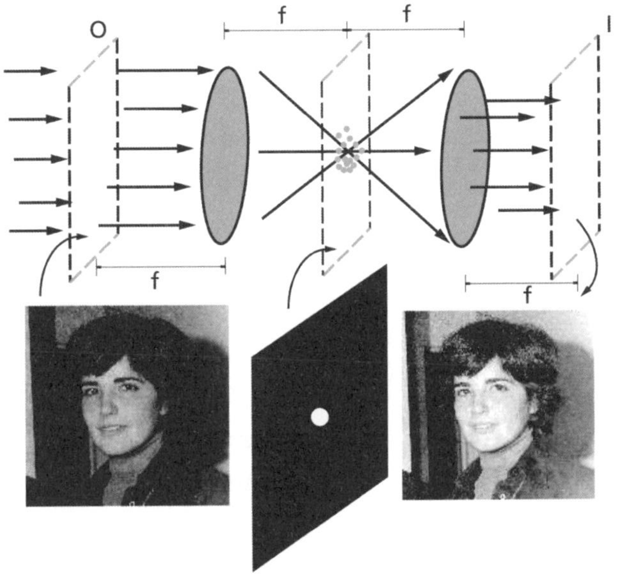

Fig. 5.36 Um filtro no plano de Fourier permite passar apenas as frequências espaciais mais baixas, resultando uma imagem "suavizada", ou seja, com poucas linhas definidas

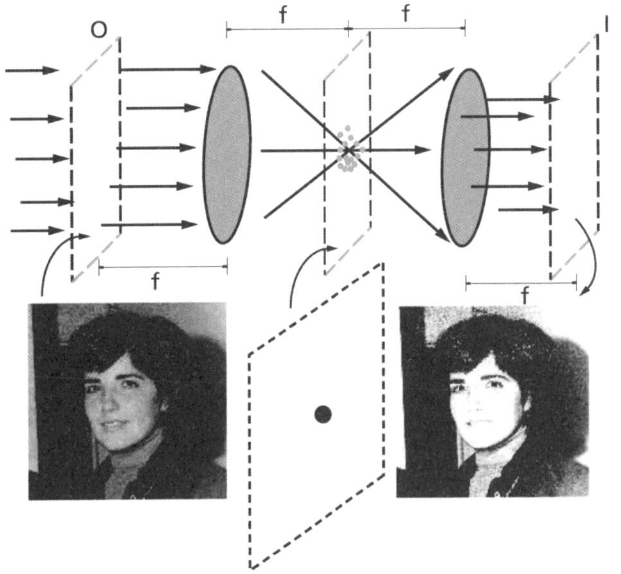

Fig. 5.37 Um filtro no plano de Fourier bloqueia as frequências espaciais baixas e deixa passar as maiores, resultando uma imagem com poucas nuances e contornos bem definidos

Multiplexação espacial

Outro exemplo de processamento de imagens é a chamada multiplexação espacial, que é em tudo semelhante à que se faz no espaço temporal com sinais de rádio e similares.

Podemos gravar imagens espacialmente moduladas ou codificadas, projetando simultaneamente o objeto com um retículo que ficará associado a esse objeto. Por exemplo, a Fig. 5.38 simula uma imagem $g_1(x,y)$ gravada junto com uma rede retangular $\text{Ш}_1(x,y)$, resultando uma transmitância:

$$t(x,y) = g_1(x,y)\,\text{Ш}_1(x,y) \tag{5.209}$$

cujo espectro de Fourier é:

$$T(f_x,f_y) = G_1(f_x,f_y) * \text{Ш}_1(f_x,f_y) \tag{5.210}$$

onde:

$$T(f_x,f_y) = \text{TF}\{t(x,y)\} \quad G_1(f_x,f_y) = \text{TF}\{g_1(x,y)\} \quad \text{Ш}_1(f_x,f_y) = \text{TF}\{\text{Ш}_1(x,y)\} \tag{5.211}$$

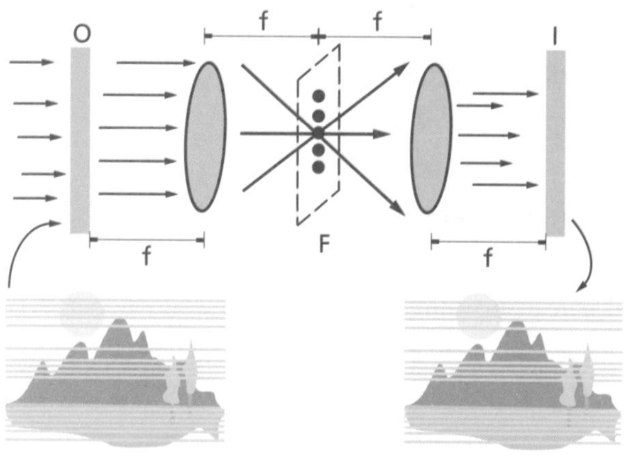

Fig. 5.38 Imagem de uma foto modulada por uma rede, sem filtrar, produzida por uma montagem de dupla TF

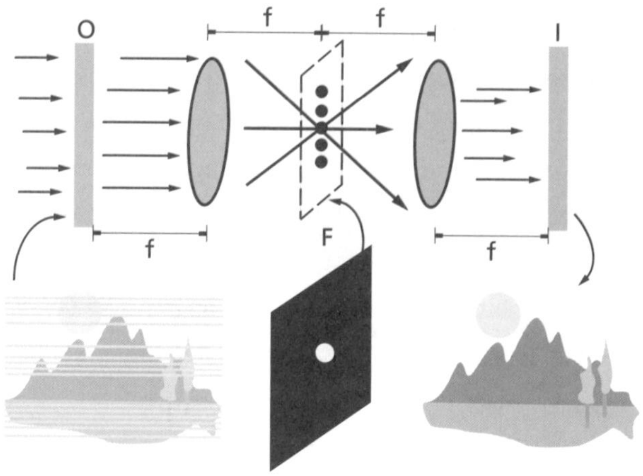

Fig. 5.39 Imagem de uma foto modulada por uma rede, filtrada para deixar passar apenas uma das ordens no plano de Fourier

O espectro aparece ilustrado no plano F da Fig. 5.38 e que representa espectros $G_1(f_x,f_y)$ repetidos, centrados nos deltas de Dirac que compõem o pente $Ш_1\,(f_x,f_y)$. Se deixarmos passar (filtrarmos) apenas um desses espectros repetidos, obteremos a imagem de $g_1(x,y)$ sem a rede:

$$G_1\,Ш_1 \Longrightarrow \text{FILTRO} \Longrightarrow g_1 \qquad \textbf{(5.212)}$$

como representado na Fig. 5.39.

Podemos seguir gravando sucessivamente novas imagens com seus respectivos retículos (diferentes), resultando numa transmitância complexa da forma:

$$t(x,y) = g_1(x,y)\,Ш_1(x,y) + g_2(x,y)\,Ш_2(x,y) + g_3(x,y)\,Ш_3(x,y) + \cdots \qquad \textbf{(5.213)}$$

e cujo espectro de Fourier está representado pela Eq. (5.214):

$$\begin{aligned} T(f_x,f_y) = {} & G_1(f_x,f_y) * Ш_1\,(f_x,f_y) + G_2(f_x,f_y) \\ & * Ш_2\,(f_x,f_y) + G_3(f_x,f_y) * Ш_3\,(f_x,f_y) + \cdots \end{aligned} \qquad \textbf{(5.214)}$$

A Fig. 5.40 ilustra o caso de duas imagens com suas respectivas redes no plano objeto, sendo filtradas na ordem zero:

$$G_1\,Ш_1 + G_2\,Ш_2 \Longrightarrow \text{FILTRO}_0 \Longrightarrow g_1 + g_2 \qquad \textbf{(5.215)}$$

em cujo caso, no plano imagem, aparecem as duas imagens $g_1(x,y)$ (casa) e $g_2(x,y)$ (paisagem) superpostas, sem as redes.

A Fig. 5.41 ilustra o caso em que o filtro deixa passar apenas uma das ordens horizontais (fora do zero), que está associada à rede que modula a imagem $g_1(x,y)$:

$$G_1\,Ш_1 + G_2\,Ш_2 \Longrightarrow \text{FILTRO}_1 \Longrightarrow g_1 \qquad \textbf{(5.216)}$$

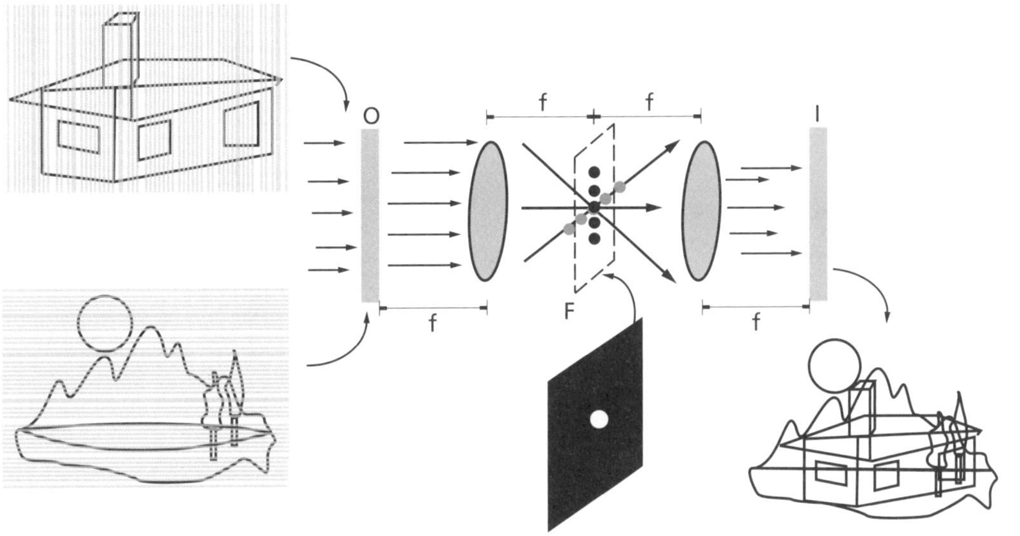

Fig. 5.40 Duas imagens multiplexadas, com filtro no plano de Fourier que deixa passar apenas a ordem zero

e, por isso, apenas essa imagem aparece no plano de saída. Caso similar ocorre com a Fig. 5.42, que ilustra o caso em que o filtro seleciona uma das ordens verticais (fora de zero), que está associada à rede que modula a imagem $g_2(x,y)$:

$$G_1\,\text{Ш}_1 + G_2\,\text{Ш}_2 \Longrightarrow \text{FILTRO}_2 \Longrightarrow g_2 \tag{5.217}$$

razão pela qual apenas essa imagem $g_2(x,y)$ aparece na saída.

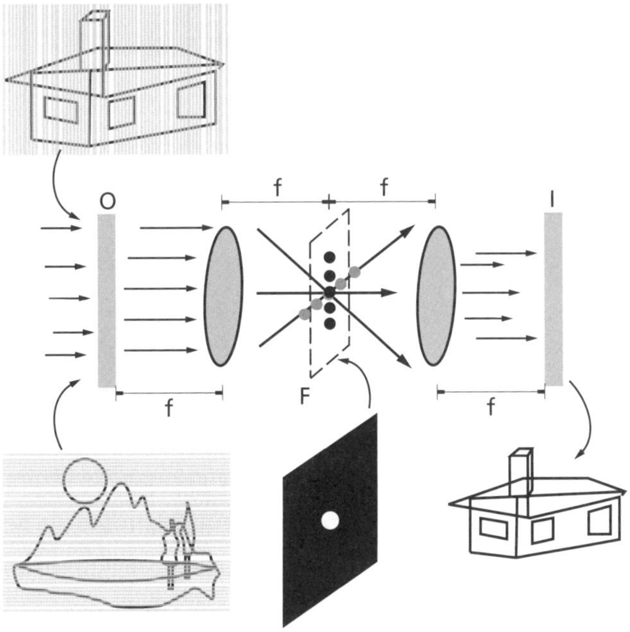

Fig. 5.41 Duas imagens multiplexadas, com filtro no plano de Fourier que deixa passar apenas uma das ordens (não zero) horizontais

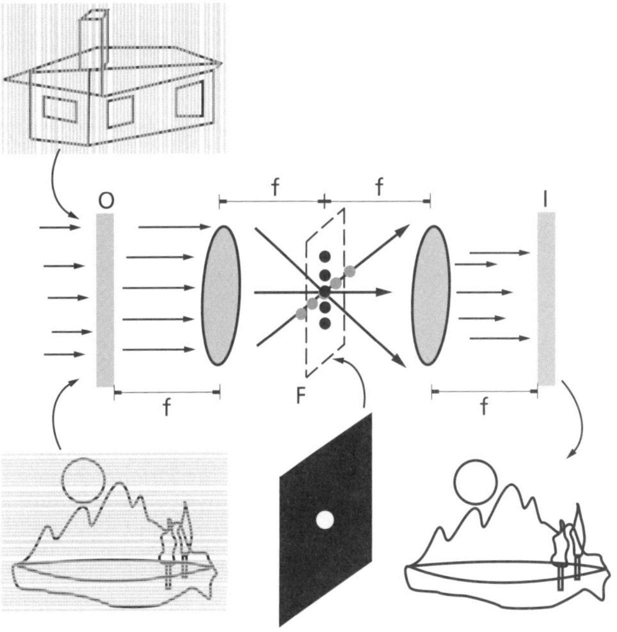

Fig. 5.42 Duas imagens multiplexadas, com filtro no plano de Fourier que deixa passar apenas uma das ordens (não zero) verticais

Podemos seguir gravando imagens sucessivamente, cada uma delas com sua própria rede, com a condição de que cada rede esteja diferentemente orientada ou tenha mesma orientação mas período diferente, para poder filtrar (separar) os diferentes espectros.

5.8 Problemas

Os problemas de difração propostos nesta seção supõem enquadrar-se dentro da aproximação de Fraunhofer, a menos que seja explicitamente indicado o contrário.

5.8.1 Difração por um orifício circular

A mancha de luz (comprimento de onda λ) produzida pela difração num orifício circular de diâmetro D, na aproximação de Fraunhofer, observada num plano à distância L, é a conhecida "figura de Airy" formada por um conjunto de anéis concêntricos.

1. Para o caso de um pequeno orifício com $D = 100\ \mu$m, $L = 1$ m e $\lambda = 0{,}633\ \mu$m, calcule o raio do primeiro anel escuro.

   Resp.: 7,7 mm

2. Como será a mancha de difração para o caso de uma lâmina de vidro, perfeitamente transparente, sobre cuja superfície foi depositada uma microgota metálica de $100\,\mu$m de diâmetro. Se existe alguma dimensão característica na figura de difração, calcule o seu valor.

   Resp: A mesma figura de Airy do caso anterior.

3. Como ficaria essa mancha de difração se, em lugar de uma, fosse um conglomerado dessas gotas, idênticas, discreta e aleatoriamente distribuídas sobre a lâmina.

   Resp: A mesma figura de Airy do caso anterior, com a intensidade multiplicada pelo número de gotas que efetivamente contribuem para a difração.

5.8.2 Fibra óptica monomodo

Uma fibra óptica monomodo (apenas um modo transversal se propaga nela), para luz de $\lambda = 600$ nm, tem um diâmetro efetivo de 3 a $3{,}4\,\mu$m e uma abertura numérica (determinada pelo ângulo de reflexão total da interfase *core-cladding*) NA = sen $\theta = 0{,}16$, onde θ representa o maior ângulo de entrada da luz na fibra para que ela se propague. Quero acoplar nessa fibra a luz de um *laser* de $\lambda = 633$ nm, com distribuição gaussiana e^{-r^2/a^2}, onde $a = 0{,}25$ mm.

	f (mm)	D (mm)	NA
L-6X	40	8	0,1
L-15X	16	8	0,15
L-50X	5	3	0,30
L-65X	3,8	4	0,55

1. Qual das objetivas de microscópio da tabela será a melhor escolha para o acoplamento? Lembre-se de que, numa lente, NA$\approx D/(2f)$, onde f é a distância focal e D é o diâmetro iluminado na pupila da lente, que nem sempre corresponde à própria pupila da lente.

   Resp.: A objetiva L-65X.

2. Como melhorar o acoplamento?

   Resp.: Iluminando a pupila toda da lente.

5.8.3 Difração por um arranjo ordenado de microfuros

Suponha uma estrutura difratante como a ilustrada na Fig. 5.43, cuja mancha de difração corresponde à da Fig. 5.44. Supondo que essa mancha esteja numa escala de 1:1, faça o que se pede.

1. Escreva a expressão matemática da estrutura difratante.

   Resp.:

$$t(x,y) = \left[\text{circ}\left(\frac{\sqrt{x^2+y^2}}{R}\right) \otimes \text{Ш}\left(x/\Delta_x, y/\Delta_y\right)\right] \text{circ}\left(\frac{\sqrt{x^2+y^2}}{D}\right) \quad (5.218)$$

   onde R é o raio dos furinhos; D é o raio da área iluminada; e Δ_x e Δ_y são os espaçamentos dos furinhos nas coordenadas x e y, respectivamente.

2. Calcule o espaçamento dos furinhos nas duas coordenadas, no plano da microestrutura difratante.

   Resp.: A expressão da amplitude difratada será:

$$T(f_x, f_y) = \Delta_x \Delta_y RD \left[\frac{J_1(\pi 2R\sqrt{f_x^2+f_y^2})}{\sqrt{f_x^2+f_y^2}} \text{Ш}(\Delta_x f_x, \Delta_y f_y)\right] \otimes \quad (5.219)$$

$$\left[\frac{J_1(\pi 2D\sqrt{f_x^2+f_y^2})}{\sqrt{f_x^2+f_y^2}}\right] \quad (5.220)$$

   O espaçamento dos furinhos medidos no plano de difração foi de $\Delta\xi = 9\,\text{mm}$, e então:

$$\Delta_x = \lambda z/\Delta\xi = 0{,}633 \times 10^{-6} 1/(9 \times 10^{-3}) \approx 70\,\mu\text{m} \quad (5.221)$$

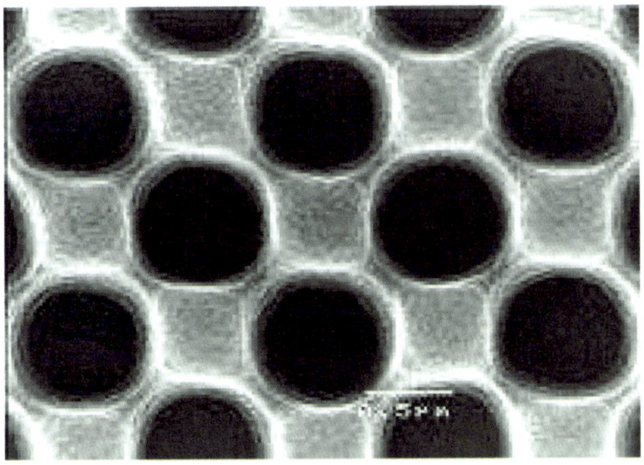

Fig. 5.43 Arranjo bidimensional de orifícios circulares (diâmetro ≈ 0,73 μm), regularmente espaçados (período ≈ 1,02 μm) numa placa metálica, produzidos holograficamente pela Profa. Lucila Cescato, Laboratório de Óptica, IFGW/Unicamp

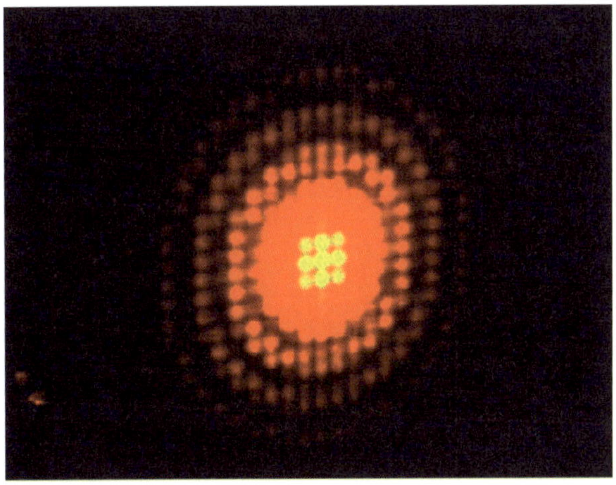

Fig. 5.44 Difração de um arranjo ordenado de microfuros numa lâmina metálica, parecido com o da Fig. 5.43, iluminada com um feixe laser ($\lambda = 633\,\text{nm}$) direto e observada numa tela a 100 cm de distância. A estrutura tem simetria circular, mas aparece elíptica, pois foi fotografada de lado

3. Calcule o diâmetro ($2R$) médio dos furinhos na estrutura.

O raio do primeiro anel escuro observado no plano de difração vale 15 mm, pelo que:

$$2R\rho = 2R\frac{\Delta r}{\lambda z} = 1{,}22 \qquad 2R = 1{,}22\lambda z/\Delta r = 1{,}22\frac{0{,}633 \times 10^{-6} 1}{15 \times 10^{-3}} \approx 48\,\mu\text{m} \quad \textbf{(5.222)}$$

NOTA: os primeiros mínimos da função de Bessel de ordem 1 são:

$$J_1(\pi x) = 0 \qquad x = 1{,}22; 2{,}23; 3{,}24\ldots \quad \textbf{(5.223)}$$

5.8.4 Microscópio

Um microscópio tem uma objetiva de 5 mm de distância focal e uma abertura de 8 mm de diâmetro no plano principal de saída. Qual é o objeto de menor tamanho que se poderá observar com ele, supondo que as lentes são perfeitas e que se está apenas limitado pela difração? Podemos supor que o objeto observado fica praticamente no plano focal da objetiva.

Resp.: Raio do objeto $\approx 0{,}4\,\mu$m.

5.8.5 Difração por uma rede de amplitude senoidalmente modulada

Na aproximação de Fraunhofer, calcule a luz difratada (intensidade), observada à distância L, por uma onda plana (comprimento de onda λ) de amplitude A, incidindo normalmente sobre uma rede de transmitância em amplitude $t(x)$.

1. Para o caso da transmitância valer:

$$t(x) = 1 + 0{,}2\cos(2\pi f_o x) \quad \textbf{(5.224)}$$

Resp.: Podemos escrever:

$$\cos(2\pi f_o x) = \frac{e^{i2\pi f_o x} + e^{-i2\pi f_o x}}{2} \quad \textbf{(5.225)}$$

$$t(x) = 1 + 0{,}05\,e^{i2\pi f_o x} + 0{,}05\,e^{-i2\pi f_o x} \quad \textbf{(5.226)}$$

O espectro angular de ondas planas correspondente a $At(x)$ vale:

$$T(f) = A\,\delta(f) + 0{,}05A\,\delta(f - f_o) + 0{,}05A\,\delta(f + f_o) \qquad f \equiv \alpha/\lambda \quad \textbf{(5.227)}$$

onde α é o cosseno diretor do vetor propagação $\vec{k}$, na direção do eixo x. A Eq. (5.227) indica que, ao passar pele rede de amplitude aparecem três ondas apenas, uma transmitida e duas com cossenos diretores α e $-\alpha$. As intensidades observadas no plano de difração terão então as intensidades relativas: A^2 para a central e $(0{,}05A)^2$ para cada uma das duas laterais.

2. O que muda para o caso de a rede estar deslocada em x_o, assim:

$$t(x) = 1 + 0{,}2\cos(2\pi f_o(x - x_o)) \quad \textbf{(5.228)}$$

Resp.: A intensidade não muda, pois o novo espectro angular de ondas planas passa a ser:

$$T(f) = A\delta(f) + 0{,}05A\delta(f - f_o)\,e^{i2\pi f x_o} + 0{,}05A\delta(f + f_o)\,e^{i2\pi f x_o} \quad (5.229)$$

e a exponencial desaparece ao se calcular o módulo para calcular a intensidade.

5.8.6 Transmitância retangular de amplitude: rede de fendas

Com um feixe *laser* (λ =500 nm) de $2R = 0{,}5$ mm de diâmetro, ilumina-se perpendicularmente uma rede de difração em amplitude (somente a amplitude da onda é afetada, mas não a fase) cujo período vale $\Delta = 100\ \mu$m e as fendas transparentes têm largura $D = 10\ \mu$m, como ilustrado na Fig. 5.45, onde "1" significa "transmissão total" e "0" significa "transmissão nula". Imediatamente depois da rede, e ao lado dela, coloca-se uma lente de 10 cm de distância focal e observa-se a mancha de difração da rede numa tela colocada exatamente no plano focal da lente.

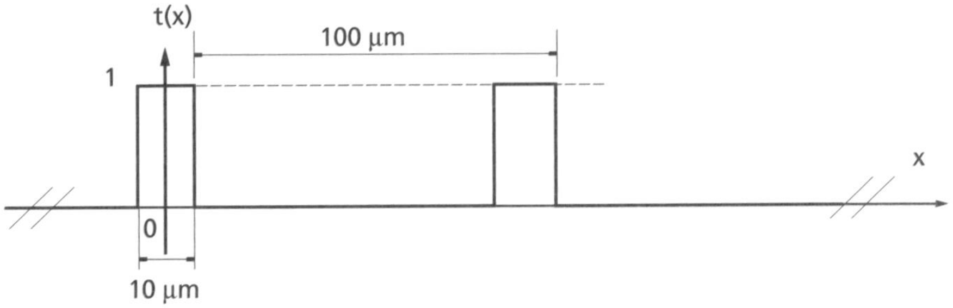

Fig. 5.45 Transmitância t(x) de uma rede de difração por transmissão

1. Escreva a expressão matemática da transmitância complexa dessa rede

   Resp.:

$$t(x) = \mathrm{circ}(r/R)[\,\text{Ш}(x/\Delta) * \mathrm{rect}(x/D)] \qquad r = \sqrt{x^2 + y^2} \quad (5.230)$$

2. De que depende a separação espacial das ordens de difração na tela? Calcule essa separação.

   Resp.: Depende do período da rede, isto é, de Δ:

$$\mathrm{TF}\{f(x)\} = \mathrm{TF}\{\mathrm{circ}(x/R)\} * [\Delta\, D\, \text{Ш}(f_x).\mathrm{sinc}(Df_x)] \quad (5.231)$$

   A separação entre ordens de difração vale:

$$f_x\Delta = 1 \qquad f_x = \frac{\xi}{\lambda F} \quad (5.232)$$

$$\text{período: } \xi = \lambda F/\Delta = 0{,}5\,\mu\text{m}\ 10\,\text{cm}/100\,\mu\text{m} = 0{,}05\,\text{cm} \quad (5.233)$$

3. A intensidade das ordens de difração observadas na tela não é constante e é maior para a ordem zero. Por quê?

Resp.: Por causa da estrutura da rede. Quem determina a relação de intensidades das diferentes ordens é a função sinc(Df_x) na Eq. (5.231), que é máxima justamente para $f_x = 0$, a ordem central.

4. Calcule a relação matemática entre as intensidades da primeira ordem e a ordem zero de difração.

   Resp.:

$$I(0) \propto \text{sinc}(0) \qquad I(1) \propto \text{sinc}(D/\Delta) \tag{5.234}$$

$$I(1)/I(0) = \left[\frac{\text{sen}(\pi 10/100)}{\pi 10/100}\right]^2 \approx 0{,}67 \tag{5.235}$$

5. Por que o diâmetro das manchas luminosas das diferentes ordens de difração não são pontinhos infinitamente finos? Ou seja, de que depende o diâmetro desses "pontos"?

   Resp.: Depende da área da rede iluminada. Em termos matemáticos, depende da função TF{circ(r/R)} na Eq. (5.231).

6. Calcule o diâmetro das manchas luminosas das ordens de difração.

   Resp.: O raio das manchas das ordens de difração depende de:

$$\text{TF}\{\text{circ}(r/R)\} = R\frac{J_1(2\pi R\rho)}{\rho} \tag{5.236}$$

   cujo primeiro anel escuro tem um raio que se calcula do primeiro zero dessa função e que vale:

$$2\pi R\rho = 2\pi R\frac{r_0}{\lambda F} = \pi 1{,}22 \qquad r_0 = 1{,}22\frac{\lambda F}{2R} = 1{,}22\frac{0{,}5 \times 10}{2 \times 0{,}05} = 61\,\mu\text{m} \tag{5.237}$$

5.8.7 Poder de resolução de uma rede de difração

As redes de difração são usadas frequentemente em espectrômetros e espectrofotômetros para separar linhas espectrais. Duas linhas espectrais próximas, λ_1 e λ_2, podem ser separadas (convencionalmente) se a separação ($\Delta\lambda = |\lambda_1 - \lambda_2|$) entre elas for igual ou maior que a largura dos picos da cada linha. Supondo que a largura dos picos decorra exclusivamente da difração pela rede de difração utilizada, e definindo o "poder de resolução" R de uma rede como:

$$R \equiv \frac{\lambda}{\Delta\lambda} \qquad \lambda = (\lambda_1 + \lambda_2)/2 \tag{5.238}$$

prove que R pode ser calculado como:

$$R = nN \tag{5.239}$$

onde n é a ordem de difração utilizada da rede e N é o número total de períodos (linhas gravadas) na rede.

5.8.8 Difração de Fresnel

Uma onda (λ = 633 nm) plana incide normalmente sobre uma lente convergente de diâmetro D = 10 cm e distância focal F = 100 cm. Uma transparência formada por uma abertura retangular com dimensões 1 cm x 1 cm (eixos x e y, respectivamente, perpendiculares à direção de propagação da luz) e contendo uma figura com transmitância:

$$t(x) = \frac{1}{2} + \frac{1}{2}\cos\left(2\pi\frac{x}{\Delta}\right) \tag{5.240}$$

é colocada a meio caminho entre a lente e seu plano focal anterior. Na aproximação de Fresnel e para Δ = 0,1 mm, calcule:

1. o número de manchas distintamente visíveis no plano focal;

   Resp.: 3

2. a separação entre essas manchas;

   Resp.: 6,4 mm

3. o tamanho dessas manchas.

   Resp.: largura total de 126 μm

5.8.9 Espectro angular de ondas planas

Uma onda plana incide perpendicularmente numa chapa opaca com um furinho circular transparente de 10 μm de diâmetro.

1. Calcule o espectro angular de ondas planas dessa onda antes de incidir na chapa.

   Resp.: Antes de incidir na chapa e difratar, a onda é:

$$e^{i\vec{k}.\vec{r}} = e^{i(k_x x + k_y y + k_z z)} \tag{5.241}$$

   cujo espectro de ondas planas é:

$$A(f_x,f_y) = \int_{-\infty}^{\infty} e^{-i2\pi\left(\frac{x\alpha}{\lambda} + \frac{y\beta}{\lambda}\right)} dxdy = \delta\left(\frac{\alpha}{\lambda}, \frac{\beta}{\lambda}\right) \tag{5.242}$$

2. Calcule o espectro angular de ondas planas da onda do outro lado do furinho.

   Resp.: A amplitude complexa depois do furo fica assim:

$$e^{ikz}\,\mathrm{circ}(r/R) = e^{ikz}\,\mathrm{circ}\left(\frac{\sqrt{x^2+y^2}}{R}\right) \tag{5.243}$$

   e seu espectro de ondas planas, assim:

$$A(f_x,f_y) = \int_{-\infty}^{\infty} \mathrm{circ}\left(\frac{\sqrt{x^2+y^2}}{R}\right) e^{-i2\pi\left(\frac{x\alpha}{\lambda} + \frac{y\beta}{\lambda}\right)} dxdy \tag{5.244}$$

$$= \mathrm{TF}\left\{\mathrm{circ}\left(\frac{\sqrt{x^2+y^2}}{R}\right)\right\} = R\frac{J_1\left(\sqrt{\alpha^2+\beta^2}2R\pi/\lambda\right)}{\sqrt{\alpha^2+\beta^2}/\lambda} \tag{5.245}$$

3. Existe alguma direção (angular) na qual não se propaga onda plana alguma depois do furinho? Quanto vale essa direção?

   Resp.: Sim, e a menor delas vale:

$$J_1(\sqrt{\alpha^2+\beta^2}2R\pi/\lambda)=0 \quad \sqrt{\alpha^2+\beta^2}2R/\lambda=1,22 \quad \sqrt{\alpha^2+\beta^2}=1,22\frac{\lambda}{2R} \tag{5.246}$$

$$\text{DICA: } TF\{\text{circ}(r)\}=\frac{J_1(2\pi\rho)}{\rho} \qquad TF\{\text{circ}(Ar)\}=\frac{1}{|A|^2}\frac{J_1(2\pi r/A)}{r/A} \tag{5.247}$$

5.8.10 Aberturas complementares

1. Represente a expressão matemática da transmitância:

   (a) de um cabelo esticado, de 100 mm de comprimento por 0,1 mm de largura;

   Resp.: $t(x)=(1-\text{rect}(x/X))(1-\text{rect}(y/Y)) \quad Y=100\,\text{mm} \quad X=0,1\,\text{mm}$

   (b) de uma fenda transparente das mesmas dimensões.

   Resp.: $t(x)=\text{rect}(x/X)\text{rect}(y/Y) \quad Y=100\,\text{mm} \quad X=0,1\,\text{mm}$

2. Descreva a expressão matemática da mancha de difração de uma luz uniforme de $\lambda=500\,\text{nm}$, observada num plano à distância de $L=1\,\text{m}$, passando:

   (a) pelo cabelo;

   Resp.: $T(f)=(\delta(f_x)-\text{sinc}(Xf_x))(\delta(f_y)-\text{sinc}(Yf_y)) \quad f_x=\frac{\xi}{\lambda L} \quad f_y=\frac{\eta}{\lambda L}$

   (b) pela fenda.

   Resp.: $T(f)=\text{sinc}(Xf_x)\text{sinc}(Yf_y)$, projetada na parede, a 1 m dos objetos.

   onde ξ e η, são coordenadas no plano de observação.

5.9 Experimentos ilustrativos

Trata-se de experimentos de difração e de processamento de imagens envolvendo a transformação de Fourier por meio de lentes. Nas medidas de difração, é interessante poder medir a distribuição de intensidades na mancha de difração, por meio de um fotodetector adequado, pois isso nos permite calcular melhor as dimensões e as características da estrutura difratante, além de poder verificar a teoria. Em muitos casos, porém, é suficiente apenas identificar corretamente a estrutura geométrica da mancha de difração e medir as coordenadas de pontos singulares, como máximos e mínimos na mancha de difração, dependendo dos recursos disponíveis em cada caso.

5.9.1 Difração por fendas

Estudaremos o caso de uma fenda retangular única e de um arranjo regular (rede) dessas fendas.

Fenda única

Trata-se de estudar a difração da luz por uma fenda de 10 a 50 μm de largura, usando a luz direta de um raio *laser*, observando primeiro a estrutura da mancha de difração na parede ou num anteparo adequado, como ilustrado na Fig. 5.46, e depois, medindo a

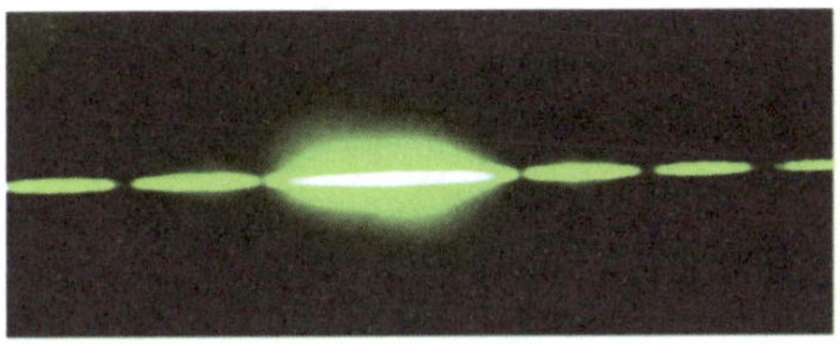

Fig. 5.46 Mancha de difração produzida por uma fenda, com o uso de um raio *laser* direto de $\lambda = 532\,\text{nm}$; caso similar ao estudado na Fig. 5.47

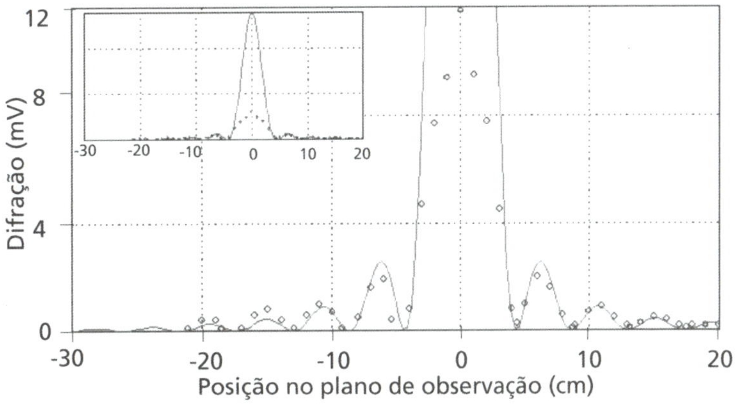

Fig. 5.47 Difração de um *laser* de $\lambda = 532\,\text{nm}$ por uma fenda única, medida (o) com um fotodetector, em mV, num plano a $L = 220\,\text{cm}$ da fenda

distribuição espacial da intensidade dessa mancha, como ilustrado na Fig. 5.47. A TF de uma fenda retangular é a função "sinc", como indicado na seção B.2.1 (Apêndice), pelo que, na aproximação de Fraunhofer, a mancha de difração (em intensidade) será o módulo quadrado dessa função "sinc".

Com ajuda de um fotodetector, podemos medir a intensidade da luz difratada, no anteparo, em função da coordenada espacial, e levantar, assim, o registro da luz difratada para, com esses dados, verificar a teoria e calcular a largura da fenda difratante. A Fig. 5.47 mostra uma medida desse tipo (∘), que foi ajustada (curva contínua) com a Eq. (5.11):

$$y = a\left(\frac{\text{sen}\,\frac{\pi bx}{\lambda L}}{\frac{\pi bx}{\lambda L}}\right)^2 \tag{5.248}$$

$$a = 55\,\text{mV} \qquad \frac{b}{\lambda L} = 0{,}23\,\text{cm}^{-1} \tag{5.249}$$

Esse ajuste mostra alguns dos erros frequentes nesse tipo de medida:

- as ordens secundárias se ajustam bem, mas a ordem central não, provavelmente porque ela saturou o detector (dando uma medida aparente muito menor que a real), por causa de sua grande intensidade, em comparação com a das ordens secundárias;
- pode-se constatar também que a posição dos mínimos e máximos está muito mais bem definida que a dos seus valores medidos, provavelmente pela dificuldade de centralizar adequadamente o detector ao se medir essas ordens.

Nesse exemplo, a largura da fenda resultou ser:

$$b = 0{,}23\,\lambda L = 26{,}9\,\mu\text{m} \tag{5.250}$$

Arranjo periódico de fendas retangulares

O procedimento a seguir é similar ao descrito anteriormente, e as limitações e aproximações possíveis também. Este caso foi estudado na seção 5.1.4 e analisado em detalhes na seção 5.8.6. O objetivo é calcular a largura das fendas, o espaçamento entre elas e, se possível, o número de fendas envolvidas no experimento.

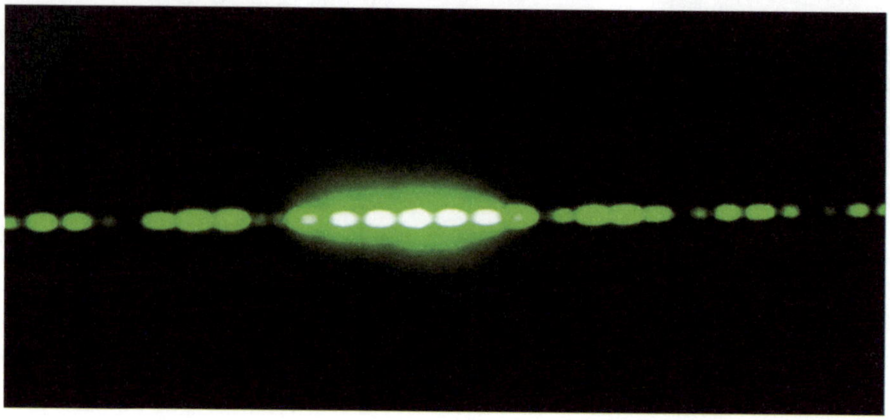

Fig. 5.48 Mancha de difração produzida por arranjo periódico de fendas retangulares, com um raio *laser* direto de $\lambda = 532\,\text{nm}$

Observe a Fig. 5.48, representativa da figura de difração desse tipo de estrutura. Compare essa figura com a Fig. 5.46, observe as semelhanças e diferenças entre ambas e explique-as.

5.9.2 Difração por micro-orifícios circulares

Estudaremos a difração de um único orifício circular, de um conjunto deles, distribuidos regularmente num plano num caso, e aleatoriamente distribuidos no plano noutro caso.

Um único orifício (*pinhole*)

Para isso, utilizamos um filtro espacial comercial, como o ilustrado na Fig. 5.49, formado por uma objetiva de microscópio que focaliza a luz de um raio *laser* no seu plano focal, onde se coloca um micro-orifício circular (*pinhole*) cuja posição no plano focal e no eixo da objetiva pode se ajustar com os três parafusos micrométricos vistos na fotografia. A finalidade desse dispositivo é filtrar o "ruído" óptico do *laser* e produzir uma mancha de luz uniforme na saída. Porém, se afastamos (ou aproximamos) longitudinalmente o *pinhole* do plano focal da objetiva, a mancha de luz não ficará mais focalizada no interior do *pinhole*. Este ficará totalmente iluminado, ocorrendo assim a difração do orifício, produzindo uma típica figura de Airy, como a ilustrada na Fig. 5.50. Observe os anéis escuros concêntricos produzidos pela difração, meça seus diâmetros e, com esses dados:

- verifique se a mancha de difração corresponde mesmo à figura de "Airy" que corresponde à difração de um micro-orifício circular, como descrito na seção B.2.3 (Apêndice);
- calcule o diâmetro desse micro-orifício.

Rede bidimensional de micro-orifícios circulares

Trata-se de estudar a difração da luz numa estrutura bidimensional regularmente espaçada, como a que aparece na Fig. 5.43. Ilumine com um raio *laser* direto (não muito

Fig. 5.49 Filtro espacial, formado por uma objetiva de microscópio, que focaliza o raio *laser* no seu plano focal, e um micro-orifício circular (*pinhole*) que se posiciona no plano focal dessa objetiva e se ajusta com auxílio de três parafusos micrométricos, tanto no plano focal como no eixo da objetiva

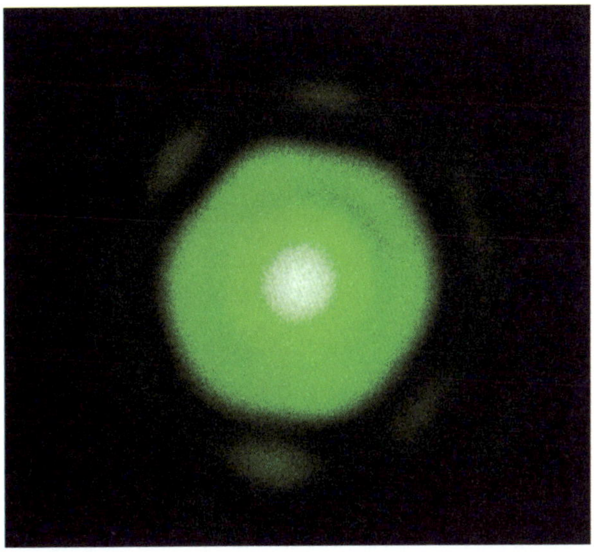

Fig. 5.50 Difração de um orifício circular de 100 μm de diâmetro, iluminado com um *laser* de λ = 532 nm e observado numa tela a uns 50-60 cm de distância do orifício. A mancha central é muito intensa e saturou a fotografia, dando a ilusão de ser quase branca

intenso, para evitar danos na estrutura) e observe a difração produzida num anteparo a distância adequada. Você irá observar uma mancha de luz como a ilustrada na Fig. 5.44, onde se pode ver uma estrutura bidimensional regular de círculos luminosos, modulada por anéis concêntricos.

- Pela estrutura da mancha de difração, identifique a estrutura difratante.
- Calcule o espaçamento (período) da estrutura de microfuros.
- Calcule o diâmetro médio dos microfuros.

Estrutura bidimensional aleatória de microesferas retrorrefletoras

Trata-se de estudar a difração da luz refletida numa placa com tinta retrorrefletiva, das utilizadas para sinalização de trânsito. As microesferas são de vidro, num meio transparente, e retrorrefletem a luz por reflexão total no seu interior. Ilumine com um feixe *laser* direto e observe a mancha de difração por reflexão, onde verá uma figura similar à Fig. 5.51, onde se pode ver apenas anéis concêntricos.

- Pela estrutura da mancha de difração, identifique a estrutura difratante.

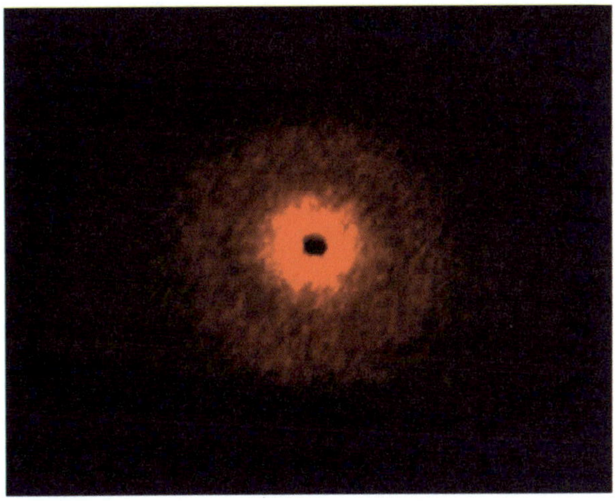

Fig. 5.51 Difração de uma lâmina pintada com tinta retrorrefletiva iluminada com um feixe *laser* (633 nm) direto e observada por reflexão. O centro escuro corresponde ao furo para passagem do raio *laser*. Observe a presença de um primeiro anel escuro

- Se você puder ver mais de um anel, verifique se se trata de uma função de Airy, como corresponderia à difração de um micro-orifício circular.
- Caso possa observar apenas um anel, use-o para calcular o diâmetro efetivo das esferinhas de vidro na tinta retrorrefletiva.

5.9.3 Transformação de Fourier pelas lentes

Trata-se de estudar a transformação de Fourier de imagens por meio de lentes.

Já vimos, na seção 5.4.3, que a difração da luz na aproximação de Fraunhofer pode ser matematicamente formulada como a TF do plano objeto. Na seção 5.7, vimos também que a mancha de difração observada no plano focal de uma lente, mesmo dentro das condições de Fresnel, representa a TF do objeto, e que, em determinadas condições, a referida transformada pode ser exata. Consequentemente, podemos mostrar que a formação de uma imagem óptica é a dupla TF e que, escolhendo adequadamente o experimento, podemos agir sobre o plano da TF para modificar a imagem.

1. Utilizando objetos (*slides*) escolhidos, mostre que uma lente numa montagem adequada, como as ilustradas nas Figs. 5.33 e 5.34, pode produzir a TF do objeto.
2. Mostre que a TF da TF reproduz o objeto (imagem do objeto), como representado na Fig. 5.35.
3. Prove experimentalmente algumas das propriedades da TF:
   (a) invariância translacional (da amplitude);
   (b) produto e produto de convolução numa montagem óptica.
4. Faça alguns experimentos simples de filtragem de frequências espaciais no plano óptico de Fourier:
   (a) inverter o contraste e/ou realçar as bordas de uma imagem, bloqueando a luz transmitida, ou seja, bloqueando as frequências centrais no plano de Fourier;
   (b) eliminar o "reticulado" numa imagem digitalizada, deixando passar apenas uma das ordens (e não todas elas) no plano de Fourier;
   (c) transformar um reticulado "retangular" num outro sinusoidal de frequência espacial igual ao primeiro ou com frequências correspondentes aos harmônicos superiores, deixando passar pares de ordens selecionadas no plano de Fourier.

Filtragem de ruídos ópticos

Fazendo passar um feixe *laser* por um filtro espacial como o da Fig. 5.49, ajuste a posição do *pinhole* no plano focal da objetiva, de forma que não se vejam os anéis de difração, como os da Fig. 5.50, o que significa que a mancha de difração está contida no micro-orifício do *pinhole*. Verifique que, nesse caso, a mancha de luz emergente do filtro tem perfil aproximadamente gaussiano e está livre de ruídos ópticos (variações bruscas de intensidade). Se o micro-orifício for muito maior que a mancha central da luz focalizada pela objetiva, porém, as altas frequências espaciais que carregam os ruídos ópticos indesejados não serão eliminadas (filtradas), e a uniformidade da luz emergente não será boa. Os fabricantes de filtros espaciais recomendam que o diâmetro do microfuro seja duas vezes maior que o diâmetro da mancha focal estimada como sendo o diâmetro em que a intensidade cai para e^{-2} do valor central (máximo) no foco.

5.9.4 Multiplexação espacial

Trata-se de gravar duas imagens diferentes e multiplexadas num mesmo filme fotográfico (ou utilizar imagens já gravadas) e separá-las depois numa montagem de dupla TF, utilizando a filtragem espacial adequada.

A multiplexação espacial de imagens (informações), como descrita na seção 5.7.6, é o equivalente espacial da multiplexação temporal, mecanismo pelo qual podemos enviar diferentes informações (funções temporais $f_i(t)$) multiplexadas pelo mesmo canal. Tanto no caso temporal como no espacial, cada uma das informações (funções ou imagens) pode ser selecionada escolhendo-se a frequência temporal (ou espacial) na qual ela está multiplexada. Esta última é chamada de "portadora" no caso temporal (vamos chamar assim mesmo também no caso espacial), e o exemplo mais comum são as chamadas ondas AM (*amplitude modulated*). Sejam as portadoras $g_{1,2} = \cos(2\pi\nu_{1,2}t)$ e as respectivas moduladoras $f_{1,2}(t)$, com as respectivas ondas multiplexadas:

$$f_1(t).g_1(t) \qquad f_2(t).g_2(t) \tag{5.251}$$

cujas TFs são:

$$TF\{f_1(t)\} * TF\{g_1(t)\} = F_1(\nu) * \delta(\nu - \nu_1) = F_1(\nu - \nu_1) \tag{5.252}$$

$$\text{e } TF\{f_2(t).g_2(t)\} = F_2(\nu - \nu_2) \tag{5.253}$$

Isso significa que os espectros temporais estão centrados, respectivamente, em ν_1 e em ν_2, e podem ser separados utilizando-se filtros centrados em uma ou outra das frequências. No caso espacial, tudo é igual, exceto que ocorre no espaço, e não no tempo: basta escrever $f_i(x)$ e $g_i(x) = \cos(2\pi f_{xi}x)$ para a moduladora e a portadora, respectivamente. O espectro de Fourier (espacial) fica centrado em f_{xi} e pode ser selecionado filtrando-se (espacialmente, numa montagem de dupla TF) essa frequência espacial.

- Fabricação de duas imagens multiplexadas

  Para isso, na montagem de dupla TF, coloque a máquina fotográfica (sem objetiva) no lugar onde se forma a imagem do objeto. Como objeto, coloque um *slide* (modulador) e um retículo (portadora) encostado nele, de forma que a transmitância seja o produto de ambos. Grave essa imagem no filme e *não mexa na máquina*. Substitua o *slide* anterior por outro diferente e encoste nele o mesmo retículo, mas agora rotado de um ângulo (pode ser 90°, para facilitar) e grave no mesmo local do filme *sem rodá-lo*. Você terá, assim, a soma de duas imagens diferentemente multiplexadas. Agora você pode revelar e fixar o filme. Esse experimento requer filmes de muito alta resolução, difíceis de achar atualmente. É mais fácil comprar placas holográficas no mercado internacional. Elas têm baixa sensibilidade, razão pela qual podem ser usadas num suporte de placas, num quarto escuro, apenas cobertas por um pano preto, que se retira na hora de fazer cada uma das duas exposições.

- Demultiplexação (recuperação) das imagens

  Coloque o filme revelado e fixado com as duas imagens multiplexadas na montagem de dupla TF. Examine o plano imagem e você vai ver as duas imagens superpostas (o retículo é muito fino e, provavelmente, não vai ser visto). Examine o plano de Fourier e filtre uma das portadoras (espaciais): no plano imagem vai aparecer então apenas a moduladora associada. Filtre a outra portadora e verifique que agora é a outra imagem que aparece. Não esqueça que, a menos que você tenha tomado o cuidado de gravar as duas imagens na região de resposta linear do filme (bastante difícil!), vai haver o que se chama de "intermodulação" entre as duas imagens, isto é, não vão poder se separar completamente. Se o filme fosse rigorosamente linear, isso não ocorreria.

Holografia e introdução à teoria da informação

6

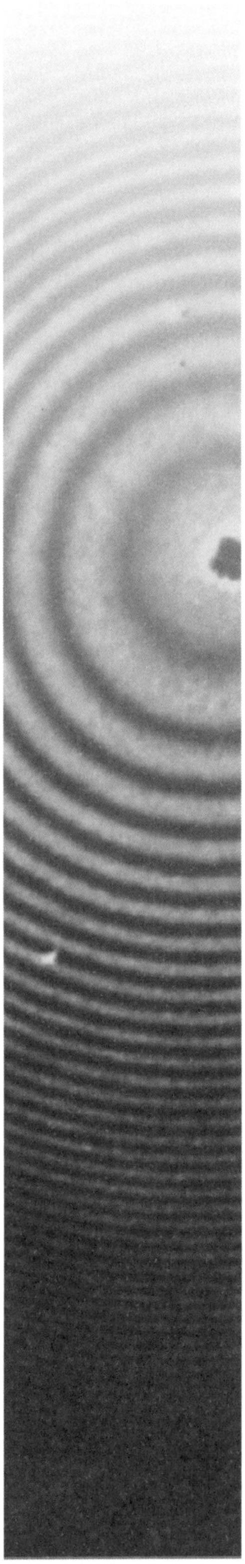

A holografia (Collier et al., 1971; Goodman, 1968) é basicamente uma técnica que permite registrar tanto a amplitude quanto a fase de uma onda luminosa e, dessa forma, todas as características da onda ficam gravadas. É bom lembrar que todos os fotodetectores (incluindo o olho humano), assim como as placas fotográficas, são detectores quadráticos, isto é, que detectam a média quadrática do módulo do vetor de Poynting (ou seja, a "intensidade"), que depende apenas da amplitude da onda luminosa. Ao registrar a luz nesses dispositivos, a informação sobre a fase é definitivamente perdida. Como a holografia registra (e permite reconstruir) tanto a amplitude quanto a fase, todas as características da onda ficam preservadas, e o observador percebe a onda como se estivesse em presença do próprio objeto que a emitiu.

A relação que existe entre a holografia e a teoria da informação deve-se ao fato de que aquela proporciona a técnica mais eficiente de armazenar informações opticamente, na forma de um ou de múltiplos hologramas gravados no volume de um material fotossensível adequado. Neste capítulo estudaremos a teoria de amostragem de imagens e sinais, calcularemos a quantidade de informação contida em imagens e estudaremos a resposta finita de sistemas, tanto para sinais temporais como espaciais.

6.1 Holografia

Nesta seção descreveremos o que é, como se produz e quais as propriedades fundamentais de um holograma.

6.1.1 Elementos matemáticos

Seja uma onda harmônica plana, com cossenos diretores α, β e γ, representada na forma:

$$u(x,y,z) = U_o\, e^{i2\pi\left(\frac{\alpha}{\lambda}x + \frac{\beta}{\lambda}y + \frac{\gamma}{\lambda}z\right) - i\omega t}$$

$$= U(x,y)\, e^{i2\pi\frac{\gamma}{\lambda}z - i\omega t} \quad \text{fasor complexo: } U(x,y) = U_o\, e^{i2\pi\left(\frac{\alpha}{\lambda}x + \frac{\beta}{\lambda}y\right)} \qquad \textbf{(6.1)}$$

Supõe-se que a onda se propaga ao longo do eixo z e o fasor complexo na Eq. (6.1) descreve apenas sua dependência espacial no plano $x - y$. Estamos interessados apenas nesse fasor, já que as dependências em z e t estão implícitas e, por isso, podem ser omitidas. A Fig. 6.1 representa o vetor propagação $\vec{k}$ referente ao fasor complexo da Eq. (6.1), assim como para sua onda conjugada $U^*(x.y)$.

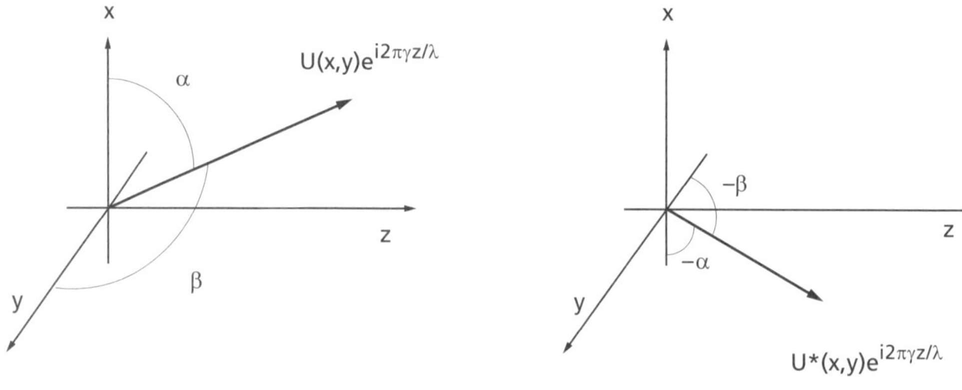

Fig. 6.1 Representação gráfica do vetor propagação da onda plana cujo fasor complexo está descrito na Eq. (6.1) (à esquerda) e para o caso do fasor complexo (à direita), conjugado daquela

Na Fig. 6.2 está representada uma onda cilíndrica divergente, mostrando os vetores propagação e os correspondentes cossenos diretores em dois pontos no eixo x, assim como sua onda conjugada, que, de fato, representa uma onda cilíndrica convergente.

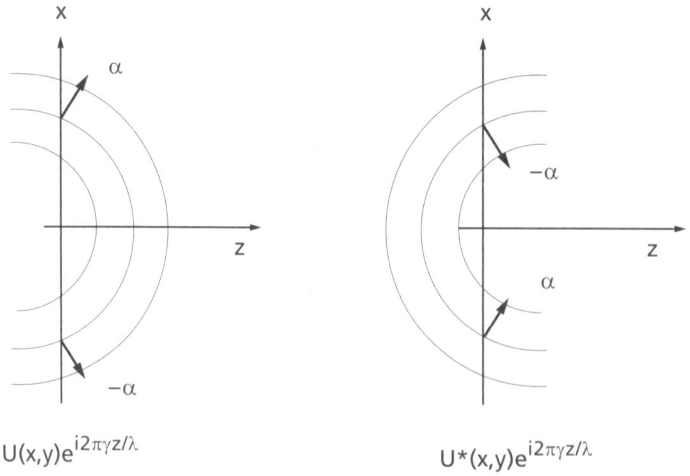

Fig. 6.2 Onda cilíndrica com a forma $U(x,y)\,e^{i2\pi\frac{\gamma}{\lambda}}$ (à esquerda), a onda com fasor conjugado $U^*(x,y)$ (à direita), mostrando o vetor propagação e o correspondente cosseno diretor para dois pontos sobre o eixo x

Para o caso mais geral de uma onda de forma qualquer (sempre harmônica), ela pode ser sempre representada pelo seu espectro angular de ondas planas (ver seção 5.3.2) $A(\frac{\alpha}{\lambda}x+\frac{\beta}{\lambda}y)$:

$$U(x,y)=\int\int_{-\infty}^{+\infty} A\left(\frac{\alpha}{\lambda}x+\frac{\beta}{\lambda}y\right)e^{i2\pi\left(\frac{\alpha}{\lambda}x+\frac{\beta}{\lambda}y\right)}\,\mathrm{d}\frac{\alpha}{\lambda}\,\mathrm{d}\frac{\beta}{\lambda}$$

e sua onda conjugada será, então:

$$U^*(x,y)=\int\int_{-\infty}^{+\infty} A^*\left(\frac{\alpha}{\lambda}x+\frac{\beta}{\lambda}y\right)e^{-i2\pi\left(\frac{\alpha}{\lambda}x+\frac{\beta}{\lambda}y\right)}\,\mathrm{d}\frac{\alpha}{\lambda}\,\mathrm{d}\frac{\beta}{\lambda}$$

Franjas de interferência

Sejam os fasores complexos da onda "objeto" e "referência", que escreveremos, respectivamente:

$$O(x,y)=o(x,y)\,e^{i\phi_o(x,y)} \qquad o(x,y)\equiv|O(x,y)|$$

$$R(x,y)=r(x,y)\,e^{i\phi_r(x,y)} \qquad r(x,y)\equiv|R(x,y)|$$

No volume do espaço onde essas ondas se superpõem, elas interferem formando franjas brilhantes e escuras, como esquematizado no desenho da Fig. 6.3. A intensidade resultante será:

$$\begin{aligned} I(x,y)&=|O(x,y)+R(x,y)|^2\\ &=|O|^2+|R|^2+OR^*+O^*R \qquad \textbf{(6.2)}\\ &=|O|^2+|R|^2+2o(x,y)r(x,y)\\ &\quad\cos(\phi_o(x,y)-\phi_r(x,y)) \qquad \textbf{(6.3)} \end{aligned}$$

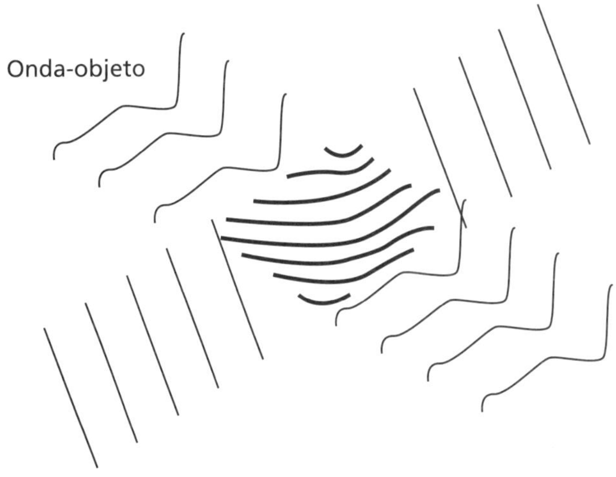

Fig. 6.3 Franjas brilhantes e escuras produzidas pela interferência da luz na região onde os dois feixes se superpõem

É interessante notar que o último termo na Eq. (6.3) contém todas as informações necessárias sobre as ondas: amplitudes (o(x,y) e r(x,y)) e fases ($\phi_o(x,y)$ e $\phi_r(x,y)$). As primeiras determinam a modulação das franjas de interferência, enquanto as segundas determinam o período e a orientação dessas franjas. Ao se gravar esse padrão de franjas numa placa fotográfica, todas as informações relevantes sobre as duas ondas ficam também registradas.

6.1.2 Material de registro

O padrão de franjas anteriormente referido pode ser gravado numa simples placa fotográfica, num cristal fotorrefrativo, num termoplástico ou em qualquer outro material fotossensível que sofra qualquer modificação nas suas propriedades ópticas sob ação da luz. Esses materiais têm, em geral, respostas não lineares; porém, sob determinadas condições, eles podem responder linearmente, ou podemos delimitar uma região onde o comportamento seja bastante linear.

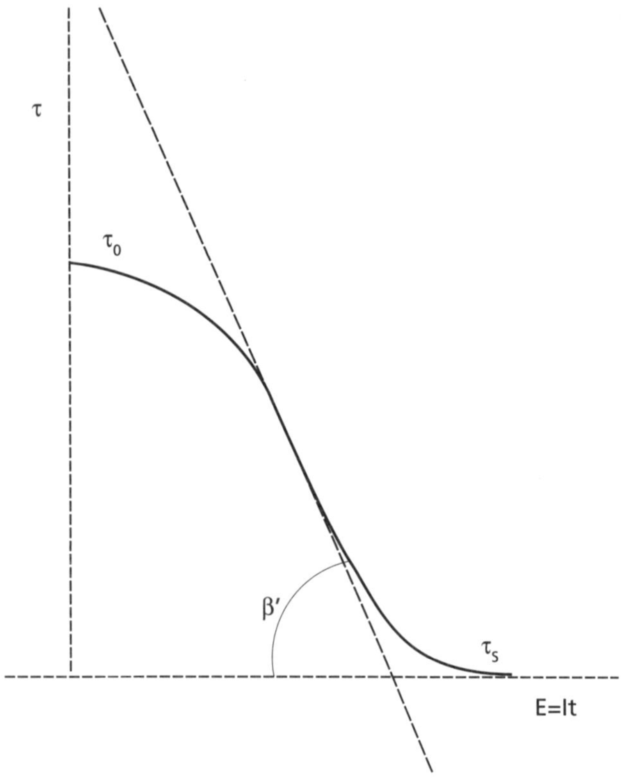

Fig. 6.4 Curva característica da transmitância de uma placa fotográfica positiva, após revelada e fixada

Podemos estudar o caso mais simples: a placa fotográfica. Após exposta à luz, revelada e fixada, sua transmitância (τ) depende não linearmente da quantidade de energia luminosa ($I \times t$) recebida, que transforma os íons de prata (transparentes) em prata metálica, opaca. Sua transmitância é aproximadamente como está representado na Fig. 6.4, em que aparece um valor máximo τ_0 para a placa virgem e seu valor saturado $\tau_S \approx 0$. A porção linear da curva pode ser representada por:

$$\tau_\ell(x,y) = \tau(0) - \beta' I \times t = \tau(0) - \beta I$$

onde $\tau(0)$ representa a interseção da reta com o eixo de τ para $It = 0$. Substituindo I pela sua expressão na Eq. (6.2), resulta:

$$\tau_\ell(x,y) = \tau(0) - \beta(|O|^2 + |R|^2) - \beta O R^* - \beta O^* R \quad \textbf{(6.4)}$$

6.1.3 Registro e leitura de um holograma

Uma vez gravado na placa o padrão de interferência e a placa revelada e fixada, sua transmitância complexa fica da forma descrita na Eq. (6.4). Se essa placa for recolocada na sua posição original e iluminada com uma luz de fasor complexo $B(x,y)$, a luz transmitida terá a forma:

$$B(x,y)\tau(x,y) = \left(\tau_o + \beta(|O|^2 + |R|^2)\right) B \quad \textbf{(6.5)}$$

$$+\beta O^* R B \quad \textbf{(6.6)}$$

$$+\beta O R^* B \quad \textbf{(6.7)}$$

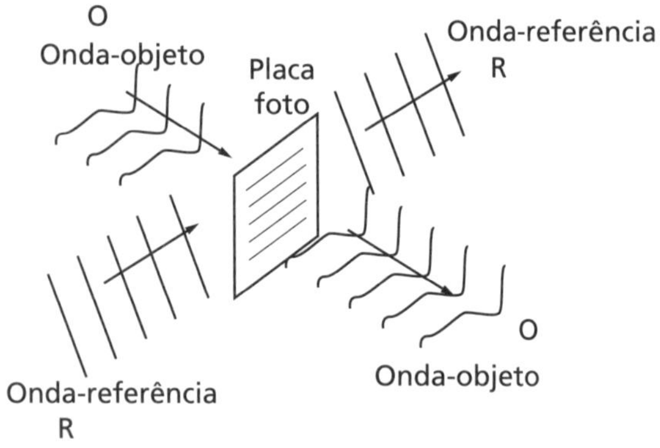

Fig. 6.5 Gravação de um holograma numa placa fotográfica, fazendo a interferência da onda objeto $O(x,y)$ com uma onda de referência $R(x,y)$

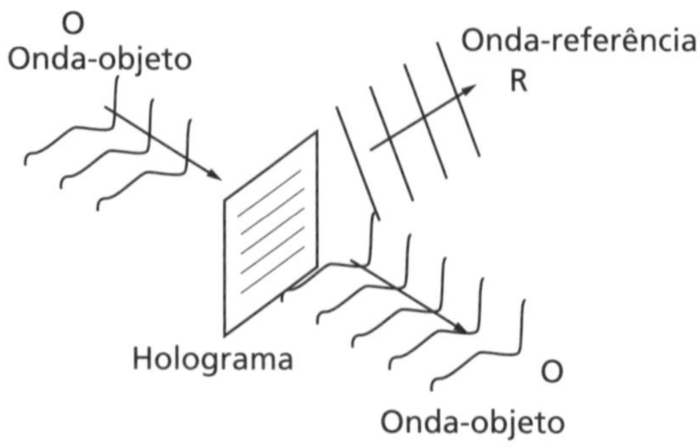

Fig. 6.6 Holograma iluminado pela onda $B(x,y) = O$

Se $B(x,y) = O(x,y)$, ou seja, se iluminamos o holograma com uma onda igual à onda-objeto, como ilustrado na Fig. 6.6, o termo na Eq. (6.6) fica assim:

$$\beta O^* R O \propto R \tag{6.8}$$

o que representa a onda R, sem maior interesse prático, já que se trata, em geral, de uma onda plana, além de aparecer também a onda transmitida $\left(\tau_o + \beta(|O|^2 + |R|^2)\right) O$, originada da Eq. (6.5).

Por sua vez, se a onda B for exatamente a onda de referência R ($B \equiv R$) utilizada na gravação do holograma, o termo na Eq. (6.7) ficará da forma:

$$\beta O R^* R = \beta O |R|^2 \propto O \tag{6.9}$$

Nesse caso, além da luz transmitida, aparece uma outra onda por trás da placa, que é proporcional à onda-objeto O, como ilustrado na Fig. 6.7. Para visualizar a imagem holográfica, virtual, desse objeto (Fig. 6.8), basta olhar para a placa, na direção onde estaria o objeto.

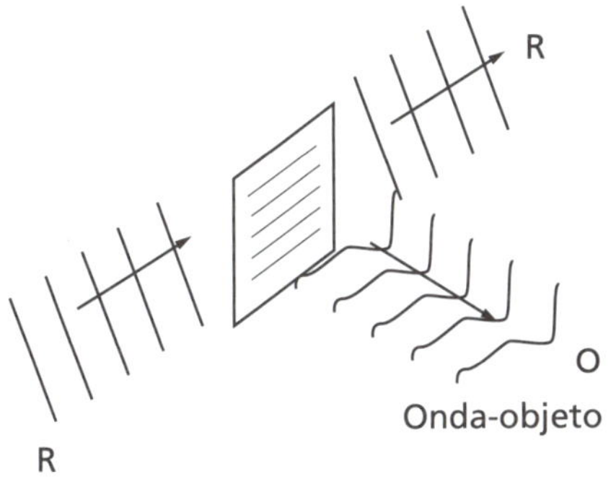

Fig. 6.7 Holograma iluminado pela onda $B(x,y) = R$. Note que a onda O é divergente e por isso mostra a imagem virtual do objeto

Fig. 6.8 Visualização da imagem holográfica virtual como ilustrado no esquema da Fig. 6.7. Fotografia realizada pelo Eng. Antonio C. Costa, do Laboratório de Ensino do IFGW/Unicamp

Se iluminamos ainda o holograma com uma onda conjugada de referência (R^*), o termo na Eq. (6.7) fica então:

$$\beta O^* R R^* = \beta O^* |R|^2 \propto O^*$$

que representa a imagem real do objeto, como ilustrado na Fig. 6.9. A observação da imagem holográfica real, por seu caráter tridimensional, é mais difícil de implementar, pois requer uma "tela" também tridimensional, para não perder essa característica da imagem. Um artifício interessante para isso foi implementado pelo Prof. Paulo A. M. dos Santos e consiste em confinar finas gotículas de água, formadas por um vaporizador doméstico, num volume limitado por vidros, e formar a imagem tridimensional nesse volume de gotículas, como ilustrado na Fig. 6.10.

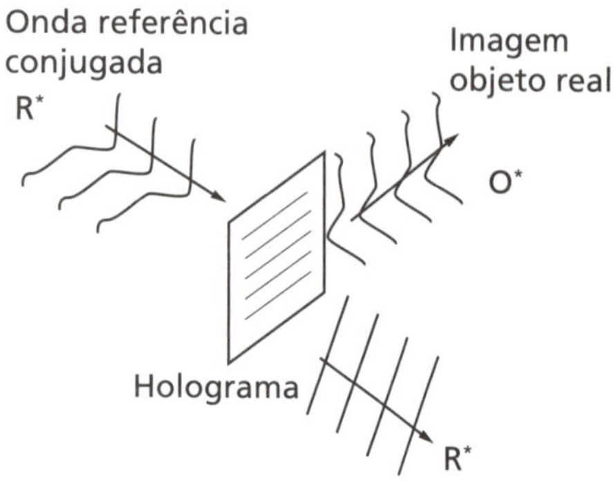

Fig. 6.9 Reconstrução holográfica da imagem real do objeto, utilizando a onda referência conjugada R^*. Note que a onda O^* é uma onda convergente e, por isso, representa a imagem real do objeto

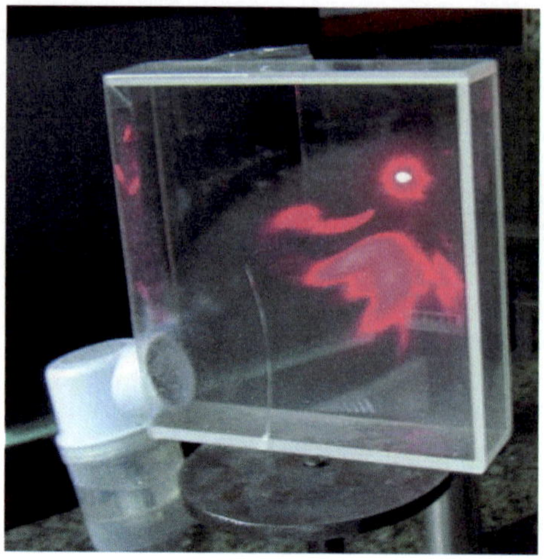

Fig. 6.10 Visualização de imagem holográfica real (cisne) numa nuvem de microgotículas de água geradas por um vaporizador dentro de uma cavidade de vidro. O ponto brilhante na parte superior direita é a reflexão do *laser* vermelho usado na reconstrução. Produzido pela estudante Gabriela Nieva de Oliveira e pelo Prof. Paulo A. M. dos Santos da UFF, Niterói-RJ

6.1.4 Propriedades

Os hologramas têm propriedades particulares que os tornam interessantes como ferramentas para processamento de imagens e como meio de armazenamento de informações (memórias ópticas). Essas propriedades são a "associatividade", a "distributividade" e a "perspectividade", que detalharemos a seguir.

Perspectividade

Trata-se apenas da possibilidade de observar o objeto reconstruído pelo holograma, desde diferentes ângulos, sempre limitado pelo tamanho da placa fotográfica contendo o holograma, que funciona, de todo ponto de vista, como se fosse uma "janela" de observação. De fato, ao observar a reconstrução holográfica de um objeto, estamos observando a própria frente de onda gerada pelo objeto, e não apenas o objeto, como seria o caso de uma simples fotografia. Observar a frente de onda significa poder colocar-se em diferentes ângulos de perspectiva para observar o objeto, exatamente como ocorreria na presença do próprio objeto.

Associatividade

As Figs. 6.6 e 6.7 ilustram a chamada associatividade característica dos hologramas: a presença de uma das ondas (seja R) "chama" ou fica associada à outra onda (no caso, O) presente durante a gravação, e vice-versa. Essas duas ondas R e O estão, assim, mutuamente associadas por meio do holograma que elas geraram.

Distributividade

Essa propriedade está ilustrada na Fig. 6.11, na qual se mostra que, diferentemente do que ocorre com uma fotografia convencional, em que cada parte da fotografia contém uma parte

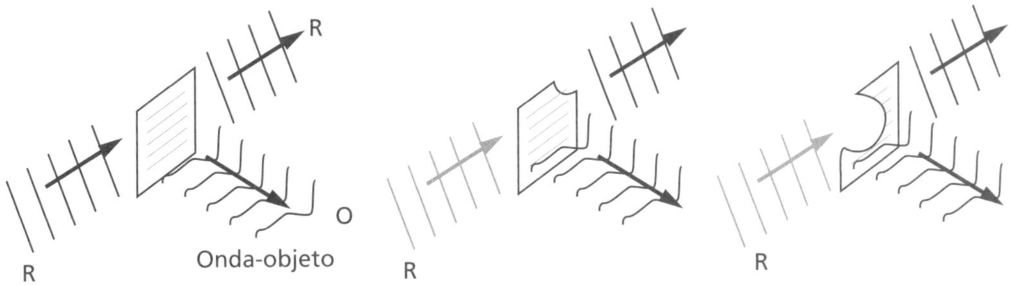

Fig. 6.11 Distributividade: A figura da esquerda mostra a reconstrução holográfica de um objeto. As figuras do meio e da direita mostram a reconstrução da mesma onda objeto, obtida por frações da placa holográfica, sem que nenhuma parte da onda objeto seja perdida. Apenas ocorreu uma deterioração da qualidade da reconstrução

da informação do objeto, a informação do objeto está distribuída no holograma todo. Assim, se parte da fotografia for destruída, parte da informação sobre o objeto também será perdida. Não é o caso do holograma, em que a destruição de uma parte dele não resulta em perda de informação sobre alguma parte do objeto, pois a informação está distribuída no holograma todo. Apenas a qualidade ou resolução do holograma fica prejudicada proporcionalmente à porcentagem da área do holograma destruída. Isso se deve ao fato de que a largura da mancha de difração (que determina a resolução óptica) fica maior por força da relação de incerteza na seção B.3 do Apêndice, formulada no plano espacial. Também a perspectiva na observação do holograma fica reduzida, por causa da diminuição do tamanho da "janela" de observação.

6.1.5 Não linearidade e ruído de intermodulação

Em geral, os materiais fotossensíveis não são lineares (Urbach; Meier, 1969). Por esse motivo, a Eq. (6.4) é apenas uma aproximação. Numa primeira aproximação, a transmitância pode ser escrita assim:

$$\tau(x,y) = \tau_o - \beta I - \beta_2 I^2 \tag{6.10}$$

onde o segundo termo representa a não linearidade do material. A Eq. (6.4) deve então ser reescrita da seguinte forma:

$$\begin{aligned}\tau(x,y) = \tau_o - \beta(|O|^2 + |R|^2 + OR^* - \beta O^* R) - \\ + \beta_2 \left((|O|^2 + |R|^2)^2 + 2|S|^2|R|^2 + RRS^*S^* + SSR^*R^* + 2(|R|^2 + |O|^2)(RS^* + SS^*)\right)\end{aligned} \tag{6.11}$$

Ao se reconstruir o holograma com a onda de referência R, o termo que representa a onda-objeto reconstruída, em lugar da formulação da Eq. (6.9), fica então na forma:

$$\text{onda objeto reconstruida: } = \left(\beta + \beta_2(|R|^2 + |O|^2)\right) ORR^* \tag{6.12}$$

$$= \beta|R|^2 O + \beta_2(|R|^2 + |O|^2) O \tag{6.13}$$

onde o segundo termo à direita representa a deformação na onda-objeto reconstruída, por causa da não linearidade do material de registro. Podemos definir um coeficiente:

$$RSR_{\text{im}} = \frac{\beta}{\beta_2(1 + |O|^2/|R|^2)} \tag{6.14}$$

que representa a relação sinal-ruído de intermodulação, apesar de não se tratar de um ruído, pois não tem, em absoluto, o caráter aleatório dos ruídos. A intermodulação afeta muito negativamente o armazenamento de mais de uma imagem no mesmo material de registro, um processo chamado de "multiplexação espacial" (ver seção 5.7.6), pois esse defeito faz que cada imagem reconstruída carregue um "fantasma" das outras imagens.

6.2 Holografia dinâmica

A maioria dos problemas que limitam a utilização ampla das técnicas holográficas tem sua origem no material de registro que, sendo a placa fotográfica tradicional, torna o processo todo muito complicado e demorado. O uso de cristais fotorrefrativos (Figs. 6.12 e 6.14) no lugar das placas resolve quase todos os problemas nessa área.

Fig. 6.12 Cristais fotorrefrativos de $Bi_{12}GeO_{20}$ crescidos por J. C. Launay na Universidade de Bordeaux, França: dopado com Fe (à esquerda), dopado com Cr (embaixo) e não dopado (à direita). Fotografia cedida por J. C. Launay

Fig. 6.13 Cristal de $Bi_{12}TiO_{20}$ bruto, crescido por J. F. Carvalho, no IF-UFG, Goiânia-GO

Fig. 6.14 Cristais de $Bi_{12}TiO_{20}$ e $Bi_{12}SiO_{20}$ crescidos por J. F. Carvalho, no IF-UFG, Goiânia-GO, em diversos estágios de preparação

6.2.1 Materiais fotorrefrativos

Os materiais fotorrefrativos são fotocondutores e eletro-ópticos (Pepper et al., 1990; Günter; Huignard, 1988; Frejlich, 2006) em que uma luz de comprimento de onda adequado excita portadores de carga a partir de centros fotoativos (doadores) no *band-gap* do material. Esses portadores se movem por difusão ou sob ação de um campo elétrico externamente aplicado, e são capturados em centros ativos vacantes (armadilhas ou *traps*), em outras regiões do material. Se o material é iluminado com uma luz espacialmente modulada, elétrons (p. ex.) se acumulam nas regiões mais escuras (onde a taxa de fotogeração é menor) a partir das regiões mais iluminadas. Essa redistribuição de cargas no volume do material produz um desbalanceamento local (acompanhando a modulação da luz) de carga elétrica e, por esse motivo, aparece uma modulação espacial de campo elétrico a partir da conhecida lei de Gauss:

$$\nabla.(\epsilon\varepsilon_o\vec{E}_{SC}) = \rho \qquad \nabla = \vec{i}\partial/\partial x + \vec{j}\partial/\partial y + \vec{k}\partial/\partial z \tag{6.15}$$

onde ϵ é a constante dielétrica; ε_o é a permitividade dielétrica do vácuo; e ρ é a densidade volumétrica de carga. Pelo efeito eletro-óptico (conhecido também como efeito *Pockels* (Yariv, 1985)) desses materiais, esse campo produz uma variação local de índice de refração, segundo a expressão:

$$\Delta n = -n^3 r_{\text{eff}} E_{SC}/2 \tag{6.16}$$

onde n é o índice médio e r_{eff} é o coeficiente eletro-óptico efetivo. Dessa forma, qualquer informação (modulação espacial) luminosa projetada sobre o cristal será convertida numa

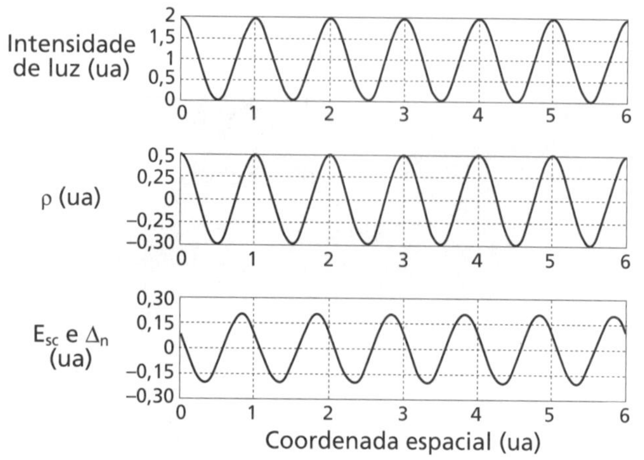

Fig. 6.15 Gráficos representando esquematicamente: o padrão luminoso projetado sobre o cristal (acima), a densidade espacial de carga elétrica ρ resultante (meio) e o campo espacial de cargas E_{SC} e a modulação de índice de refração Δ_N finalmente produzida (embaixo). Note que estes últimos estão defasados em relação aos dois primeiros; sem campo elétrico externamente aplicado, essa defasagem vale 90°

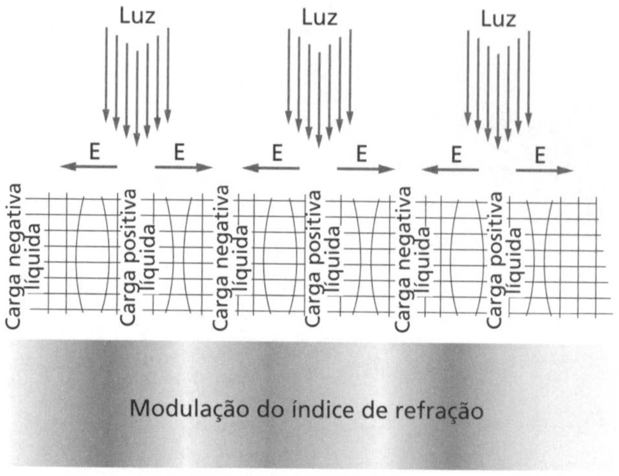

Fig. 6.16 Registro de uma modulação espacial de intensidade de luz sob a forma de modulação de índice de refração no volume do cristal fotorrefrativo

modulação volumétrica correspondente, de índice de refração, como mostrado nas Figs. 6.15 e 6.16 (extraídas de Günter; Huignard, (1988); Frejlich (2006)).

No caso particular do padrão de franjas luminosas produzidas pela interferência de uma onda-objeto e uma onda-referência, quando projetadas sobre o cristal, produzem nele um holograma em volume que pode ser lido usando-se a própria onda-referência. Assim, duas ondas aparecem por trás do cristal: a transmitida e a difratada (que é, de fato, a reconstrução da onda-objeto).

Os cristais fotorrefrativos são materiais de registro em tempo real e reversíveis, o que significa que, durante a leitura, o holograma vai sendo apagado pelo próprio feixe de leitura. Exceto para o $LiNbO_3$ e alguns outros cristais dessa família, que podem armazenar a informação no escuro por muitos anos, na maioria dos outros, a informação desaparece num tempo (microssegundos em GaAs; segundos em $BaTiO_3$; minutos ou horas em $Bi_{12}TiO_{20}$) cuja velocidade depende fundamentalmente da condutividade de cada material no escuro. Alguns cristais usuais e suas características qualitativas estão descritos no Quadro 6.1.

Quadro 6.1 CARACTERÍSTICAS QUALITATIVAS DE ALGUNS MATERIAIS USUAIS

cristal	eficiência de dif.	rapidez	faixa espectral
$LiNbO_3$	até 100%	muito lento	verde-vermelho
$BaTiO_3$	até 60-80%	médio	verde-vermelho
GaAs	menos de 1%	muito rápido	IV próximo
$Bi_{12}SiO_{20}$	até 15%	rápido	verde-azul
$Bi_{12}TiO_{20}$	até 15%	rápido	verde-vermelho

6.2.2 Leitura de hologramas dinâmicos

Uma primeira alternativa para ler um holograma reversível sem apagá-lo seria utilizar um comprimento de onda fora da faixa de sensibilidade do material, mas isso é inconveniente por várias razões, a principal das quais seria a perda da qualidade de "adaptabilidade" do sistema de leitura (explicaremos isso mais adiante). Uma outra alternativa é fazer a leitura durante o registro como proposto pela primeira vez por Huignard, utilizando cristais com propriedades tais que permitam que a luz difratada (holograma) tenha uma polarização diferente, e mesmo ortogonal, à da luz transmitida. Assim, um simples polarizador pode cortar a luz transmitida, deixando passar a luz difratada, mesmo que esta última seja muito mais fraca, como ilustrado na Fig. 6.17. O detalhamento dessa técnica escapa ao escopo deste livro, mas o leitor interessado pode consultar as referências (Herria et al., 1978; Kamshilin; Petrov, 1985; Frejlich, 2006).

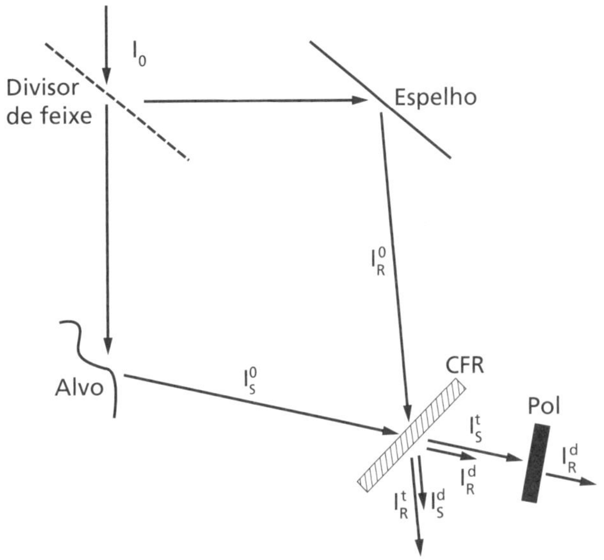

Fig. 6.17 Montagem esquemática para a medida de vibrações e deformações por holografia interferométrica: alvo objeto da medida, cristal fotorrefrativo (CFR); feixe laser incidente (I_0); feixes-referência (I_R^0) transmitido (I_R^t) e difratado (I_R^d); feixes-objeto (I_S^0) transmitido (I_S^t) e difratado (I_S^d); polarizador (Pol) para suprimir o feixe-objeto transmitido

6.3 Aplicações da holografia

As aplicações são muitas e em muitas áreas, da Engenharia às Artes, passando pela ciência dos materiais e pela computação óptica.

6.3.1 Holografia para medida de vibrações e deformações

A holografia é particularmente interessante para medir vibrações e deformações, uma vez que, por ser um método óptico, é remoto e não invasivo, e por ser holográfico, é também muito sensível. Abordaremos duas técnicas que são simples de implementar: a "holografia interferométrica em média temporal", para a medida de vibrações, e a "holografia de dupla exposição", para a medida de deformações. A descrição dessas duas técnicas independe do tipo de material fotossensível (com revelação ou em tempo real), desde que tenha uma resposta mais ou menos linear. Os resultados descritos a seguir foram obtidos a partir de experimentos numa montagem como a descrita esquematicamente na Fig. 6.17. Por razões práticas, foram utilizados cristais fotorrefrativos como material de registro (em tempo real). O ponto principal da montagem é o uso de um cristal fotorrefrativo (CFR) capaz de produzir luz transmitida e difratada com polarizações ortogonais (ou quase), o que permite suprimir a luz alvo-objeto transmitida I_S^t (que não carrega informação nenhuma sobre a vibração do objeto-alvo) por meio de um polarizador, ficando com a luz de referência difratada I_R^d (ou reconstrução holográfica da onda-objeto) muito mais fraca que a luz transmitida, mas que carrega as informações necessárias sobre vibração ou deformação do alvo.

Medida de vibrações

Existem várias possibilidades de usar holografia para medir vibrações. Uma das mais interessantes é a chamada "holografia interferométrica em média temporal" (Collier et al., 1971; Erf, 1974). Nesse caso, o registro do holograma do objeto vibrando é feito durante um tempo t grande, em comparação com o período $T = 2\pi/\Omega$ da vibração sob estudo. Nessas condições, a fase da onda retroespalhada pela superfície do objeto vibrando harmonicamente com amplitude $d(\vec{r})$ estará modulada por:

$$\Delta\phi(\vec{r}) \ \text{sen}\,\Omega t, \ \text{onde} \ \Delta\phi(\vec{r}) = 4\pi\frac{d(\vec{r})}{\lambda} \tag{6.17}$$

na aproximação paraxial, isto é, para luz incidente e retroespalhada com ângulo pequeno. Deixando implícita a dependência da fase em $\vec{r}$, podemos escrever a onda-objeto como:

$$\vec{\mathcal{O}}_{\Delta\phi} = \vec{\mathcal{O}}\, e^{-i\phi_o - i\Delta\phi\,\text{sen}\,\Omega t} = \vec{\mathcal{O}}\, e^{-i\Delta\phi\,\text{sen}\,\Omega t} \tag{6.18}$$

onde estão contidas as informações sobre a vibração da superfície, sendo que $\vec{\mathcal{O}}_{\Delta\phi}$ e $\vec{\mathcal{O}}$ representam os fasores da onda-objeto retroespalhada, com e sem vibrações, respectivamente. Substituindo a expressão da Eq. (6.18) na Eq. (6.9), calculando a média temporal e rearranjando, encontramos uma expressão para o termo correspondente à onda-objeto reconstruída:

$$\langle \vec{\mathcal{O}}\, e^{-i\Delta\phi\,\text{sen}\,\Omega t} . \vec{\mathcal{R}}^* \rangle\, \vec{\mathcal{R}} \ \propto \ \vec{\mathcal{O}} J_o(\Delta\phi) \tag{6.19}$$

$$\text{cuja irradiância é proporcional a } \ |\,\vec{\mathcal{O}}\,|^2 J_o^2(\Delta\phi) \tag{6.20}$$

que representa a imagem do objeto modulada pelo quadrado da função de Bessel de ordem zero (J_o^2), onde o seu argumento ($\Delta\phi$) está relacionado com o valor local da amplitude de vibração do objeto naquele ponto por meio da Eq. (6.17) (Collier et al., 1971). Isso significa que, superposto à imagem do objeto, temos um padrão de franjas escuras (os pontos onde $\Delta\phi$ é tal que $J_o = 0$) e de franjas brilhantes (onde J_o é máximo). Temos, assim, uma descrição direta e em duas dimensões da distribuição de amplitudes de vibração na superfície do alvo, como ilustrado na Fig. 6.18, em que as franjas escuras representam curvas de "isoamplitude" de vibração que podem ser calculadas a partir da tabela na Fig. 6.18.

A tabela na Fig. 6.18 mostra os valores dos argumentos que resultam nos diferentes máximos e mínimos para a função de Bessel de ordem zero, e os correspondentes valores para as amplitudes de vibração. Na mesma tabela, aparecem os valores dos máximos sucessivos de J_o^2, o que representa o contraste da franja brilhante correspondente. Podemos observar, assim, que a segunda franja luminosa é aproximadamente 6 vezes, e a sexta franja brilhante é quase 26 vezes menos contrastada que a primeira.

A observação da Fig. 6.18, independentemente dos cálculos, dá uma boa ideia sobre o comportamento do alvo, de uma forma muito rápida, ainda que semiquantitativa. Muitas vezes, essa figura é suficiente para se tirar conclusões importantes sobre o comportamento do objeto e sobre o que deve ser feito para alterá-lo em alguma direção. O cálculo quantitativo sobre essa figura, feito manualmente na base da identificação dos zeros e máximos da função

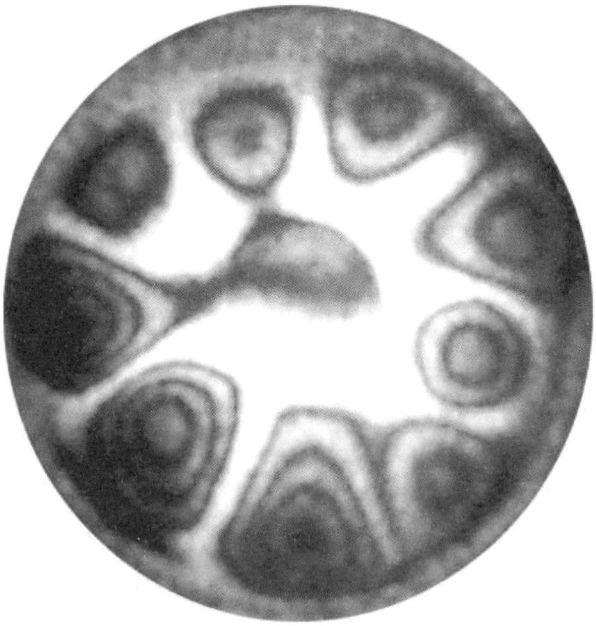

d	ZERO	MÁX	
	radianos		
(nm)	x	x	$J_o(x)^2$
0	—	0	1
120,9	2,4	—	—
191,4	—	3,8	0,16
277,05	5,5	—	—
352,6	—	7,0	0,09
435,7	8,65	—	—
511,3	—	10,15	0,062
594,4	11,8	—	—
670,0	—	13,3	0,048
750,6	14,9	—	—
831,2	—	16,5	0,038

Fig. 6.18 Membrana de um alto-falante excitada por uma tensão de 3,0 kHz e analisada pela técnica de holografia interferométrica em média temporal. O fundo brilhante indica a região em repouso. A primeira franja escura indica amplitude de vibração de 0,12 μm; a segunda, 0,28 μm e a terceira, 0,44 μm. A tabela indica as amplitudes de vibração que correspondem aos máximos (brilhante) e aos mínimos (escuro) de luz

de Bessel, pode ter sua precisão muito aumentada se utilizarmos recursos computacionais para processar essa imagem de franjas de interferência.

Medida de deformações

A holografia de dupla exposição é, independentemente do material ou técnica utilizada para gravar o holograma, a técnica mais utilizada para medir deformações. Consiste em gravar um holograma do alvo antes e outro depois da deformação, só revelando (se for necessário) no final. Ao iluminar esse holograma composto com a onda-referência, duas ondas serão reconstruídas: a do objeto antes e a do objeto depois da deformação. Como ambas as ondas são mutuamente coerentes, elas se interferem, e as franjas que aparecem mostram as diferenças correspondentes à deformação da superfície do alvo. A Fig. 6.19 apresenta um holograma desse tipo. Trata-se de um holograma de dupla exposição sobre uma placa (os desenhos regulares são próprios do adesivo retrorrefletor que foi colado na placa para melhorar sua visualização), onde se pode ver um conjunto de franjas paralelas que apenas indicam que a placa em questão foi inclinada, mas a deformação das franjas na parte superior esquerda

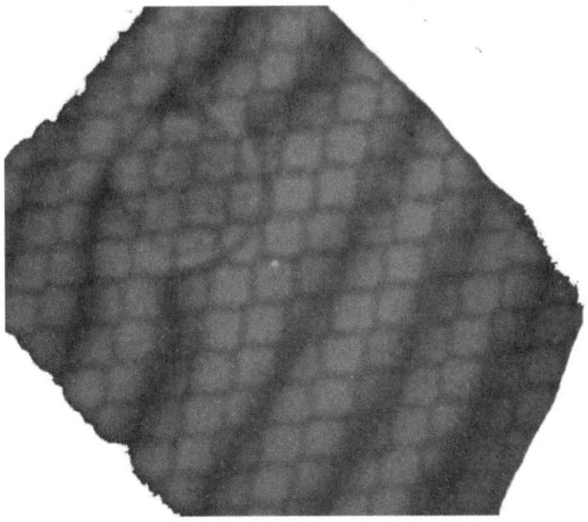

Fig. 6.19 Inclinação (franjas paralelas) e deformação (quebra do paralelismo das franjas no canto superior esquerdo) de uma lâmina de vidro com um adesivo retrorrefletor, visualizadas no interferômetro pela técnica de holografia de dupla exposição

mostra uma deformação provavelmente devida à pressão do dedo que foi apoiado nesse ponto para inclinar a placa.

6.3.2 Computação óptica

Entre as várias possíveis aplicações da holografia na computação óptica, uma das mais interessantes é a que utiliza a associatividade dos hologramas (ver seção 6.1.4) e que deu origem a um sistema puramente óptico baseado nas memórias associativas e que se parece muito com a forma aparentemente utilizada pelo cérebro humano para fazer associações. O esquema experimental está ilustrado na Fig. 6.20. O dispositivo da figura é capaz de procurar uma imagem de arquivo a partir de uma amostra parcial e incompleta dessa imagem. O sistema é baseado na holografia e na conjugação de fase. O holograma "arquivo" é formado por um grande número de hologramas guardados num material de registro em volume. Cada imagem foi armazenada utilizando-se um feixe referência incidindo com um ângulo diferente. Para reconstruir a imagem a partir de uma imagem incompleta na entrada, ela é projetada sobre o holograma, que gera, assim (por associatividade), uma reconstrução holográfica que se aproxima da onda de referência associada, isto é, com a onda de referência utilizada na hora de armazenar a imagem completa no arquivo (holograma). Essa "quase" onda de referência se reflete num espelho de conjugação de fase e incide no holograma, gerando uma imagem que está a meio caminho entre a imagem na entrada e a imagem completa armazenada. Essa imagem "melhorada" se reflete num outro espelho de conjugação de fase e, ao passar pelo holograma, volta a reconstruir a onda de referência. O processo se repete e, se o sistema está bem desenhado e a imagem de entrada tem as

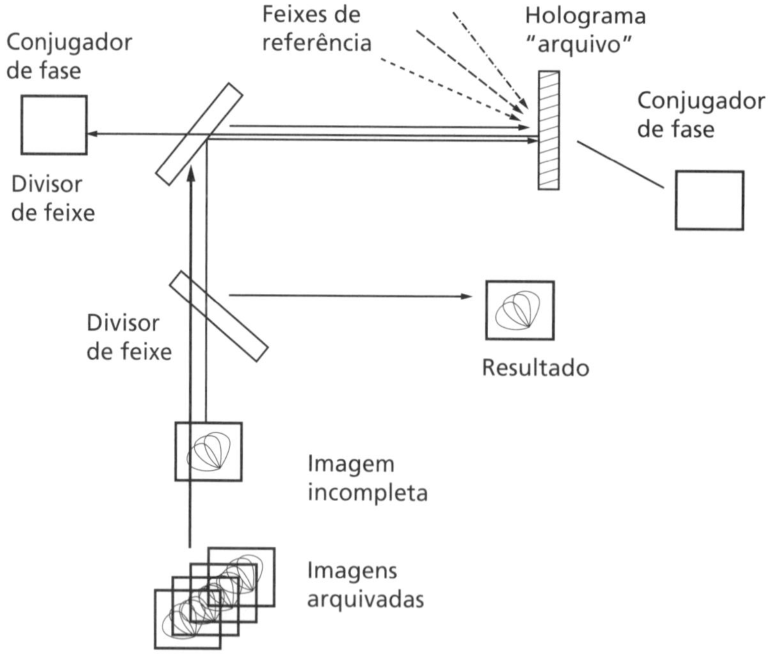

Fig. 6.20 Esquema de um sistema de computação puramente óptico (Owechko et al., 1986)

informações mínimas necessárias, o resultado final converge para a saída da imagem que, entre todas as armazenadas, se parece mais com o sinal de entrada.

O sistema foi testado com sucesso (Owechko et al., 1986) e deu início à grande quantidade de experimentos nessa linha de trabalho. É importante destacar o fato de que os espelhos de conjugação de fase são fundamentais nesse processo, pois refletem uma onda conjugada, capaz de reconstruir a onda associada conjugada, necessária para o processo de aproximação sucessiva à imagem procurada. Um simples espelho produziria somente uma onda refletida, o que não serviria para o objetivo almejado.

6.4 Teoria da informação

Nesta seção daremos uma visão da holografia do ponto de vista de sua capacidade para armazenar informações, quantificando-as e fazendo as generalizações possíveis. Tentaremos mostrar as semelhanças entre os sistemas eletrônicos e ópticos, do ponto de vista do armazenamento e da transmissão de informações, assim como em relação à "resposta" do sistema, seja ele óptico ou eletrônico.

6.4.1 Capacidade dos sistemas de registro

Do ponto de vista da holografia, armazenar informações em três dimensões é, basicamente, formar sistemas de franjas de interferência usando-se ondas planas da mesma frequência temporal ν e diferentes direções. Outra possibilidade seria armazenar informações em forma digital por meio de *spots*. No que segue, enfocaremos um registro em duas dimensões, o que pode ser facilmente estendido para o caso tridimensional. Queremos calcular a capacidade de armazenar informações e mostrar que, para esse objetivo, os pontos de vista holográfico (analógico) e digital são equivalentes.

Abordagem digital

No caso de um sistema de iluminação coerente, a propagação da luz é representada por um "filtro" linear invariante cuja "função de transferência" foi descrita na seção 5.3.2 e assim representada:

$$H(f_x,f_y) = e^{i\frac{2\pi}{\lambda}z\sqrt{1-(\lambda f_x)^2-(\lambda f_y)^2}} \qquad \text{para } \rho^2 = f_x^2 + f_y^2 \leq 1/\lambda^2$$

$$H(f_x,f_y) = 0 \qquad \text{para } \rho^2 = f_x^2 + f_y^2 \geq 1/\lambda^2$$

Nesse caso, a largura da função de transferência é $\Delta\rho \leq 1/\lambda$, e o menor tamanho possível para o feixe de luz, em função da relação de incerteza $\Delta r \cdot \Delta\rho \geq 1$ será então:

$$\Delta r \geq \lambda \qquad r = \sqrt{x^2+y^2} \tag{6.21}$$

onde r é a coordenada conjugada de Fourier em relação a ρ. Isso significa que o máximo número de informações (*spots*) que se podem registrar distintamente numa placa fotográfica de 1 cm^2, por exemplo, é:

$$\text{Capacidade } C = \frac{1\,cm^2}{\lambda^2} = \frac{1\,\text{cm}^2}{(0{,}5\,\mu\text{m})^2} \approx 4 \times 10^8 \text{ ou seja } 4 \times 10^8 \text{ bits/cm}^2 \tag{6.22}$$

Abordagem analógica

Nesse caso, a informação na placa fotográfica, em vez de estar representada por *spots*, está representada por franjas de interferência de período Δ, formadas pela interferência de duas ondas planas interferindo com um ângulo fixo. Quando o holograma é "lido" incidindo-se uma onda plana, como ilustrado na Fig. 6.21, a luz é difratada pelos distintos sistemas de franjas com distintos períodos. Para cada período Δ_1 corresponde uma onda difratada com um ângulo θ_1. O número máximo possível de informações independentes que podem ser gravadas nessa placa depende do número de feixes com diferentes direções que podemos detectar, o que, por sua vez, depende da largura de cada feixe. A largura do feixe é determinada pela difração da abertura:

$$t(x,y) = \text{rect}\left(\frac{x}{a}\right)\text{rect}\left(\frac{y}{b}\right) \quad \textbf{(6.23)}$$

$$T(f_x,f_y) = a\,b\,\text{sinc}(af_x)\text{sinc}(bf_y) \qquad f_x = \frac{\eta}{\lambda z} \qquad f_y = \frac{\xi}{\lambda z} \quad \textbf{(6.24)}$$

cujas larguras são:

$$\Delta f_x \approx \frac{1}{a} \qquad \Delta f_y \approx \frac{1}{b} \quad \textbf{(6.25)}$$

Em termos de ângulo sólido, podemos escrever:

$$\Delta\Omega = \frac{\Delta\xi\,\Delta\eta}{z^2} = \frac{\lambda^2}{ab} \quad \textbf{(6.26)}$$

A quantidade máxima de informação que se pode armazenar, sempre para $\lambda = 0{,}5\,\mu$m, será:

$$C = \frac{\pi/2}{\Delta\Omega} = \frac{\pi}{2}\frac{ab}{\lambda^2} \quad \textbf{(6.27)}$$

$$\text{ou seja } \approx 6 \times 10^8\,\text{bits/cm}^2 \quad \textbf{(6.28)}$$

que é quase igual ao calculado pelo procedimento digital.

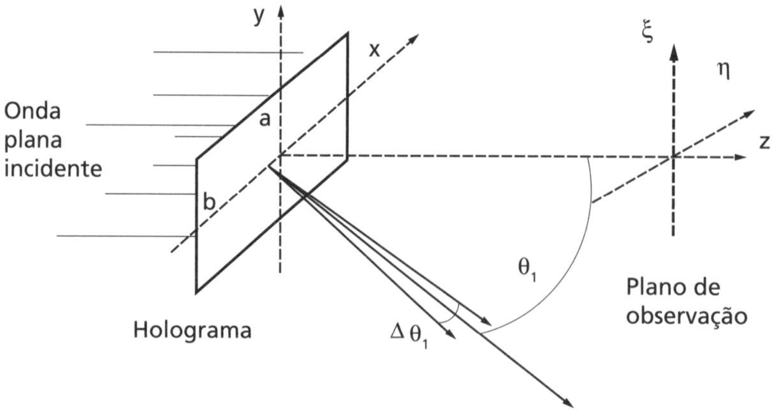

Fig. 6.21 Largura angular de um feixe difratado por uma abertura retangular de dimensões a×b

A grande capacidade de armazenamento de informações em sistemas ópticos, denotada pelos valores obtidos, está obviamente na base do interesse da fotografia como meio de documentação. A capacidade de armazenamento em volume é obviamente muito maior, o que é fácil de calcular em termos digitais, já que, nesse caso, a Eq. (6.22) fica assim:

$$C = \frac{1\,\text{cm}^3}{\lambda^3} \tag{6.29}$$

E em termos analógicos, de onde surge esse aumento de capacidade?

Muitos materiais já foram ou estão sendo desenvolvidos para permitir a gravação óptica, seja de forma permanente ou reversível. É preciso assinalar, porém, que as capacidades anteriormente calculadas são valores limite e que, na prática, existem outros fatores limitantes, como, por exemplo, a própria resolução e a linearidade de resposta do material. Existe uma diferença fundamental entre ambos os sistemas (analógico e digital) no armazenamento da informação: no método digital, como no caso da fotografia, a destruição de uma área da placa acaba definitivamente com toda as informações específicas naquela área destruída, sem afetar em nada o resto. No método analógico, porém, por sua própria natureza holográfica, isso não ocorre, uma vez que a informação está deslocalizada; apenas há uma redução gradativa na qualidade na reconstrução das ondas, em decorrência do aumento da largura angular do feixe difratado, por conta da diminuição da "janela" de difração.

6.4.2 Conteúdo de informação de uma fotografia

Trata-se de avaliar a quantidade de informações contidas em uma fotografia, por exemplo. Em primeiro lugar, vamos definir o que significa o termo "quantidade de informações". Para isso, pensaremos no caso mais simples de uma função unidimensional $g(x)$, contínua em x, considerada no intervalo $x = \{0, L\}$, cuja TF:

$$G(f) = \int_{-\infty}^{+\infty} g(x)\, e^{-i2\pi f x}\, dx \qquad \Delta f \leq B \tag{6.30}$$

tem uma largura não superior a B. Pelo teorema de amostragem de Whittaker-Shannon (ver Apêndice D), isso significa que se pode substituir a função contínua $g(x)$, sem perda de informação, por amostras pontuais dessa função, tomadas a intervalos de $(\Delta x)_S$:

$$(\Delta x)_S = \frac{1}{B} \tag{6.31}$$

Com essas amostras, pode-se reconstruir exatamente a função contínua $g(x)$ original, o que significa que ambas são equivalentes do ponto de vista do seu conteúdo em termos de informação. Dessa forma, podemos utilizar essa amostragem para estimar o número de informações contidas na função $g(x)$, calculando o número de amostras no intervalo $\{x = 0, x = L\}$:

$$C = L/(\Delta x)_S = LB \tag{6.32}$$

Esse procedimento pode ser aplicado a uma fotografia ou a uma transparência em duas dimensões, com dimensões $a \times b$ e com respectivas larguras espectrais máximas B_a e B_b, em cujo caso o conteúdo máximo de informações independentes será:

$$C = abB_aB_b \tag{6.33}$$

A expressão na Eq. (6.33) é geral e aplica-se também para funções temporais, nas quais ela é conhecida como produto "tempo-largura de banda".

Exemplo

As duas fotografias na Fig. 6.22 mostram imagens da mesma cena, com processamento diferente, em que uma tem maior resolução que a outra. Calcule a maior frequência espacial (média) contida em cada uma das duas imagens, sabendo o tamanho ou número de informações independentes (659 kB e 2,46 MB, respectivamente) de cada imagem, e que as dimensões delas são 80,15 cm × 60,11 cm, iguais para as duas.

Resp.: 11,7 cm^{-1} e 22,6 cm^{-1}

6.4.3 Resposta de um sistema

Trata da máxima "rapidez" (em termos de tempo ou de espaço) com que um sistema linear invariante pode responder.

Seja uma função g(x) com espectro de Fourier G(f) de largura limitada:

$$G(f) = 0 \text{ para } |f| \geq B/2 \tag{6.34}$$

Supondo que a função g(x) é também limitada, isto é:

$$|g(x)| \leq M(g) \qquad -\infty < x < +\infty \tag{6.35}$$

então, pelo teorema de Bernstein (ver Apêndice C) sobre derivada de funções de espectro finito, resulta que:

$$\left|\frac{\partial g(x)}{\partial x}\right| \leq \pi \frac{B}{2} M(g) \tag{6.36}$$

Esse resultado é a formulação matemática de um conceito fácil de aceitar intuitivamente e que estabelece que, se o espectro de uma função não inclui frequências arbitrariamente grandes, ela não pode mudar arbitrariamente rápido. No que segue, aplicaremos essas conclusões ao estudo de um amplificador (função temporal) e de um sistema óptico.

Constante de tempo de um amplificador

A resposta de um amplificador é um sinal de espectro limitado, razão pela qual se aplica o teorema de Bernstein. Seja s(t) um sinal "degrau" e seja r(t) a resposta do amplificador, como ilustrado na Fig. 6.23. A resposta passa do valor r = 0 para r = A, mas não instantaneamente. Seja Δt a duração dessa transição ou "tempo de resposta" do amplificador. Em função do "teorema do valor médio" – que estabelece que "se a função $f(x)$ é contínua e derivável no intervalo [a,b], então existe um $x = c$ pertencente a esse intervalo, que verifica $f'(c)(b - a) = f(b) - f(a)$" –, podemos escrever:

$$r(\Delta t) - r(0) = r'(\theta \Delta t).\Delta t \qquad 0 \leq \theta \leq 1 \tag{6.37}$$

$$A = r'(\theta \Delta t).\Delta t \tag{6.38}$$

mas, pelo teorema de Bernstein, resulta:

Fig. 6.22 Fotografias da mesma cena, em que a superior foi processada para suavizar e a inferior, para acentuar o contraste (bordas). Os conteúdos de informação nas imagens superior e inferior são, respectivamente, 659 kB e 2,46 MB

$$|r'(\theta\Delta t)| \leq \pi\frac{B}{2}A \tag{6.39}$$

$$|r'(\theta\Delta t)| \leq \pi\frac{B}{2}|r'(\theta\Delta t)|\Delta t \tag{6.40}$$

$$\boxed{\Delta t \geq \frac{2}{\pi B}} \tag{6.41}$$

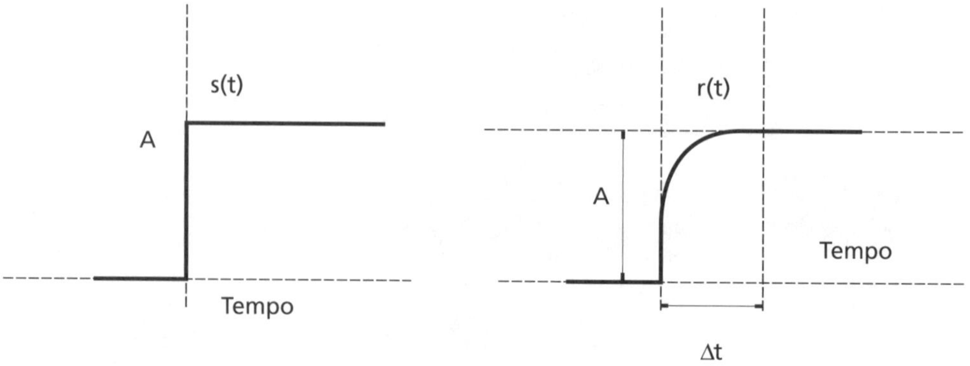

Fig. 6.23 Sinal de entrada (esquerda) e resposta "amortecida" na saída de um amplificador "amortecido" (direita)

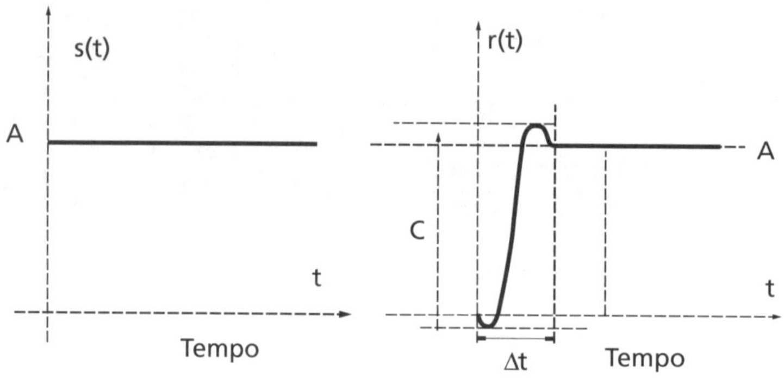

Fig. 6.24 Sinal de entrada (esquerda) e resposta "subamortecida" (direita) do amplificador

O caso descrito representa a resposta de um sistema amortecido. Se, por outro lado, o sistema fosse do tipo "subamortecido", como ilustrado na Fig. 6.24, então o tempo de resposta poderia ser menor, pois:

$$\boxed{\Delta t \geq \frac{A}{C}\frac{2}{\pi B} \qquad 0 < \frac{A}{C} < 1} \tag{6.42}$$

Poder de resolução de um sistema óptico

Vamos estudar um exemplo de Óptica, no qual aquilo que em termos de eletrônica chamamos de "tempo de resposta" encontra o equivalente no termo "poder de resolução", que nada mais é do que o tempo de resposta em termos espaciais, que será agora avaliado em termos de coordenadas espaciais, e não mais temporais, como no caso do amplificador abordado anteriormente. Trata-se da imagem de uma borda uniformemente iluminada por um sistema óptico, como ilustrado na Fig. 6.25. Abordaremos dois casos: um com iluminação coerente e outro, incoerente.

A borda pode ser definida pela função:

$$f(x) = 0 \text{ para } x < 0 \tag{6.43}$$

$$= 1 \text{ para } x > 0 \tag{6.44}$$

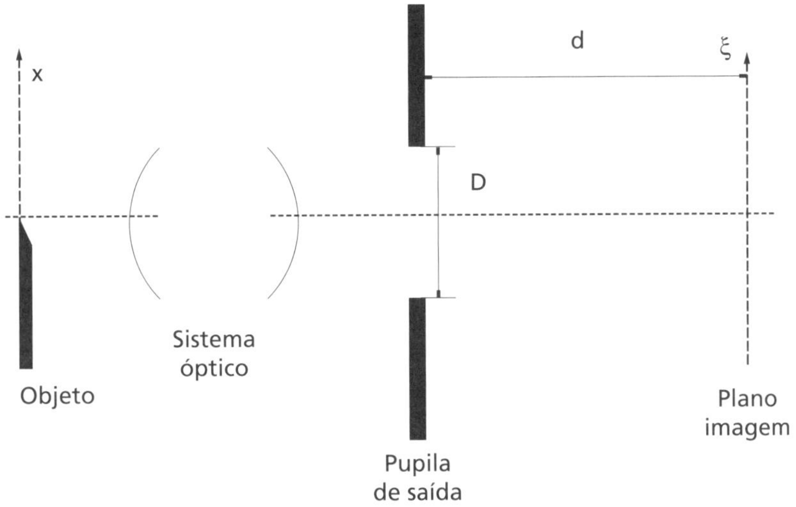

Fig. 6.25 Imagem de uma borda uniformemente iluminada por um sistema óptico

Para um sistema óptico coerente, a função de transferência pode ser escrita como:

$$H(f) = P(\lambda\, d\, f) \tag{6.45}$$

que corresponde à Fig. 6.26, em que f é a frequência espacial e $P()$ é a "função pupila" do sistema óptico. Para o caso de um sistema incoerente, por outro lado, a função de transferência está representada na Fig. 6.27. Não discutiremos aqui a origem dessas expressões (ver Goodman (1968)), apenas as aceitaremos para não nos desviarmos de nosso objetivo imediato. Trata-se, então, de calcular a resposta do sistema óptico em termos da distância Δx que representa a transição entre a escuridão total e a luz total, no plano da imagem. Uma vez que o sistema tem uma largura de banda finita B (ver as Figs. 6.26 e 6.27) e levando em conta a Eq. (6.41), resulta que:

$$\Delta x \geq \frac{2}{\pi B} \tag{6.46}$$

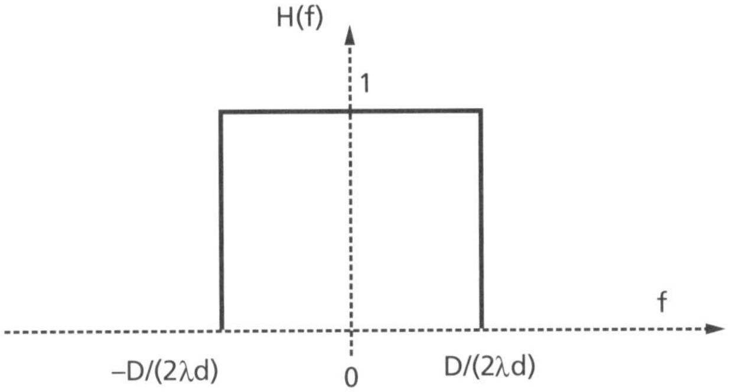

Fig. 6.26 Função de transferência de um sistema óptico operando em luz coerente, onde D é a pupila de saída, d é a distância da pupila ao plano imagem e f é a frequência espacial. A largura de banda é $\Delta H(f) = D/(\lambda d)$

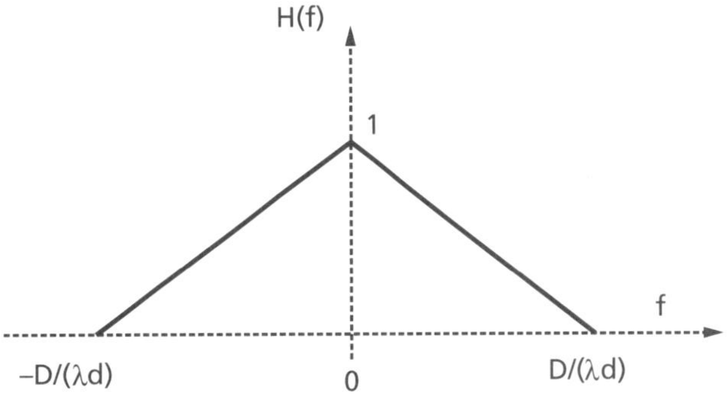

Fig. 6.27 Função de transferência de um sistema óptico operando em luz incoerente, onde D é a pupila de saída, d é a distância da pupila ao plano imagem e f é a frequência espacial. A largura de banda é $\Delta H(f) = 2D/(\lambda d)$

sendo que, para os casos do sistema coerente e incoerente, resulta ser, respectivamente:

$$\Delta x \geq 2\frac{\lambda d}{\pi D} \quad \textbf{(6.47)}$$

$$\Delta x \geq \frac{\lambda d}{\pi D} \quad \textbf{(6.48)}$$

Veja que a luz incoerente permite maior resolução. Podemos comparar os resultados obtidos aqui para uma borda com os obtidos por meio da teoria da difração, em que a resolução Δr_o da imagem é calculada pelo tamanho finito da abertura de difração (isto é, a abertura circular da pupila P – ver problema 5.8.4), que resulta ser (ver seção 5.6.1):

$$\Delta r_o = 1{,}22\frac{\lambda d}{D} \quad \textbf{(6.49)}$$

e que se mostra comparável com o resultado obtido na Eq. (6.47).

A analogia estabelecida entre Eletrônica e Óptica não é fortuita. Ela existe porque os conceitos "poder de resolução" em Óptica e "tempo de resposta" em Eletrônica são consequência imediata da largura de banda finita da função de transferência dos sistemas lineares invariantes.

6.5 Experimentos ilustrativos

6.5.1 Cristais fotorrefrativos: mistura de ondas

Trata-se de gravar um holograma num cristal de $Bi_{12}TiO_{20}$ (BTO), verificar a presença do holograma gravado e o fenômeno de "mistura de ondas", e quantificar a transferência de energia entre os feixes.

Os materiais fotorrefrativos (Frejlich, 2006) são fotocondutores, o que significa que a luz libera portadores de carga elétrica no material. Eles são também eletro-ópticos (efeito *Pockels*), ou seja, um campo elétrico no material modifica seu índice de refração. Essas duas propriedades permitem que um padrão de interferência luminoso grave uma rede de difração (ou, eventualmente, um holograma) no volume do material, sob a forma de modulação do seu índice de refração (Santos; Frejlich, 1987; Pepper et al., 1990; Frejlich, 2006). A rede gravada difrata a luz, o que ocorre também com os feixes incidentes. Isso significa que, durante a gravação do holograma, o próprio holograma que vai sendo gerado produz a difração dos feixes que o estão gerando. Esse fenômeno chama-se "autodifração" ou "mistura de ondas". A luz transmitida por trás do cristal carrega então os feixes transmitido e difratado nessa mesma direção, o que pode ser escrito na forma:

$$I_S = I_S^0(1-\eta) + I_R^0\eta \pm \cos\gamma\sqrt{I_S^0 I_R^0}\sqrt{\eta(1-\eta)}\cos\varphi \quad \textbf{(6.50)}$$

$$I_R = I_R^0(1-\eta) + I_S^0\eta \mp \cos\gamma\sqrt{I_S^0 I_R^0}\sqrt{\eta(1-\eta)}\cos\varphi \quad \textbf{(6.51)}$$

onde I_S e I_R são as intensidades medidas por trás do cristal nas direções dos feixes incidentes I_S^0 e I_R^0, respectivamente; η é a eficiência de difração do holograma; $\cos\gamma$ representa as polarizações dos feixes transmitido e difratado; e φ é a diferença de fase entre os feixes transmitido e difratado na saída do cristal.

As Eqs. (6.50) e (6.51) podem ser escritas de outra forma:

$$I_S(d) = I_S(0)\frac{1+\beta^2}{1+\beta^2 e^{-\Gamma d}} \tag{6.52}$$

$$\beta^2 = I_R(0)/I_S(0) \tag{6.53}$$

$$I_R(d) = I_R(0)\frac{1+\beta^2}{\beta^2 + e^{-\Gamma d}} \tag{6.54}$$

$$\beta^2 \equiv I_R(0)/I_S(0) \tag{6.55}$$

onde fica mais evidente o efeito de transferência de energia de um feixe para o outro, sendo que Γ é o chamado "ganho" ou "amplificação" do sinal; $I_S(0)$ é a intensidade do sinal na entrada do cristal; $I_S(d)$ é a intensidade do sinal após percorrer uma espessura d do cristal; e I_R é a intensidade do feixe "de bombeio", onde $I_R(0) \gg I_S(0)$. Se Γ for positivo, $I_S(d)$ aumenta em detrimento de $I_R(d)$, e vice-versa para Γ negativo (Yeh, 1989; Kwak et al., 1990; Heaton et al., 1984).

Comparando os dois conjuntos de equações anteriores, fica claro que o "ganho" Γ, a eficiência de difração η e a defasagem φ entre os feixes transmitido e difratado estão interligados e que a magnitude da primeira é maior quanto maior seja η e mais próximo φ seja de $\pm\pi/2$.

Para o caso $\beta^2 \gg 1$, as Eqs. (6.50) e (6.51) podem ser simplificadas assim:

$$I_S(d) = I_S(0)\, e^{\Gamma d} \tag{6.56}$$

$$I_R(d) \approx I_R(0) \tag{6.57}$$

A gravação do holograma ocorre quase em tempo real e também é reversível, o que significa que, ao se cortar um dos feixes para medir η, o holograma vai se apagando, inviabilizando assim a medida direta de η.

Em muitos cristais fotorrefrativos, as polarizações dos feixes transmitido e difratado na saída deles não são paralelas. Isso se chama difração anisotrópica (Frejlich, 2006), o que, obviamente, repercute no acoplamento entre os feixes representado nas Eqs. (6.50) e (6.51).

Numa montagem holográfica usando um *laser* com comprimento de onda adequado para gravar um holograma elementar (uma rede de difração) num cristal de $B_{12}TiO_{20}$:

1. algum tempo após a gravação, verificar qualitativamente a presença de um holograma produzindo uma pequena perturbação, por exemplo, e observar o resultado na intensidade de luz na saída;
2. verificado que um holograma está sendo gravado, cortar um dos feixes incidentes e observar o efeito na saída do outro feixe;
3. quantificar o efeito de transferência de energia em ambos os feixes, na saída do cristal;
4. calcular o ganho Γd e, mudando a direção de polarização da luz incidente, estudar o efeito da difração anisotrópica sobre o ganho. Lembre-se de que, ao mudar a

polarização incidente, ela tem que ser igual para ambos os feixes. Encontrar a polarização que produz máximo ganho;

5. nas condições de máximo ganho encontrada, estudar o efeito da relação de intensidades (β^2) sobre o ganho.

6.5.2 Medida de vibrações por holografia

Trata-se de observar os modos de vibração de uma superfície e medir a amplitude de vibração nos diferentes pontos do plano.

A técnica de medida a ser utilizada é a chamada "holografia interferométrica em média temporal", descrita em (Huignard et al., 1977; Frejlich; Garcia, 1999). O holograma é gravado num cristal fotorrefrativo que permite o registro em tempo real e de forma reversível. O método, descrito na seção 6.3.1, permite a visualização imediata dos modos de vibração no plano todo. A partir do interferograma formado, podemos inferir os valores das amplitudes de vibração em todos os pontos do plano. O objeto de estudo pode ser a membrana de um alto-falante comercial, de preferência coberto com uma fina camada de tinta retrorrefletiva.

1. Escolher a frequência e a tensão de excitação para observar um padrão de modo bem definido.
2. A partir do sistema de franjas de interferência formado, construir um "mapa de nível" da distribuição de amplitudes no plano.
3. Estudar a relação existente entre a tensão aplicada e a amplitude produzida.

Óptica em sólidos

7

Neste capítulo daremos algumas breves noções da propagação da luz em sólidos não isotrópicos e de efeitos não lineares. Esses dois assuntos são relativamente marginais em relação aos objetivos principais deste texto, e são tratados aqui de maneira simplificada apenas para dar ao leitor uma ideia geral do assunto, indicando literatura adequada para um estudo mais detalhado.

7.1 Propagação em meios anisotrópicos

Os meios anisotrópicos (Jenkins; White, 1981; Frejlich, 2006) são, em geral, cristais. Para eles, podemos escrever uma relação vetorial geral:

$$\vec{D} = \varepsilon_o \vec{E} + \vec{P} \tag{7.1}$$

$$\vec{P} = \epsilon_o \hat{\chi} \vec{E} \tag{7.2}$$

onde $\varepsilon_0 = 8,82 \times 10^{-12}$ coul/(mV) é a permitividade do vácuo. As quantidades $\vec{P}$, $\vec{E}$ e $\vec{D}$ são a polarização, o campo elétrico e o deslocamento elétrico, respectivamente. A polarizabilidade $\hat{\chi}$ é um tensor que, apenas para meios isotrópicos, pode ser escrito como um escalar:

$$\vec{P} = \epsilon_o \chi \vec{E} \tag{7.3}$$

A relação tensorial na Eq. (7.2) pode ser escrita assim:

$$\begin{bmatrix} P_1 \\ P_2 \\ P_3 \end{bmatrix} = \varepsilon_o \begin{bmatrix} \chi_{11} & \chi_{12} & \chi_{13} \\ \chi_{21} & \chi_{22} & \chi_{23} \\ \chi_{31} & \chi_{32} & \chi_{33} \end{bmatrix} \begin{bmatrix} E_1 \\ E_2 \\ E_3 \end{bmatrix} \tag{7.4}$$

ou, de forma abreviada:

$$\vec{D} = \varepsilon_o (\hat{1} + \hat{\chi}) \vec{E} \qquad \hat{\epsilon} \equiv (\hat{1} + \hat{\chi}) \tag{7.5}$$

onde $\hat{\epsilon}$ é o tensor da constante dielétrica e $\hat{1}$ e $\hat{\chi}$ são tensores descritos como:

$$\hat{1} = \begin{bmatrix} 1 & 0 & 0 \\ 0 & 1 & 0 \\ 0 & 0 & 1 \end{bmatrix} \qquad \hat{\chi} = \begin{bmatrix} \chi_{11} & \chi_{12} & \chi_{13} \\ \chi_{21} & \chi_{22} & \chi_{23} \\ \chi_{31} & \chi_{32} & \chi_{33} \end{bmatrix} \tag{7.6}$$

Lembremos que existe sempre um sistema de coordenadas, chamado de "principal", onde $\hat{\chi}$ tem forma diagonal:

$$\hat{\chi} = \begin{bmatrix} \chi_{11} & 0 & 0 \\ 0 & \chi_{22} & 0 \\ 0 & 0 & \chi_{33} \end{bmatrix} \tag{7.7}$$

7.1.1 Equação geral da onda

A onda eletromagnética propagando-se num meio não magnético e sem carga elétrica pode ser deduzida das equações de Maxwell:

$$\nabla \times \vec{E} = -\mu_o \frac{\partial \vec{H}}{\partial t} \tag{7.8}$$

$$\nabla \times \vec{H} = \varepsilon_o \frac{\partial \vec{E}}{\partial t} + \frac{\partial \vec{P}}{\partial t} + \vec{J} \text{ with } \vec{J} = \sigma \vec{E} \tag{7.9}$$

$$\nabla.\vec{E} = -\frac{1}{\varepsilon_o} \nabla.\vec{P} \tag{7.10}$$

$$\nabla.\vec{H} = 0 \tag{7.11}$$

e das equações materiais:

$$\begin{aligned} P_1 &= \varepsilon_o \chi_{11} E_1 & D_1 &= \varepsilon_{11} E_1 & \varepsilon_{11} &= \varepsilon_o(1+\chi_{11}) \\ P_2 &= \varepsilon_o \chi_{22} E_2 & D_2 &= \varepsilon_{22} E_2 & \varepsilon_{22} &= \varepsilon_o(1+\chi_{22}) \\ P_3 &= \varepsilon_o \chi_{33} E_3 & D_3 &= \varepsilon_{33} E_3 & \varepsilon_{33} &= \varepsilon_o(1+\chi_{33}) \end{aligned} \tag{7.12}$$

representadas num sistema de coordenadas principal.

7.1.2 Elipsoide de índice de refração

Podemos escrever a expressão das densidades de energia elétrica w_e e magnética w_m (Born; Wolf, 1975):

$$w_e = \frac{1}{2}\vec{E}.\vec{D} = \frac{1}{2}\sum_{kl} E_k \varepsilon_{kl} E_l \qquad w_m = \frac{1}{2}\vec{B}.\vec{H} = \frac{1}{2}\mu H^2 \tag{7.13}$$

e escrever o vetor de Poynting para o fluxo de energia:

$$\vec{S} = \vec{E} X \vec{H} \tag{7.14}$$

Depois de algumas substituições e transformações, podemos escrever, no sistema de coordenadas principal:

$$\frac{D_x^2}{\epsilon_x} + \frac{D_y^2}{\epsilon_y} + \frac{D_z^2}{\epsilon_z} = 2\varepsilon_o w_e = \text{constante} \qquad \begin{aligned} \epsilon_x &\equiv \epsilon_{11} = 1+\chi_{11} \\ \epsilon_y &\equiv \epsilon_{22} = 1+\chi_{22} \\ \epsilon_z &\equiv \epsilon_{33} = 1+\chi_{33} \end{aligned} \tag{7.15}$$

Se definimos:

$$x = \frac{D_x}{\sqrt{2w_e\varepsilon_o}}$$
$$y = \frac{D_y}{\sqrt{2w_e\varepsilon_o}}$$
$$z = \frac{D_z}{\sqrt{2w_e\varepsilon_o}}$$

com

$$n_x^2 = \epsilon_x = \varepsilon_x/\varepsilon_o$$
$$n_y^2 = \epsilon_y = \varepsilon_y/\varepsilon_o$$
$$n_z^2 = \epsilon_z = \varepsilon_z/\varepsilon_o$$

encontramos a formulação da indicatriz óptica, ou elipsoide de índice:

$$\frac{x^2}{n_x^2} + \frac{y^2}{n_y^2} + \frac{z^2}{n_z^2} = 1 \qquad \textbf{(7.16)}$$

onde n_x, n_y e n_z são os índices de refração ao longo das coordenadas x, y e z, respectivamente, como representado na Fig. 7.1.

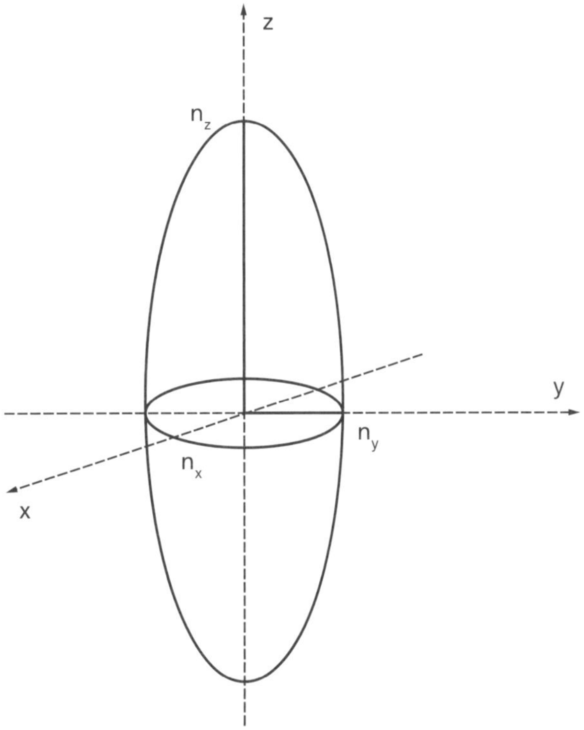

Fig. 7.1 Elipsoide de índice de refração

Se a onda (harmônica) viaja no material com um vetor propagação $\vec{k}$, os modos normais de propagação estão linearmente polarizados e podem ser calculados a partir do elipsoide de índice, como descrito a seguir.

7.1.3 Modos próprios de propagação

Em geral, num material anisotrópico, os vetores $\vec{D}$ e $\vec{E}$ não são paralelos, e o fluxo de energia, indicado pelo vetor $\vec{S}$ (raio), também não tem a mesma direção que o vetor de onda $\vec{k}$. Para equacionar o problema, primeiramente escrevemos, das equações de Maxwell (Eq. 3.1), as relações:

$$\vec{k} \times \vec{H} = -\omega\vec{D} \qquad \textbf{(7.17)}$$
$$\vec{k} \times \vec{E} = \omega\mu_0\vec{H} \qquad \textbf{(7.18)}$$

para um material não condutor ($\vec{J} = 0$) e não magnético ($\mu = \mu_0$). Combinando as equações anteriores, resulta:

$$-\frac{\vec{k}}{k} \times \left(\frac{\vec{k}}{k} \times \vec{E}\right) = \frac{\vec{D}}{n^2}$$
$$1/n^2 = \frac{\omega^2}{k^2}\mu_0\varepsilon_0 = \upsilon^2/c^2 \qquad \textbf{(7.19)}$$

que mostra que $\frac{\vec{D}}{m^2}$ está sobre um plano (representado na cor cinza na Fig. 7.2) perpendicular à direção de propagação $\vec{k}/k$, o que nos permite encontrar as direções das duas componentes próprias do vetor $\vec{D}$ para as ondas ordinária e extraordinária, representadas pelas linhas tracejadas na Fig. 7.2. Por sua vez, os comprimentos desses eixos nos dão os

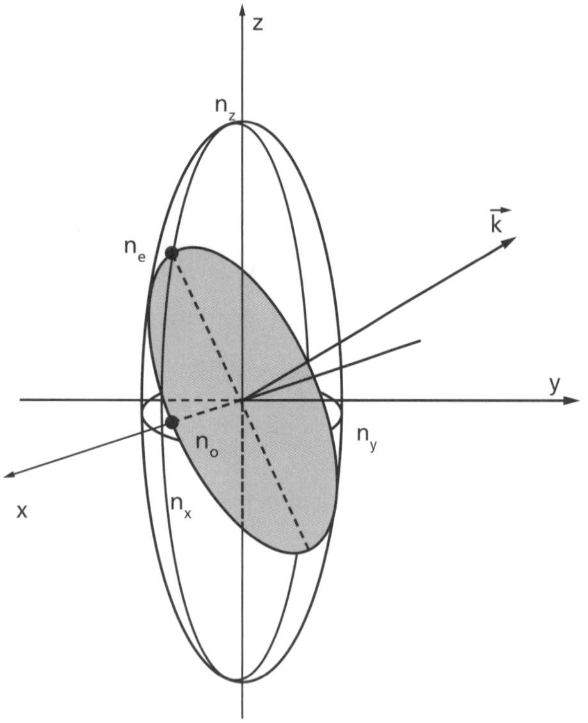

Fig. 7.2 Índices de refração para uma onda plana se propagando num meio anisotrópico

respectivos índices de refração para cada um dos valores próprios de $\vec{D}$, que são n_o e n_e indicados na figura.

Eixo óptico

Quando $\vec{k}$ é tal que a interseção do seu plano normal (cor cinza na Fig. 7.2) é um círculo, o índice de refração vale n_o e é, obviamente, independente da direção de vibração da onda. Essa direção de $\vec{k}$ define o "eixo óptico" do material.

Cristais uniaxiais e biaxiais

Os cristais anisotrópicos podem ser uniaxiais ou biaxiais. Nos primeiros (quando $n_x = n_y = n_o$ na Fig. 7.1), existe um único eixo óptico, que corresponde ao eixo z das Figs. 7.1 e 7.2. Nos segundos (quando $n_x \neq n_y \neq n_z$), existem dois eixos ópticos, simétricos, definidos pelas duas direções de $\vec{k}$, para as quais a interseção do plano perpendicular com o elipsoide de índice forma um círculo. Qualquer onda se propagando numa direção fora da direção do eixo óptico terá dois modos de propagação, ordinário e extraordinário, com os correspondentes índices n_o e n_e.

Relação de dispersão

Das relações nas Eqs. (7.17) e (7.18) e da formulação do vetor de Poynting:

$$\vec{S} = \vec{E} \times \vec{H}$$

deduzimos que:

- $\vec{S}$ é perpendicular a $\vec{E}$ e $\vec{H}$;
- $\vec{D}$ é perpendicular a $\vec{k}$ e $\vec{H}$;
- $\vec{H}$ é perpendicular a $\vec{k}$ e $\vec{E}$;
- $\vec{D}$, $\vec{E}$, $\vec{S}$ e $\vec{k}$ estão num mesmo plano, que é perpendicular a $\vec{B}$ e $\vec{H}$.

Da Eq. (7.19), podemos escrever:

$$\vec{k} \times (\vec{k} \times \vec{E}) + \frac{\omega^2}{c^2}\vec{E} + \chi\frac{\omega^2}{c^2}\vec{E} = 0 \tag{7.20}$$

ou seja, que:

$$\mathcal{M}\vec{E} = 0 \tag{7.21}$$

onde $\mathcal{M}$ representa a matriz:

$$\mathcal{M} \equiv \begin{bmatrix} -k_y^2 - k_z^2 + k_0^2(1+\chi_{11}) & k_x k_y & +k_x k_z \\ k_y k_x & -k_x^2 - k_z^2 + k_0^2(1+\chi_{22}) & k_y k_z \\ k_z k_x & k_z k_y & -k_x^2 - k_y^2 + k_0^2(1+\chi_{33}) \end{bmatrix} \tag{7.22}$$

onde $k_0 \equiv \omega/c$. A solução não trivial da Eq. (7.21) é:

$$|\mathcal{M}| = 0 \Longrightarrow \omega(\vec{k}) \qquad \textbf{(7.23)}$$

que resulta numa relação entre ω e $\vec{k}$, $\omega(\vec{k})$ e que constitui uma relação de dispersão. Essa solução do determinante descreve uma superfície de ω em função de $\vec{k}(k_1,k_2,k_3)$. Para cada valor (constante) de ω, a Eq. (7.23) descreve duas superfícies centro-simétricas em $\vec{k}$, uma esférica para a onda ordinária e outra elíptica para a onda extraordinária, como ilustrado na Fig. 7.3.

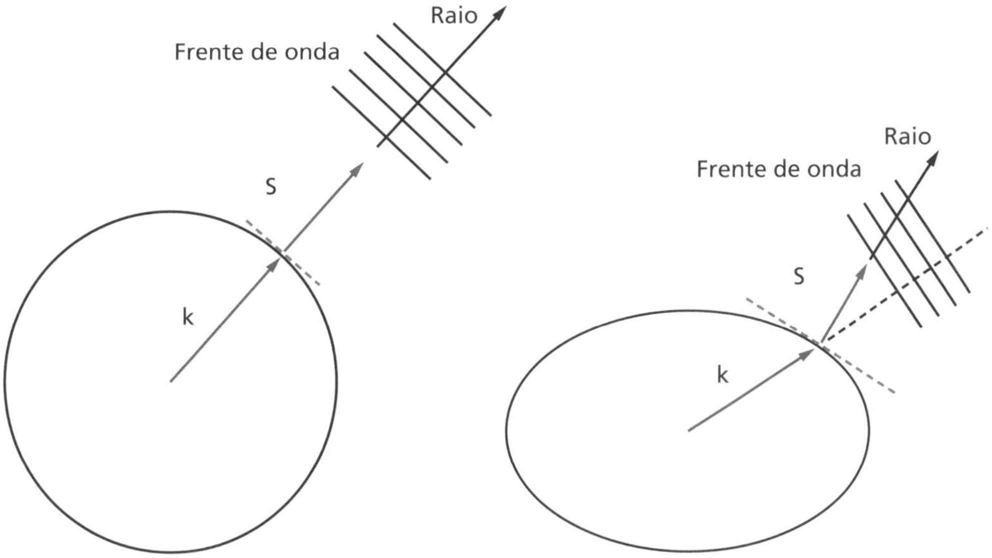

Fig. 7.3 Superfícies de onda normal, $\omega(\vec{k})$, para as ondas ordinária (esquerda, onde $\vec{k} \parallel \vec{S}$) e extraordinária (direita), mostrando a propagação das frentes de onda (perpendiculares ao vetor $\vec{k}$) e dos raios (velocidade de grupo), ao longo do vetor $\vec{S}$

Como a velocidade de grupo $\vec{v}_g$ (que indica o transporte de energia e que é paralela ao vetor $\vec{S}$) é dada por:

$$\vec{v}_g = \nabla_k \omega(\vec{k}) \qquad \textbf{(7.24)}$$

que, por ser um gradiente, deve ser normal à superfície que represente ω constante, e como as superfícies de onda normal (ou superfície de k) representadas na Fig. 7.3 denotam os valores de $\vec{k}$ para ω constante, concluímos que $\vec{S}$ deve ser normal à superfície de onda normal, como ilustrado na Fig. 7.3. A direção de $\vec{S}$ representa também o "raio" de luz. A frente de onda, por outro lado, deve ser perpendicular ao vetor $\vec{k}$, como também ilustrado na Fig. 7.3. Para a onda ordinária, $\vec{k}$ e $\vec{S}$ são paralelos, o que não é, em geral, o caso da onda extraordinária.

Cristal uniaxial

Para o caso de um cristal uniaxial, n_o é constante e n_e varia de n_o (quando $\vec{k}$ é paralelo ao eixo z, que aqui representa o eixo óptico do cristal) até n_z, quando $\vec{k}$ é perpendicular ao eixo óptico. Se a onda ($\vec{k}$) viaja formando um ângulo θ com o eixo óptico, então a elipse de índice vale:

$$\frac{1}{n^2(\theta)} = \frac{\text{sen}^2\,\theta}{n_o^2} + \frac{\cos^2\theta}{n_e^2(\theta)} \tag{7.25}$$

o que significa que os modos próprios de propagação têm índices n_o e $n_e(\theta)$ que dependem de θ.

- A onda ordinária tem um índice constante n_o independente de θ, e os vetores $\vec{E}$ e $\vec{D}$ são sempre paralelos.
- A onda extraordinária tem um índice $n_e(\theta)$, e os vetores $\vec{E}$ e $\vec{D}$ não são, em geral, paralelos.

como indicado nas Figs. 7.4 e 7.5.

Podemos então calcular a equação para a superfície de k para um material uniaxial, escrevendo:

$$n_1 = n_2 = n_o \qquad n_3 = n_e$$

que, substituído na Eq. (7.23), nos dá uma equação para a onda ordinária:

$$k^2 - n_o^2 k_0^2 = 0 \tag{7.26}$$

e outra para a onda extraordinária:

$$\frac{k_1^2 + k_2^2}{n_e^2} + \frac{k_3^2}{n_o^2} - k_0^2 = 0 \tag{7.27}$$

como ilustrado na Fig. 7.6.

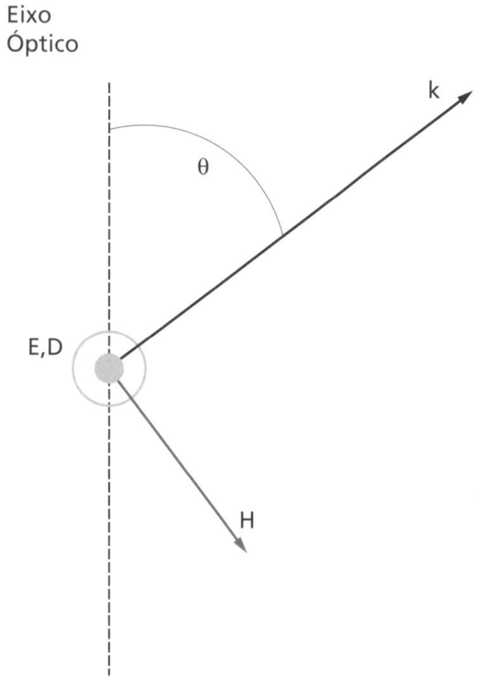

Fig. 7.4 Onda ordinária

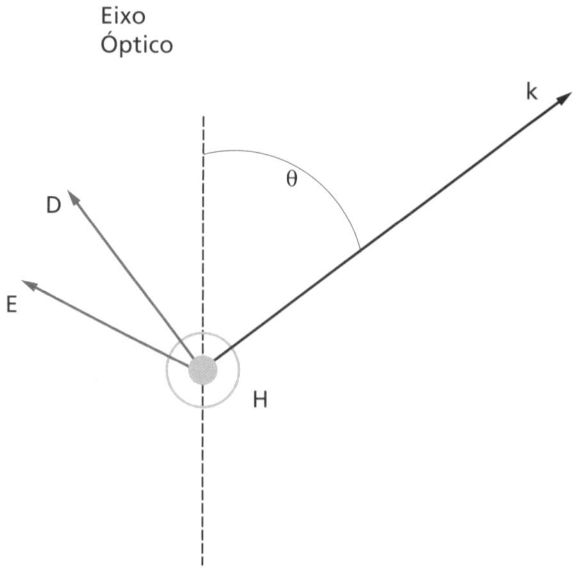

Fig. 7.5 Onda extraordinária

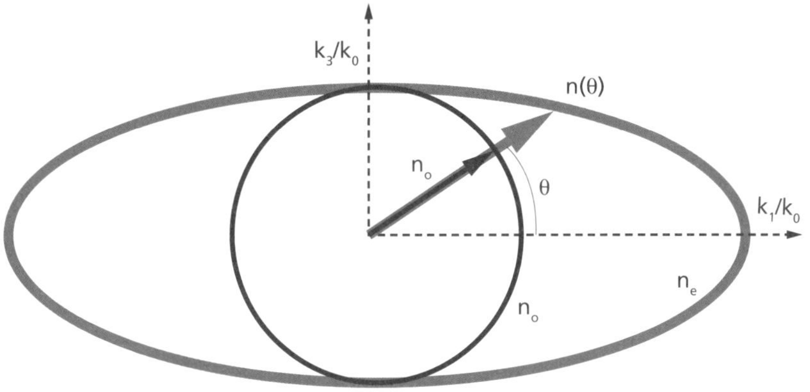

Fig. 7.6 Ondas ordinária e extraordinária em cristal uniaxial, no plano $x - z$

7.1.4 Refração num material birrefringente

Se tivermos uma fonte de luz pontual no interior de um cristal birrefringente e traçarmos a superfície tal que, para cada direção de propagação (ou seja, do $\vec{k}$), sua distância à fonte pontual seja igual ao índice de refração correspondente, teremos duas superfícies distintas (chamadas de "inversas das frentes de onda"), como ilustrado nas Figs. 7.7 e 7.8: uma esférica (cinza), referente à onda ordinária, e outra elíptica (preta), referente à onda extraordinária, projetadas num plano, para os casos de um cristal uniaxial e biaxial.

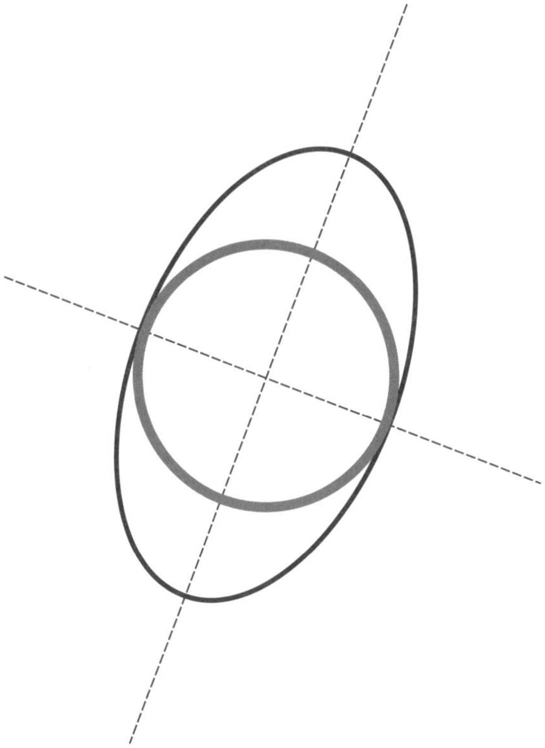

Fig. 7.7 Superfícies representando a "inversa da frente de onda" para a onda ordinária (círculo), cujo raio é proporcional a n_o, e para a onda extraordinária (elipse), cujos eixos menor e maior são proporcionais a n_o e n_e respectivamente, num material birrefringente uniaxial

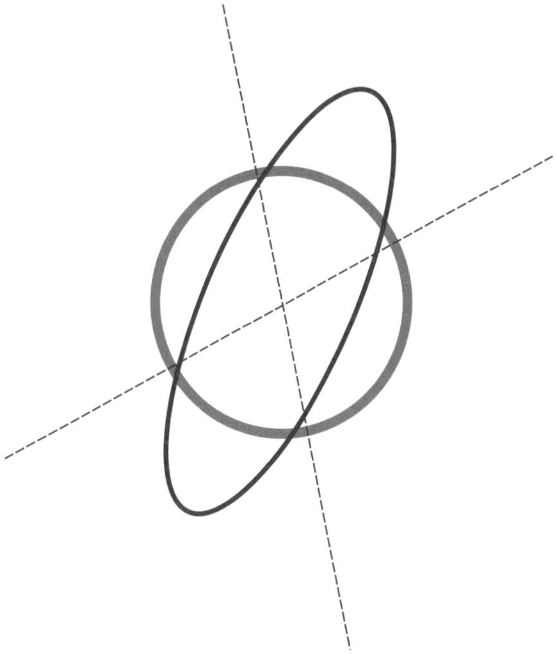

Fig. 7.8 O mesmo caso da Fig. 7.7, mas para um cristal biaxial, onde os dois eixos ópticos estão representados pelas duas retas pontilhadas simétricas

Se tivermos uma interfase separando um meio isotrópico e um cristal birrefringente (suponhamos uniaxial, para simplificar), as tais frentes de onda serão como indicado na Fig. 7.9. Se a luz incidir sobre a interfase a partir do meio isotrópico (suponhamos seja vácuo), com um vetor propagação $\vec{k}_1$ ($|\vec{k}_1| = 2\pi/\lambda_0$), como indicado na figura, podemos saber as direções dos vetores das ondas ordinária e extraordinária refratadas, lembrando que, na interfase, as projeções dos vetores (paralelas à interfase) se conservam (ver seção 3.4.1):

$$(\vec{k}_1)_{\parallel} = (\vec{k}_e)_{\parallel} = (\vec{k}_o)_{\parallel}$$

$$k_1 = k_0 \qquad k_e = k_0 n_e \qquad k_o = k_0 n_o \qquad \text{valor no vácuo: } k_0 \equiv 2\pi/\lambda_0$$

onde n_o e n_e são os índices ordinário e extraordinário, com n = 1 no vácuo, e o subíndice || indica a projeção sobre o plano da interface. O procedimento gráfico está ilustrado na Fig. 7.10.

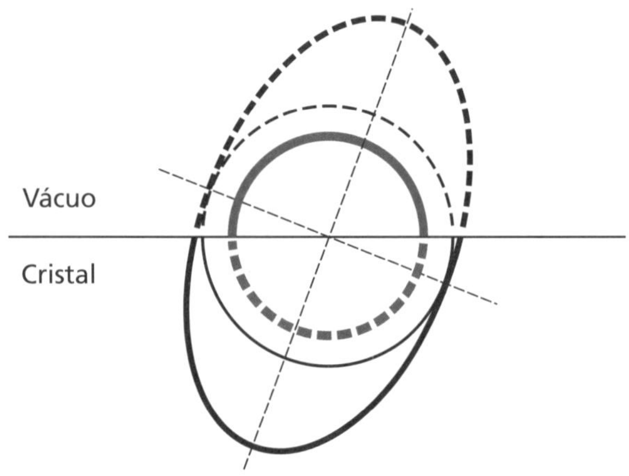

Fig. 7.9 A figura mostra uma interface entre vácuo e um cristal birrefringente uniaxial, com as respectivas inversas das frentes de onda: para o ar (círculo com traço grosso) e o cristal (círculo com traço fino para a onda ordinária e elipse para a extraordinária).

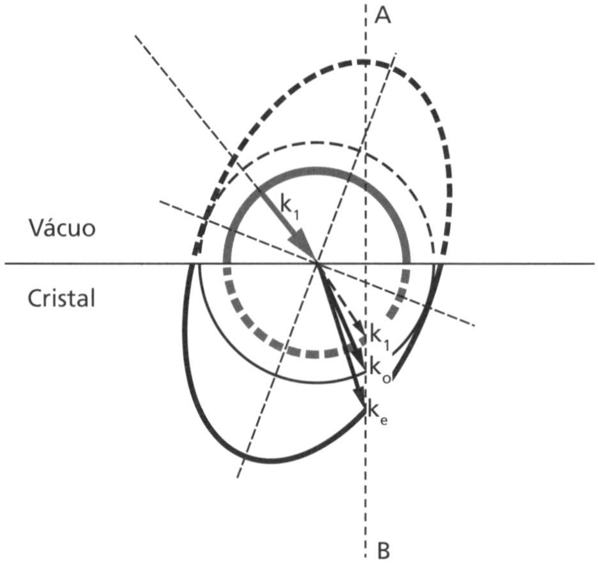

Fig. 7.10 Vetores de propagação para as ondas ordinária e extraordinária refratadas no segundo meio, conhecendo-se a direção do vetor incidente $\vec{k}_1$ do lado do vácuo. As projeções dos três vetores, $\vec{k}_1$, $\vec{k}_o$ e $\vec{k}_e$, sobre a interface devem ser iguais

7.2 Exemplos

7.2.1 Cristal de água

A Fig. 7.11 mostra uma lâmina de cristal de água (material birrefringente uniaxial) de 4,2 mm de espessura, com o eixo óptico paralelo à superfície da lâmina. Supondo que um raio de luz de uma lâmpada de vapor de sódio ($\lambda = 589$ nm) incida nessa lâmina com um ângulo rasante, num plano de incidência normal ao eixo óptico do cristal, calcule a separação linear (d) dos raios ordinário e extraordinário na face de saída da lâmina.

Como o eixo óptico é normal ao plano de incidência e o cristal é uniaxial, o lugar dos pontos correspondentes às superfícies inversas da frente de onda para os feixes ordinário e extraordinário no cristal são círculos de raios n_e e n_o, respectivamente, assim como o do ar, com raio n_{ar}. Como as componentes dos vetores propagação paralelas à interface se conservam na refração, podemos escrever:

$$k_{\text{ar}} = (k_o)_{\parallel} = (k_e)_{\parallel}$$

$$k_0 = k_0 n_o \operatorname{sen}\theta_o = k_0 n_e \operatorname{sen}\theta_e$$

$$1 = 1{,}309 \operatorname{sen}\theta_o = 1{,}3104 \operatorname{sen}\theta_e$$

Dessas relações calculamos os ângulos e daí, as tangentes, para obtermos d:

$$d = b(\operatorname{tg}\theta_e - \operatorname{tg}\theta_o) = 0{,}0127 \text{ mm}$$

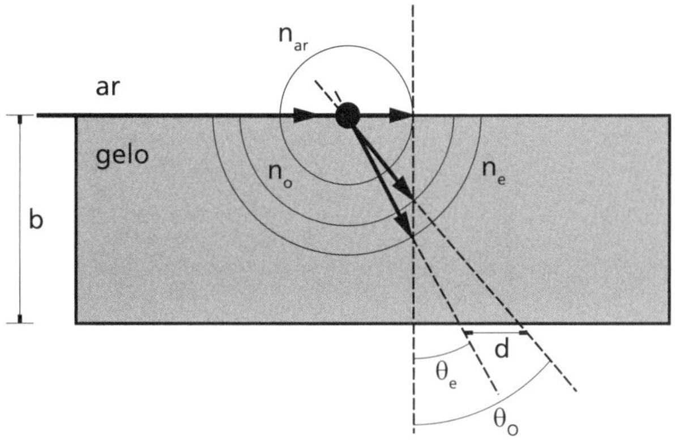

Fig. 7.11 Refração num cristal de água (gelo): lâmina de cristal de água (gelo) de espessura $b = 4{,}20$ mm, com $n_o = 1{,}3090$ e $n_e = 1{,}3104$ para $\lambda = 589$ nm, com o eixo óptico paralelo à superfície da lâmina e perpendicular ao plano de incidência do raio de luz incidindo rasante à superfície

7.2.2 Incidência normal

A Fig. 7.12 mostra a refração de um raio de luz incidindo normalmente sobre um material birrefringente, vindo do ar, mostrando as frentes de onda ($\vec{k}$) e raios ($\vec{S}$) refratados no material, para as ondas ordinária (preto grosso) e extraordinária (cinza), e em preto fino para o ar. Explique as diferentes direções indicadas na figura para a propagação das frentes de onda e para os raios. A Fig. 7.13 mostra o caso real de incidência normal num cristal de calcita, que é biaxial.

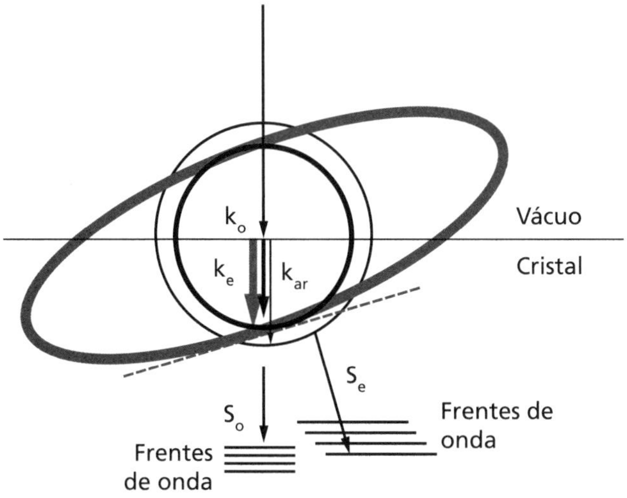

Fig. 7.12 Raio incidindo normalmente, desde o vácuo, num material birrefringente, indicando as frentes de onda e a direção dos raios, para as ondas ordinária (k_o e S_o) e extraordinária (k_e e S_e).

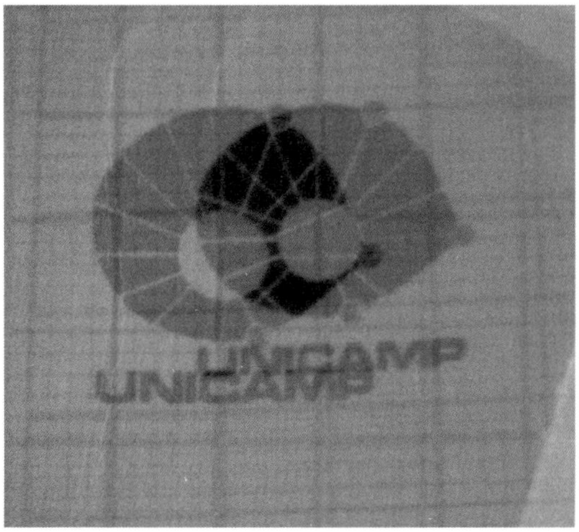

Fig. 7.13 Refração em cristal de calcita, mostrando as duas imagens produzidas pelos raios ordinário (à esquerda) e extraordinário (à direita)

7.3 ÓPTICA NÃO LINEAR

Quando a luz se propaga no vácuo, ou quando se propaga em materiais, mas a intensidade dos campos envolvidos é suficientemente pequena para que o efeito do campo elétrico – por exemplo, sobre a nuvem eletrônica dos átomos – produza uma deformação linear, estamos no domínio da Óptica Linear. Nesse caso, a ação do campo elétrico desloca a nuvem eletrônica, dando origem a uma polarização dielétrica representada pelo vetor $\vec{P}$, como indicado na seção 2.2.1, vetor este que é linearmente proporcional ao campo amplicado $\vec{P} = \varepsilon_0 \chi \vec{E}$ e onde χ representa essa suscetibilidade à deformação (linear) da nuvem eletrônica. Porém, se os campos são suficientemente intensos, a deformação da nuvem eletrônica no material pode não ser mais linear, assim como ocorre com um oscilador mecânico que, em geral, apresenta uma deformação linearmente proporcional à força nele aplicada para valores pequenos, mas para valores suficientemente grandes deixa de ser linear, dando lugar a harmônicos superiores.

No caso das ondas eletromagnéticas, ocorre a mesma coisa e, para campos suficientemente grandes, aparecem termos não lineares em $\vec{P}$, o que dá lugar à geração de harmônicos superiores e a diversas interações entre ondas da mesma frequência e/ou de frequências diferentes, via resposta do material, o que constitui o assunto da Óptica Não Linear.

Vamos reescrever, então, as equações de Maxwell, com especial atenção para a presença de efeitos não lineares (Yariv, 1985):

$$\nabla \times \vec{e} = -\frac{\partial \vec{b}}{\partial t} \tag{7.28}$$

$$\nabla \times \vec{h} = \vec{j} + \frac{\partial \vec{d}}{\partial t} \tag{7.29}$$

$$\nabla . \vec{e} = \rho \tag{7.30}$$

$$\nabla . \vec{b} = 0 \tag{7.31}$$

$$\vec{j} = \sigma \vec{e} \tag{7.32}$$

$$\vec{d} = \varepsilon_0 \vec{e} + \vec{p} \tag{7.33}$$

$$\vec{d} = \varepsilon_0 \hat{\chi} \vec{e} \tag{7.34}$$

$$\vec{d} = \varepsilon \vec{e} \qquad \varepsilon = \varepsilon_0 (1 + \hat{\chi}) \tag{7.35}$$

$$\vec{b} = \mu \vec{h} \tag{7.36}$$

onde $\vec{e}$, $\vec{d}$, $\vec{p}$, $\vec{h}$ e $\vec{b}$ representam respectivamente as quantidades reais de $\vec{E}$ $\vec{D}$, $\vec{P}$, $\vec{H}$ e $\vec{B}$ e $\hat{\chi}$ o tensor suscetibilidade dielétrica (linear).

$$\vec{e} = \Re\{\vec{E} e^{ikz - i\omega t}\} = \frac{1}{2}\left[\vec{E} e^{ikz - i\omega t} + cc\right] \tag{7.37}$$

onde "cc" significa "complexo conjugado".

No caso de um material não linear, a polarização elétrica pode ser escrita como uma parte linear e outra não linear, da seguinte forma:

$$p_i = p_i^{\mathrm{L}} + p_i^{\mathrm{NL}} \qquad p_i^{\mathrm{L}} = \sum_j \varepsilon_0 \chi_{ij} e_j \qquad p_i^{\mathrm{NL}} = \sum_{j,k} \varepsilon_0 \chi_{i,j,k}^{(2)} e_j e_k \tag{7.38}$$

onde os subíndices i, j, k indicam as diferentes componentes dos respectivos vetores. Da Eq. (7.28), podemos calcular:

$$\nabla \times (\nabla \times \vec{e}) = \nabla(\nabla . \vec{e}) - \nabla^2 \vec{e} \tag{7.39}$$

$$\nabla^2 \vec{e} - \mu\varepsilon \frac{\partial^2 \vec{e}}{\partial t^2} - \mu\sigma \frac{\partial \vec{e}}{\partial t} = \mu \frac{\partial^2 \vec{p}^{\mathrm{NL}}}{\partial t^2} \tag{7.40}$$

Suponhamos que se superpõem três ondas (do tipo das indicadas na Eq. 7.37), cada uma com uma frequência diferente, ω_1, ω_2 e ω_3, que vamos supor serem escalares, para não complicar os cálculos. Assim:

$$e = e_1^{\omega_1}(z,t) + e_2^{\omega_2}(z,t) + e_3^{\omega_3}(z,t) \tag{7.41}$$

Nesse caso, podemos escrever a Eq. (7.40) para cada uma das três componentes. Para $e_3^{\omega_3}$, em particular, podemos escrever:

$$\nabla^2 e_3 - \mu\sigma_3 \frac{\partial e_3}{\partial t} - \mu\varepsilon_3 \frac{\partial^2 e_3}{\partial t^2} = \mu \frac{\partial^2 \vec{p}_3^{\mathrm{NL}}}{\partial t^2} \tag{7.42}$$

onde:

$$\mu \frac{\partial^2 \vec{p}_3^{\mathrm{NL}}}{\partial t^2} = \frac{\mu\varepsilon_o \chi_{\mathrm{eff}}^{(2)}}{2} \frac{\partial^2}{\partial t^2} \sum_{j,k} [E_j(z)E_k(z)\, e^{i(k_j + k_k)z - i(\omega_j + \omega_k)t} + E_j(z)E_k^*(z)\, e^{i(k_j - k_k)z - i(\omega_j - \omega_k)t}] \tag{7.43}$$

No termo à direita da Eq. (7.43), existem termos em $\omega_1 + \omega_2$ e $\omega_1 - \omega_2$, entre outros. Se nenhum desses valores corresponde ao ω_3, não haverá termo "gerador" para essa componente $e_3^{\omega_3}$ na Eq. (7.42). Por outro lado, se:

$$\omega_3 = \omega_1 - \omega_2 \tag{7.44}$$

então podemos reescrever a Eq. (7.42) da seguinte forma:

$$\nabla^2 e_3 - \mu\sigma_3 \frac{\partial e_3}{\partial t} - \mu\varepsilon_3 \frac{\partial^2 e_3}{\partial t^2} = \frac{\mu\varepsilon_o \chi_{\mathrm{eff}}^{(2)}}{2} \frac{\partial^2}{\partial t^2} E_1(z)E_2^*(z)\, e^{i(k_1 - k_2)z - i(\omega_1 - \omega_2)t} + cc \tag{7.45}$$

o que significa que o termo à direita na Eq. (7.45) é o gerador para a onda $e_3^{\omega_3}$ e, assim, ela poderia ser produzida pela combinação dos outros dois termos de frequências diferentes, graças ao meio não linear onde eles se propagam.

Podemos ainda escrever:

$$\begin{aligned} \nabla^2 e_3 &= \frac{1}{2} \frac{\partial^2}{\partial z^2} \left[E_3(z)\, e^{ik_3 z - i\omega_3 t} + cc \right] \\ &= \frac{1}{2} \left[\left(-k_3^2 E_3(z) + i2k_3 \frac{\partial E_3(z)}{\partial z} \right) e^{ik_3 z - i\omega_3 t} + cc \right] \end{aligned} \tag{7.46}$$

$$\frac{\partial e_3}{\partial t} = \frac{1}{2} \left[-i\omega_3 E_3(z)\, e^{ik_3 z - i\omega_3 t} + cc \right] \tag{7.47}$$

$$\frac{\partial^2 e_3}{\partial t^2} = \frac{1}{2} \left[-\omega_3^2 E_3(z)\, e^{ik_3 z - i\omega_3 t} + cc \right] \tag{7.48}$$

Substituindo esses resultados na Eq. (7.45), obtemos:

$$\left[-k_3^2E_3(z)+i2k_3\frac{\partial E_3(z)}{\partial z}\right]e^{ik_3z-i\omega_3t}+(i\omega_3\mu\sigma_3+\omega_3^2\mu\varepsilon_3)E_3(z)\,e^{ik_3z-i\omega_3t}=$$

$$=-\mu\varepsilon_o\chi_{\text{eff}}^{(2)}(\omega_1-\omega_2)^2E_1(z)E_2(z)^*\,e^{i(k_1-k_2)z-i(\omega_1-\omega_2)t} \quad \textbf{(7.49)}$$

$$\text{sendo} \quad k_3^2=\omega_3^2\mu\varepsilon_3 \quad \textbf{(7.50)}$$

Para o caso:

$$\omega_3=\omega_1-\omega_2 \quad \textbf{(7.51)}$$

a Eq. (7.49) fica da forma:

$$\frac{\partial E_3(z)}{\partial z}+\frac{\sigma_3}{2}\sqrt{\frac{\mu}{\varepsilon_3}}E_3(z)=i\frac{\omega_3\varepsilon_o\chi\text{eff}^{(2)}}{2}\sqrt{\frac{\mu}{\varepsilon_3}}E_1(z)E_2^*(z)\,e^{i(k_1-k_2-k_3)z} \quad \textbf{(7.52)}$$

e, similarmente, para as outras duas ondas:

$$\frac{\partial E_1(z)}{\partial z}+\frac{\sigma_1}{2}\sqrt{\frac{\mu}{\varepsilon_1}}E_1(z)=i\frac{\omega_1\varepsilon_o\chi_{\text{eff}}^{(2)}}{2}\sqrt{\frac{\mu}{\varepsilon_1}}E_2(z)E_3(z)\,e^{i(k_2+k_3-k_1)z} \quad \textbf{(7.53)}$$

$$\frac{\partial E_2(z)}{\partial z}+\frac{\sigma_2}{2}\sqrt{\frac{\mu}{\varepsilon_2}}E_2(z)=-i\frac{\omega_2\varepsilon_o\chi_{\text{eff}}^{(2)}}{2}\sqrt{\frac{\mu}{\varepsilon_2}}E_1^*(z)E_3(z)\,e^{i(k_3-k_1+k_2)z} \quad \textbf{(7.54)}$$

É interessante notar que as Eqs. (7.52-7.54) são o fundamento matemático da chamada "oscilação paramétrica" da "geração do segundo harmônico" e do fenômeno conhecido por *up-conversion*, fenômenos estes que são essencialmente a mesma coisa do ponto de vista de suas bases físicas.

7.3.1 Oscilação paramétrica

A Eq. (7.52) e a condição estabelecida na Eq. (7.51) dão lugar ao que se chama "oscilação paramétrica" ou "excitação paramétrica", que é quando as duas ondas, $e_1^{\omega_1}$ e $e_2^{\omega_2}$, se combinam para dar origem a uma outra, $e_3^{\omega_3}$, de frequência menor.

7.3.2 Geração do segundo harmônico

Trata-se de um fenômeno que vai na direção inversa do tratado no item anterior: uma onda de frequência menor acaba gerando outra de frequência duas vezes maior. Esse caso caracteriza-se pela condição:

$$\omega_2=\omega_3=\omega \qquad \omega_1=2\omega \quad \textbf{(7.55)}$$

Dessa forma, se desprezamos a absorção ($\sigma_1 \approx 0$), a Eq. (7.53) fica:

$$\frac{\partial E^{2\omega}(z)}{\partial z}+=i\frac{2\omega\varepsilon_o\chi_{\text{eff}}^{(2)}}{2}\sqrt{\frac{\mu}{\varepsilon_{2\omega}}}(E^{\omega}(z))^2\,e^{i(2k^{\omega}-k^{2\omega})z} \quad \textbf{(7.56)}$$

e supondo que o feixe "bomba" $E^{\omega}(z)$ permaneça sensivelmente inalterado, e com a condição inicial $E(0)^{2\omega}=0$, a Eq. (7.56) fica:

$$E^{2\omega}(l) = i\omega d\sqrt{\frac{\mu}{\varepsilon_{2\omega}}}(E^{\omega}(z))^2 \frac{e^{i(2k^{\omega} - k^{2\omega})l} - 1}{i(2k^{\omega} - k^{2\omega})} \tag{7.57}$$

$$I^{2\omega}(l) = \omega^2 d^2 \frac{\mu}{\varepsilon_{2\omega}} |E^{\omega}|^4 \frac{\text{sen}^2 \frac{2k^{\omega} - k^{2\omega}}{2} l}{(2k^{\omega} - k^{2\omega} 2l)^2} l^2 \tag{7.58}$$

$$\text{onde } I^{2\omega} = \frac{1}{2}\sqrt{\frac{\varepsilon_{2\omega}}{\mu}} |E^{2\omega}|^2 \tag{7.59}$$

$$\eta = \frac{I^{2\omega}}{I^{\omega}} = 2\left(\frac{\mu}{\varepsilon_{2\omega}}\right)^3 \omega^2 d^2 l^2 \frac{\text{sen}^2 \frac{2k^{\omega} - k^{2\omega}}{2} l}{(2k^{\omega} - k^{2\omega} 2l)^2} l^2 I^{\omega} \tag{7.60}$$

7.3.3 *Up-conversion*

É muito parecido ao caso anterior, exceto pelo fato de que agora a frequência da onda gerada (ω_1) não é o dobro da inicial, mas a soma de duas ondas de menor frequência, como descrito pela Eq. (7.53), com a condição:

$$\omega_1 = \omega_2 + \omega_3 \tag{7.61}$$

7.4 Experimento ilustrativo

7.4.1 Coeficiente eletro-óptico

Trata-se de medir o coeficiente eletro-óptico por meio da medida de birrefringência produzida no material pela aplicação de um campo elétrico.

Alguns materiais são eletro-ópticos (Frejlich, 2006), isto é, um campo elétrico aplicado neles produz alterações no seu índice de refração. O coeficiente eletro-óptico pode ser representado por um tensor, razão pela qual se deve tomar cuidado para saber quais elementos do tensor estão sendo medidos. O método a ser utilizado (Henry et al., 1986) consiste basicamente em iluminar o cristal com uma luz linearmente polarizada e medir a elipticidade dessa luz após atravessar o material, com o que se poderá calcular o coeficiente desejado.

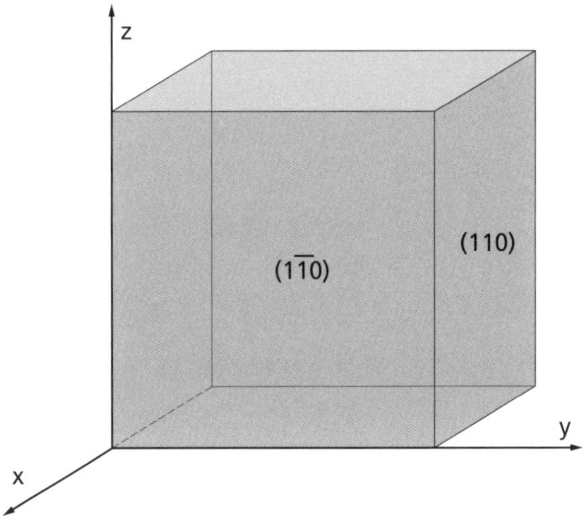

Fig. 7.14 Configuração transversal de um cristal de sillenita (BTO, BGeO ou BSiO) para medida de coeficiente eletro-óptico. Luz incidente perpendicular à face (1$\bar{1}$0) ao longo do eixo x e campo elétrico aplicado ao longo do eixo y

Deve-se tomar cuidado com a presença de outros fenômenos associados, que podem aparecer e complicar a medida: fotocondutividade, piezoeletricidade, atividade óptica, ferroeletricidade etc. O material proposto para esse experimento é um cristal sillenita de $Bi_{12}TiO_{20}$.

A montagem experimental pode ser basicamente a mesma descrita na seção 3.6.2, com algumas modificações específicas para o caso, como aparece na Fig. 7.15.

Nesse caso, é importante que o polarizador de entrada esteja graduado, para que se possam escolher diferentes ângulos θ para a polarização de entrada. Também é importante

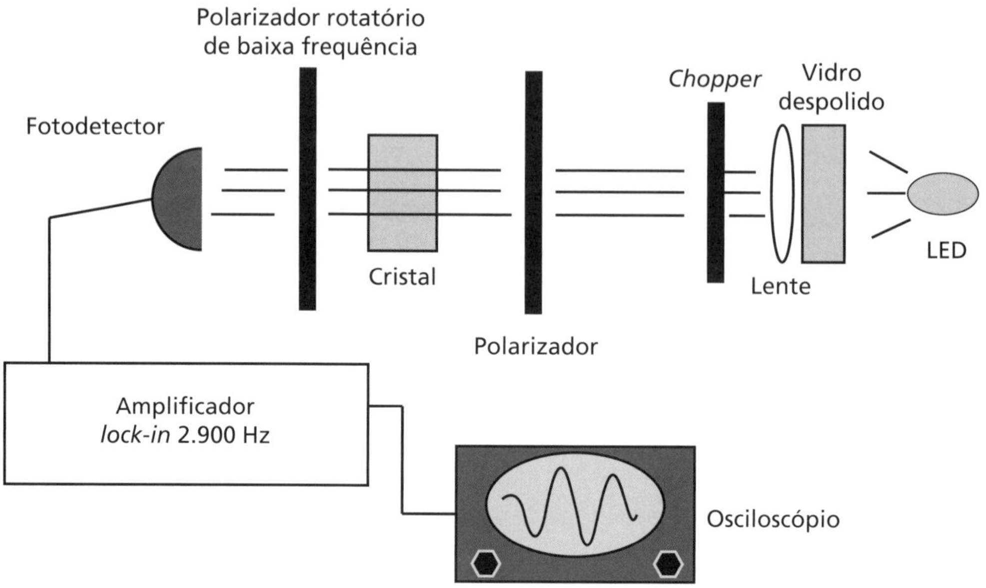

Fig. 7.15 Montagem para medida do coeficiente eletro-óptico, da direita para a esquerda: LED seguido de vidro despolido para homogeneizar a iluminação e lente para coletar a luz; *chopper* modulador mecânico para modular a iluminação incidente no cristal; polarizador de entrada; cristal com os contatos para aplicação de campo elétrico; polarizador (analisador) rotatório de baixa frequência para analisar a elipticidade da luz; fotodetector para detectar a luz via amplificador *lock-in* sintonizado à frequência do *chopper* (nesse caso, 2.900 Hz) e conectado a um osciloscópio para visualizar I_M e I_m, para caracterizar a elipticidade da luz

trabalhar com a menor iluminação possível, compatível com a precisão das medidas. Para isso, é importante dispormos de um fotodetector muito sensível e de baixo ruído, assim como modular a luz (usando um *chopper*) logo na saída da fonte, para poder detectá-la seletivamente (com um amplificador *lock-in*, p. ex.) sem ser afetado pela iluminação ambiente, a qual deve ser a mais reduzida possível, de todas as formas, para evitar a saturação do fotodetector. Como os cristais a serem utilizados são fotocondutores, na hora de aplicar um campo externo (para produzir a birrefringência de origem eletro-óptica), a luz presente sobre o cristal vai induzir um campo de cargas oposto ao aplicado e, assim, reduzir o campo efetivamente aplicado, dando um resultado errôneo. A velocidade de formação desse campo fotoinduzido é proporcional à luz sobre o cristal, daí o interesse em se trabalhar com a menor iluminação possível. Em todo caso, as medidas têm que ser rápidas, a luz deve ser desligada e o cristal, curto-circuitado entre medidas sucessivas, para reduzir esse efeito de blindagem fotoelétrica.

O procedimento experimental e o processamento dos dados estão detalhadamente descritos por Henry et al. (1986). Em resumo:

- Medir a atividade óptica do cristal, cujo valor será necessário a seguir.
- Medir a elipticidade na saída do cristal, com um campo elétrico aplicado de valor suficientemente grande mas seguro, seguindo o procedimento descrito por Henry et al. (1986) para medir o coeficiente eletro-óptico na presença de atividade óptica. O cristal de sillenita, na configuração transversal indicada na Fig. 7.14, com campo

elétrico aplicado ao longo do eixo y, transversalmente à direção de incidência da luz (eixo x), ilumina-se com luz linearmente polarizada e que incide numa posição angular θ no plano $y - z$, para a qual medimos as intensidades do eixo maior I_M e menor I_m da elipse na saída do cristal, para assim calcular:

$$V_\theta = \frac{I_M - I_m}{I_M + I_m} \tag{7.62}$$

Fazemos o mesmo cálculo, mas agora para a luz com polarização incidindo com um ângulo $\theta + \pi/4$, e calculamos:

$$V_\theta^2 + V_{\theta+\pi/4}^2 = 1 + \left[1 - \frac{\delta^2}{2}\left(\frac{\text{sen}(\phi/2)}{\phi/2}\right)^2\right]^2 \tag{7.63}$$

$$\delta \equiv \frac{2\pi}{\lambda} n^3 r_{41} E_y d \tag{7.64}$$

$$\phi^2 = \rho^2 + \delta^2 \tag{7.65}$$

onde d é a espessura do cristal ao longo do eixo x e ρ é o dobro do ângulo de rotação da luz linearmente polarizada ao atravessar a espessura d do cristal.

1. Repetir a medida para diferentes polarizações de entrada θ, sempre com o mesmo campo, curto-circuitando o cristal entre as sucessivas medidas.
2. Calcular o coeficiente eletro-óptico r_{41} para cada um dos θ utilizados e obter uma média.
3. Repetir o procedimento todo para outros comprimentos de onda, a fim de verificar a possível dependência de r_{41} com λ.

Nesse experimento, é necessário tomar algumas precauções:

1. É interessante usar um campo aplicado bastante grande para produzir um efeito maior, mas tomando cuidado para não danificar o cristal ao iluminá-lo.
2. A iluminação tem que ser a mais fraca possível (como já discutido anteriormente), compatível com uma adequada medida de intensidade, para evitar polarização elétrica do cristal via fotocondutividade.
3. Alguns polarizadores não polarizam adequadamente alguns comprimentos de onda da luz. Nesse caso, é preciso:
   (a) limitar-se aos λ para os quais os polarizadores se comportam adequadamente; ou
   (b) levar em conta o funcionamento falho do polarizador, tomando como referência para calcular as intensidades I_M e I_m não o zero do instrumento de medida, mas o mínimo e o máximo que o polarizador permite para a luz incidente, antes de passar pelo cristal. Se a falha do polarizador não for muito grande, esse recurso funciona adequadamente.

Apêndices

Temas teóricos e práticos complementares

Nesta parte do livro, descreveremos alguns assuntos que são necessários para a compreensão da parte teórica. Os primeiros apêndices tratam predominantemente de assunto teóricos, principalmente matemáticos, e os últimos são de caráter prático e experimental.

Delta de Dirac

A

Trataremos da distribuição "delta de Dirac" e de outras distribuições e/ou funções associadas.

A delta de Dirac, $\delta(x)$, é uma distribuição caracterizada pelo conjunto de funções que verificam as seguintes propriedades:

1. $\delta(0) = \infty$
2. $\int_{-|X|}^{|X|} \delta(x)\,\mathrm{d}x = 1$ para qualquer valor de $|X|$

Essas propriedades indicam que $\delta(x)$ tem que ser uma função infinitamente estreita. Nesse caso ainda, se temos uma função $f(x)$ bem comportada e contínua no intervalo de integração, verifica-se que:

$$\int_{-\infty}^{\infty} f(x)\delta(x)\,\mathrm{d}x = f(0) \qquad \textbf{(A.1)}$$

Uma vez que o produto de convolução, simbolizado por (*), é definido como:

$$f(x) * g(x) \equiv \int_{-\infty}^{\infty} f(\xi)g(x-\xi)\,\mathrm{d}\xi \qquad \textbf{(A.2)}$$

então podemos verificar que $\delta(x)$ é a unidade no produto de convolução:

$$f(x) * \delta(x) = \int_{-\infty}^{\infty} f(\xi)\delta(x-\xi)\,\mathrm{d}\xi = f(x) \qquad \textbf{(A.3)}$$

e que:

$$f(x) * \delta(x - x_0) = f(x - x_0) \qquad \textbf{(A.4)}$$

Verifique que são deltas de Dirac (entre outras) as expressões:

$$\delta(x) = \int_{-\infty}^{\infty} e^{i2\pi\nu x}\, d\nu$$

$$\delta(t) = \lim_{a\to\infty} a\, \text{rect}(at)$$

$$\delta(x) = \lim_{a\to\infty} a\, \text{sinc}(ax)$$

$$\delta(x) = \lim_{a\to\infty} a\, e^{-\pi a^2 x^2}$$

Nota: $\int_{-\infty}^{\infty} \frac{\text{sen}(\pi a x)}{x}\, dx = \pi |a|/a \qquad \int_{-\infty}^{\infty} e^{-\pi a^2 x^2} = 1/\sqrt{a^2}$ para a: real.

A.1 Pente de Dirac

Trata-se de uma soma infinita de deltas de Dirac:

$$\text{Ш}(x) \equiv \sum_{N=-\infty}^{N=\infty} \delta(x - N) \qquad N : \text{inteiro} \tag{A.5}$$

A.2 Função degrau ou de *Heaviside*

É definida como:

$$U(x) = \begin{matrix} 1 & x > 0 \\ 1/2 & x = 0 \\ 0 & x < 0 \end{matrix} \tag{A.6}$$

e pode ser calculada como a integral de $\delta(x)$:

$$U(x) = \int_{-\infty}^{x} \delta(\xi)\, d\xi \tag{A.7}$$

Transformada de Fourier B

Podemos definir a Transformada de Fourier (TF) sem o fator $1/\sqrt{2\pi}$ na frente da integral:

$$F(\nu) = \text{TF}\{f(t)\} \equiv \int_{-\infty}^{\infty} f(t)\, e^{-i2\pi t\nu}\, \mathrm{d}t \qquad \textbf{(B.1)}$$

para que a expressão fique simétrica à da TF inversa:

$$f(t) = \text{TF}^{-1}\{F(\nu)\} \equiv \int_{-\infty}^{\infty} F(\nu)\, e^{i2\pi t\nu}\, \mathrm{d}\nu \qquad \textbf{(B.2)}$$

Assim, as TFs direta e inversa se diferenciam apenas pelo sinal "−" ou "+", respectivamente, no "i" na exponencial.

B.1 Propriedades

Definindo:

$$G(\nu) = \text{TF}\{g(t)\} \qquad H(\nu) = \text{TF}\{h(t)\}$$

verifique as seguintes propriedades da TF (Goodman, 1968):

1. Linearidade

$$\text{TF}\{a\, g(t) + b\, h(t)\} = aG(\nu) + bH(\nu) \qquad \textbf{(B.3)}$$

2. Similaridade

$$\text{TF}\{g(at)\} = \frac{1}{|\,a\,|} G(\nu/a) \qquad \textbf{(B.4)}$$

Para verificar essa propriedade, escrevemos:

$$\begin{aligned}
\int_{-\infty}^{\infty} g(at)\, e^{-i2\pi\nu t}\, \mathrm{d}t &= \frac{1}{|a|}\int_{-\infty}^{\infty} g(at)\, e^{-i2\pi(\nu/a)(at)}\, \mathrm{d}(at) \\
&= \frac{1}{|a|}\int_{-\infty}^{\infty} g(t')\, e^{-i2\pi(\nu/a)(t')}\, \mathrm{d}t' \\
&= \frac{1}{|a|} G(\nu/a) \qquad \textbf{(B.5)}
\end{aligned}$$

3. Translação

$$\text{TF}\{g(t-t_o)\} = G(\nu)e^{-i2\pi\nu t_o} \tag{B.6}$$

o que se demonstra escrevendo:

$$\int_{-\infty}^{\infty} g(t-t_o)e^{-i2\pi\nu t}\,\text{d}t = e^{-i2\pi\nu t_o}\int_{-\infty}^{\infty} g(t-t_o)e^{-i2\pi\nu(t-t_o)}\,\text{d}(t-t_o)$$

$$= e^{-i2\pi\nu t_o}\int_{-\infty}^{\infty} g(t')e^{-i2\pi\nu t'}\,\text{d}t'$$

$$= G(\nu)e^{-i2\pi\nu t_o} \tag{B.7}$$

4. Teorema de Parseval

$$\int_{-\infty}^{+\infty} |\,g(t)\,|^2\,\text{d}t = \int_{-\infty}^{+\infty} |\,G(\nu)\,|^2\,\text{d}\nu \tag{B.8}$$

Para demonstrar essa propriedade, escrevemos:

$$\int_{-\infty}^{+\infty} |\,g(t)\,|^2\,\text{d}t = \int_{-\infty}^{+\infty} g(t)g(t)^*\,\text{d}t \tag{B.9}$$

e o termo da direita resulta ser:

$$\int_{-\infty}^{+\infty}\text{d}t\int_{-\infty}^{\infty} G(\nu)e^{i2\pi\nu t}\,\text{d}\nu\int_{-\infty}^{\infty} G(\xi)^*\,e^{-i2\pi\xi t}\,\text{d}\xi =$$

$$= \int_{-\infty}^{\infty} G(\nu)\,\text{d}\nu\int_{-\infty}^{\infty} G(\xi)^*\,\text{d}\xi\int_{-\infty}^{+\infty} e^{i2\pi(\nu-\xi)t}\,\text{d}t$$

Mas, sabendo que:

$$\int_{-\infty}^{+\infty} e^{i2\pi(\nu-\xi)t}\,\text{d}t = \delta(\nu-\xi) \tag{B.10}$$

resulta ser:

$$\int_{-\infty}^{\infty} G(\nu)\,\text{d}\nu\int_{-\infty}^{\infty} G(\xi)^*\delta(\nu-\xi)\text{d}\xi = \int_{-\infty}^{\infty} G(\nu)G(\nu)^*;\text{d}\nu \tag{B.11}$$

que, substituído na Eq. (B.9), nos dá o resultado procurado. Verifique que a relação de Parseval representa a conservação da energia.

5. Convolução

A TF do produto de convolução (ver Eq. 5.78) de duas funções, $g(t)$ e $h(t)$, resulta ser:

$$\text{TF}\{g(t)*h(t)\} = G(\nu)H(\nu) \text{ onde } g(t)*h(t) = \int_{-\infty}^{+\infty} g(\xi)h(t-\xi)\text{d}\xi \tag{B.12}$$

Para provar essa propriedade, escrevemos:

$$\int_{-\infty}^{\infty} e^{-i2\pi\nu t}\, dt \int_{-\infty}^{\infty} g(\xi)h(t-\xi)\, d\xi = \int_{-\infty}^{\infty} g(\xi)\, d\xi \int_{-\infty}^{\infty} h(t-\xi)\, e^{-i2\pi\nu t}\, dt$$

$$= \int_{-\infty}^{\infty} g(\xi)H(\nu)\, e^{-i2\pi\nu\xi}\, d\xi$$

$$= H(\nu) \int_{-\infty}^{\infty} g(\xi)\, e^{-i2\pi\nu\xi}\, d\xi$$

$$= G(\nu)H(\nu)$$

6. Dupla transformada de Fourier

$$\mathrm{TF}\{\mathrm{TF}\{g(t)\}\} = g(-t) \quad \textbf{(B.13)}$$

Seja:

$$\int_{-\infty}^{\infty} e^{-i2\pi t'}\, d\nu \int_{-\infty}^{\infty} g(t)\, e^{-i2\pi\nu t}\, dt = \int_{-\infty}^{\infty} G(\nu)\, e^{-i2\pi\nu t'}\, d\nu$$

$$= \int_{-\infty}^{\infty} G(\nu)\, e^{i2\pi\nu(-t')}\, d\nu = g(-t')$$

o que demonstra o teorema.

B.2 Funções especiais

Nesta seção estão indicadas as TFs de algumas funções especiais muito utilizadas em Óptica.

B.2.1 Função "retângulo"

Essa função é definida como:

$$\mathrm{rect}(x) = 1 \qquad |x| \leq 1/2 \quad \textbf{(B.14)}$$

$$= 0 \qquad |x| > 1/2 \quad \textbf{(B.15)}$$

e sua TF vale:

$$\mathrm{TF}\{\mathrm{rect}(x)\} = \mathrm{sinc}(f) \quad \textbf{(B.16)}$$

A função "sinc" é definida como:

$$\mathrm{sinc}(f) \equiv \frac{\sin(\pi f)}{\pi f} \quad \textbf{(B.17)}$$

Demonstre que:

$$\mathrm{TF}\{\mathrm{sinc}(f)\} = \mathrm{rec}(-x)$$

B.2.2 Função "triângulo"

A função "triângulo" é definida como:

$$\Lambda(x) = 1 - |x| \qquad |x| \leq 1 \tag{B.18}$$

$$= 0 \qquad |x| > 1 \tag{B.19}$$

Verifique que:

a) $\Lambda(x) = \text{rect}(x) * \text{rect}(x)$;

b) $\text{TF}\{\Lambda(x)\} = (\text{sinc}(f))^2$.

B.2.3 Função "circ"

A função "círculo" é definida como:

$$\text{circ}\left(\frac{r}{R}\right) = 1 \text{ para } r \leq R \tag{B.20}$$

$$= 0 \text{ para } r > R \tag{B.21}$$

$$\text{onde} \quad r \equiv \sqrt{x^2 + y^2} \tag{B.22}$$

e sua TF vale (Guillemin; Sternberg, 1984):

$$R^2 \frac{J_1(2\pi R\rho)}{R\rho} \qquad \rho \equiv \sqrt{f_x^2 + f_y^2} \tag{B.23}$$

onde J_1 é a função ordinária de Bessel de ordem 1.

B.2.4 Gaussiana

A TF de uma gaussiana é outra gaussiana. Para que fique numa forma simétrica, podemos escrever:

$$\text{TF}\{e^{-\pi x^2}\} \equiv \int_{-\infty}^{\infty} e^{-\pi x^2} e^{-i2\pi x f_x} \, dx = e^{-\pi f_x^2} \tag{B.24}$$

Essa relação pode ser provada, primeiro, mostrando que:

$$\int_{-\infty}^{\infty} e^{-x^2/2} \, dx = \sqrt{2\pi} \tag{B.25}$$

para o que a elevamos ao quadrado e resolvemos:

$$\left(\int_{-\infty}^{\infty} e^{-x^2/2} \, dx\right)^2 = \int_{-\infty}^{\infty} e^{-x^2/2} \, dx \int_{-\infty}^{\infty} e^{-y^2/2} \, dy = \int_{-\infty}^{\infty} e^{-(x^2+y^2)/2} \, dx \, dy =$$

$$= \int_0^{2\pi} \int_0^{\infty} e^{-r^2/2} \, r \, dr \, d\theta = 2\pi \tag{B.26}$$

de onde concluímos a validade da Eq. (B.25).

Agora vamos calcular:

$$\int_{-\infty}^{\infty} e^{-x^2/2 - \eta x} \, dx = \int_{-\infty}^{\infty} e^{-(x+\eta)^2/2} \, e^{\eta^2/2} \, dx = \sqrt{2\pi} \, e^{\eta^2/2} \tag{B.27}$$

É possível provar (Guillemin; Sternberg, 1984) que a Eq. (B.27) vale para η complexo, e não apenas real. Se nessa equação escrevermos $\eta = i\xi$, ela ficará assim:

$$\int_{-\infty}^{\infty} e^{-x^2/2 - i\xi x}\,dx = \sqrt{2\pi}\,e^{-\xi^2/2} \qquad \text{(B.28)}$$

e fazendo duas trocas de variáveis, chegamos à Eq. (B.24).

B.2.5 Função degrau

Ela está definida na seção A.2 e sua TF vale:

$$\mathrm{TF}\{U(\nu)\} = \frac{-i}{2\pi t} \qquad \text{(B.29)}$$

B.2.6 Função "pente" de Dirac

A função "pente" de Dirac é definida como:

$$Ш(t) = \sum_{N=-\infty}^{N=+\infty} \delta(t - N) \qquad N \text{ inteiro}$$

Verifique que sua TF também é um "pente":

$$\mathrm{TF}\{Ш(t)\} = Ш(\nu)$$

Para essa demonstração, leve em conta que:

$$1/2 + \cos a + \cos 2a + \cdots + \cos Na = \frac{\mathrm{sen}(aN + a/2)}{2\,\mathrm{sen}(a/2)}$$

B.3 Relações de incerteza na transformação de Fourier

Seja:

$$f(t) = \int_{-\infty}^{+\infty} F(\nu)\,e^{i2\pi\nu t}\,d\nu$$

$$F(\nu) = \int_{-\infty}^{+\infty} f(t)\,e^{-i2\pi\nu t}\,dt$$

onde podemos definir as respectivas larguras $\Delta\nu'$ e $\Delta t'$ assim:

$$\Delta t' = \left|\frac{\int_{-\infty}^{+\infty} f(t)dt}{f(0)}\right| \qquad \Delta\nu' = \left|\frac{\int_{-\infty}^{+\infty} F(\nu)d\nu}{F(0)}\right|$$

$$|f(0)| = |\int_{-\infty}^{+\infty} F(\nu)d\nu| \qquad |F(0)| = |\int_{-\infty}^{+\infty} f(t)dt|$$

A partir dessas equações, é fácil mostrar (ver Fig. B.1) que:

$$\boxed{\Delta t'\Delta\nu' = 1}$$

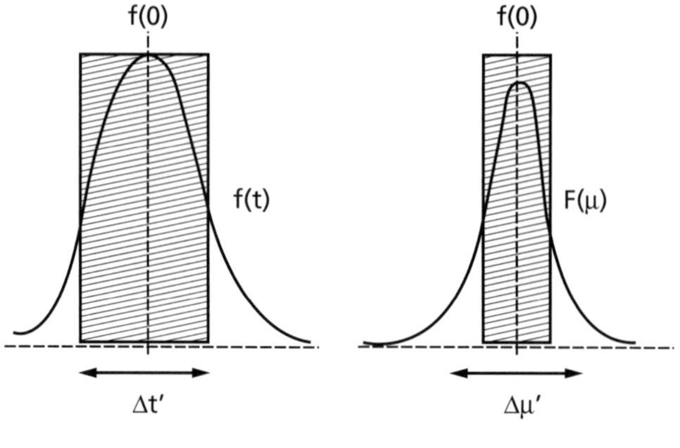

Fig. B.1 Função equivalente para o cálculo da largura

Analisemos o caso concreto da expressão de $\gamma(\tau)$ nas Eqs. (4.15) e (4.16). Nesse caso, não é interessante calcular a largura em termos de:

$$\left| \int_{-\infty}^{+\infty} \gamma(\tau) d\tau \right|$$

mas a largura do módulo de $\gamma(\tau)$ (representado pela envolvente de $\Re\{\gamma(\tau)\}$ na Fig. 4.11), já que é ele que define a visibilidade (ver Eq. 4.13) das franjas. Desse modo, devemos calcular:

$$\Delta t = \frac{\int_{-\infty}^{+\infty} | f(t) | dt}{| f(0) |}$$

$$\Delta \nu = \frac{\int_{-\infty}^{+\infty} | F(\nu) | d\nu}{| F(0) |}$$

$$\Delta t \Delta \nu \geq \Delta t' \Delta \nu' = 1$$

$$\Rightarrow \Delta t \Delta \nu \geq 1 \qquad \textbf{(B.30)}$$

Medindo a largura da envolvente na Fig. 4.11, concluímos que $\Delta t = \tau_o$ e então, $\Delta \nu \geq 1/\tau_o$.

Teorema de Bernstein

C

Trata da derivada de funções de espectro limitado.

É intuitivo aceitar que, se o espectro de uma função não inclui frequências superiores a um determinado valor limite, essa função não pode mudar arbitrariamente rápido. É isso o que estabelece matematicamente o teorema de Bernstein (Papoulis, 1968).

Seja uma função $g(x)$ com espectro de Fourier $G(f)$ limitado, isto é, definido no intervalo $-B/2 \leq f \leq B/2$, em cujo caso podemos escrever:

$$g(x) = \int_{-B/2}^{+B/2} G(f)\, e^{i2\pi f x}\, df \qquad \text{(C.1)}$$

cuja derivada vale:

$$g'(x) = \int_{-B/2}^{+B/2} i2\pi f G(f)\, e^{i2\pi f x}\, df \qquad \text{(C.2)}$$

e que se pode escrever assim:

$$g'(x) = \int_{-B/2}^{+B/2} i2\pi f\, e^{-i\frac{\pi f}{B}}\, e^{i\frac{\pi f}{B}}\, G(f)\, e^{i2\pi f x}\, df \qquad \text{(C.3)}$$

A função $i2\pi f\, e^{-i\frac{\pi f}{B}}$, sendo também limitada no mesmo intervalo que $G(f)$, pode ser escrita como uma série de Fourier complexa (Tolstov, 1962):

$$i2\pi f\, e^{-i\frac{\pi f}{B}} = \sum_{n=-\infty}^{+\infty} a_n\, e^{\frac{in2\pi f}{B}} \qquad \text{(C.4)}$$

com os coeficientes:

$$a_n = \frac{1}{B}\int_{-B/2}^{+B/2} i2\pi f\, e^{-i\pi f/B}\, e^{-i2\pi n f/B}\, df \qquad \text{(C.5)}$$

$$a_n = (-1)^n \frac{4B}{\pi(1+2n)^2} \qquad \text{(C.6)}$$

Assim, resulta:

$$g'(x) = \int_{-B/2}^{+B/2} \left(\sum_{n=-\infty}^{+\infty} a_n e^{in2\pi f/B} \right) e^{i\pi f/B + i2\pi f x} G(f) df \qquad \text{(C.7)}$$

$$g'(x) = \sum_{n=-\infty}^{+\infty} a_n \int_{-B/2}^{+B/2} G(f) e^{i2\pi f \left(x + \frac{2n+1}{2B} \right)} df = \sum_{n=-\infty}^{+\infty} a_n g \left(x + \frac{2n+1}{2B} \right) \qquad \text{(C.8)}$$

$$g'(x) = \sum_{n=-\infty}^{+\infty} \frac{4B(-1)^n}{\pi(1+2n)^2} g \left(x + \frac{2n+1}{2B} \right) \qquad \text{(C.9)}$$

Obtemos, dessa forma, uma expressão para g' em função de valores equidistantes da função g. Seja $M(g)$ o limite superior do módulo da função $g(x)$:

$$M(g) \geq |g(x)| \qquad \text{(C.10)}$$

Sabendo que:

$$1 + \frac{1}{3^2} + \frac{1}{5^2} + \frac{1}{7^2} + \frac{1}{9^2} + \cdots = \frac{\pi^2}{8} \qquad \text{(C.11)}$$

podemos concluir, então, que:

$$\boxed{|g'(x)| \leq \pi \frac{B}{2} M(g)} \qquad \text{(C.12)}$$

Teorema de amostragem de Whittaker-Shannon

D

Estuda a forma de amostrar imagens ou funções contínuas sem perder nenhuma informação sobre elas.

D.1 Amostragem

Seja a função de 2D $g(x,y)$, cuja amostra é representada por:

$$g_S(x,y) = \text{Ш}\,(x/X, y/Y)\, g(x,y) \tag{D.1}$$

$$= \sum_{n=-\infty}^{n=\infty} \sum_{m=-\infty}^{m=\infty} \delta(x/X - n, y/Y - m)\, g(nX, mY) \tag{D.2}$$

onde n e m são inteiros. Calculando a TF, tem-se:

$$G_S(f_x, f_y) = XY\, \text{Ш}(Xf_x, Yf_y) * G(f_x, f_y) \tag{D.3}$$

$$= XY \sum_{n=-\infty}^{n=\infty} \sum_{m=-\infty}^{m=\infty} G(f_x - n/X, f_y - m/Y) \tag{D.4}$$

que significa a repetição do espectro da função amostrada, no espaço de Fourier, como ilustrado na Fig. D.1, em que fica claro que, se a largura (Δ_x, Δ_y) do espectro é menor que o espaçamento $(1/X, 1/Y)$ entre eles, será possível recuperar o espectro completo e, assim, reconstituir a função original sem perda de informações.

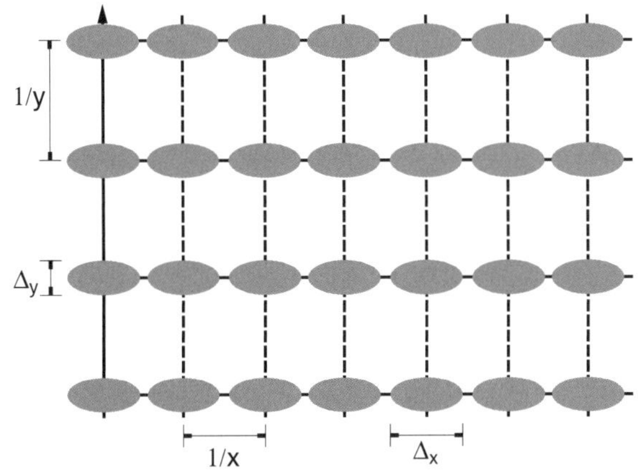

Fig. D.1 Idealização da Eq. (D.3) mostrando a repetição do espectro no espaço 2D de (f_x, f_y)

D.2 Recuperando a informação

Para recuperar a informação, utilizamos um filtro no espaço de Fourier, da forma:

$$H(f_x,f_y) = \mathrm{rect}(f_x/\Delta_x,f_y/\Delta_y) \quad \textbf{(D.5)}$$

que, aplicado no espaço de Fourier, recupera o espectro original:

$$G(f_x,f_y) = H(f_x,f_y)G_s(f_x,f_y) \quad \textbf{(D.6)}$$

A função original é obtida pela transformação inversa:

$$g(x,y) = \mathrm{TF}^{-1}\{H(f_x,f_y)\} * \mathrm{TF}^{-1}\{G_s(f_x,f_y)\} \quad \textbf{(D.7)}$$

$$= \Delta_x\Delta_y[\mathrm{Sinc}(\Delta_x x,\Delta_y y)] * [\text{Ш}(x/X,y/Y)g(x,y)] \quad \textbf{(D.8)}$$

$$= \Delta_x\Delta_y \sum_{n=-\infty}^{\infty} \sum_{m=-\infty}^{m=\infty} g(nX,yY)\mathrm{Sinc}(\Delta_x(x-nX),\Delta_y(y-mY)) \quad \textbf{(D.9)}$$

O caso limite corresponde à condição:

$$X = 1/\Delta_x \qquad Y = 1/\Delta_y \quad \textbf{(D.10)}$$

em cujo caso temos:

$$g(x,y) = \Delta_x\Delta_y \sum_{n=-\infty}^{\infty} \sum_{m=-\infty}^{m=\infty} g(n/\Delta_x,m/\Delta_y)\mathrm{Sinc}(\Delta_x(x-n/\Delta_x),\Delta_y(y-m/\Delta_y)) \quad \textbf{(D.11)}$$

Em conclusão, podemos dizer que é possível amostrar uma função (ou imagem) de forma tal que a função (ou imagem) amostrada em questão contenha toda a informação original. Para isso, basta que o intervalo de amostragem (X e Y) seja menor ou igual à inversa da largura espectral (Δ_x e Δ_y) correspondente.

A recuperação integral da informação original dependerá do filtro utilizado para isso. Em nosso caso particular, em que utilizamos um filtro "retângulo", a recuperação ocorre utilizando-se uma função de interpolação "sinc" entre os pontos da amostragem.

D.3 Conteúdo da informação

Com base nos resultados anteriores, podemos calcular o conteúdo de informações contidas numa imagem ou numa função. De fato, o conteúdo deverá ser dado pelo mínimo número de amostras possíveis capazes de recuperar integralmente o conteúdo original. Para o caso de uma fotografia em 2D com dimensões L_x e L_y e com espectros de Fourier com larguras Δ_x e Δ_y, respectivamente, por exemplo, o conteúdo será:

$$C = (L_x\Delta_x)(L_y\Delta_y) \quad \textbf{(D.12)}$$

onde o produto "largura espacial ×largura de banda" caracteriza o conteúdo de informações para cada dimensão.

D.4 Considerações

A representação de uma função amostrada por meio da Eq. (D.1) merece algumas reflexões. Essa forma de representar pontos discretos de uma função pode parecer algo estranha, pelo fato de que o valor em cada um desses pontos vale, afinal, "∞". Devemos lembrar, porém, que a integral num intervalo infinitamente pequeno ao redor de cada um desses pontos nos dá, enfim, o valor mesmo da função em cada ponto $g(nX, mY)$. Por isso, essa forma simbólica de representar a função amostrada é aceitável.

E

Processos estocásticos

As ondas luminosas, formadas por sucessões de pulsos, podem ser matematicamente caracterizadas como processos estocásticos, em que o valor da frequência e a duração dos pulsos são aproximadamente constantes, mas a fase de cada pulso varia randomicamente. A breve revisão da Teoria de Probabilidades, neste apêndice, pretende fornecer elementos para uma melhor compreensão da natureza randômica da luz e das propriedades que dela derivam.

E.1 Variável aleatória

Uma variável aleatória (VA) é uma variável real $\mathbf{X}$, definida a partir de uma "atividade" $\mathcal{E}$ (p. ex., jogar dados), tal que, para cada resultado ξ dessa atividade, a ele é atribuído um valor real $\mathbf{X}(\xi)$ com as seguintes propriedades:

- O conjunto $\mathbf{X} \leq x$ é um evento na atividade $\mathcal{E}$.
- É nula a probabilidade $P\{\mathbf{X}\}$ dos eventos $\{\mathbf{X} = \infty\}$ e $\{\mathbf{X} = -\infty\}$, ou seja:

$$P\{\mathbf{X} = \infty\} = P\{\mathbf{X} = -\infty\} = 0 \tag{E.1}$$

E.1.1 Função distribuição

Dado um número real x, o conjunto $\mathbf{X} \leq x$, formado por todos os resultados ξ, tais que $\mathbf{X}(\xi) \leq x$, é um evento em $\mathcal{E}$. Chama-se "função distribuição" da VA $\mathbf{X}$ à:

$$F_{\mathbf{X}}(x) = P\{\mathbf{X} \leq x\} \text{ definida para todo } -\infty \leq x \leq \infty \tag{E.2}$$

E.1.2 Densidade de probabilidade

Chama-se assim a derivada:

$$\rho_{\mathbf{X}}(x) = \frac{\mathrm{d}F_{\mathbf{X}}(x)}{\mathrm{d}x} \tag{E.3}$$

Exemplo

Nossa atividade $\mathcal{E}$ será jogar ao ar uma moeda, com dois resultados possíveis: cara c ou número n, ou seja, que o domínio do $\mathcal{E}$ será $\mathcal{D} = \{c,n\}$, com as probabilidades:

$$\mathcal{D} = \{c,n\} \qquad P(c) = p \qquad P(n) = q \tag{E.4}$$

e definimos a VA, por exemplo, como:

$$\mathbf{X}(c) = 1 \qquad \mathbf{X}(n) = 0 \tag{E.5}$$

e escrevemos sua função de distribuição assim:

$$F_{\mathbf{X}}(x) = \begin{cases} 1 & \text{para} \quad x \geq 1 \\ q & \text{para} \quad 0 \leq x < 1 \\ 0 & \text{para} \quad x < 0 \end{cases} \tag{E.6}$$

A densidade de probabilidade será, então:

$$\rho_{\mathbf{X}}(x) = \begin{cases} p\delta(x-1) & \\ q\delta(x) & \\ 0 & \text{para} \quad x \neq 0 \text{ e } x \neq 1 \end{cases} \tag{E.7}$$

E.2 Processos estocásticos

Se temos algum experimento $\mathcal{E}$ (jogar uma moeda ou dados, p. ex.) capaz de dar um resultado ξ que permita ser associada a ele (seguindo alguma regra bem definida) uma função, real ou complexa, do tempo:

$$f_{\xi}(t) \tag{E.8}$$

podemos formar, assim, uma família de funções, com uma função para cada ξ, e essa família é o que se chama um "processo estocástico", em que ξ pertence ao domínio $\mathcal{E}$; e t, ao domínio (eixo do tempo, nesse caso) dos números reais. Essa função pode representar:

- uma família de funções, para t e ξ variáveis;
- uma simples função do tempo, para ξ fixo;
- uma VA, para t fixo e ξ variável;
- um número, para t e ξ fixos.

No exemplo de jogar uma moeda, podemos definir um processo estocástico bem simples:

$$\mathbf{X}_{\xi}(t) = \operatorname{sen} t \text{ para } \xi = \text{cara} \tag{E.9}$$

$$\mathbf{X}_{\xi}(t) = \operatorname{sen} 2t \text{ para } \xi = \text{número} \tag{E.10}$$

E.2.1 Estatística de primeira e de segunda ordem

Para um processo estocástico, a função de distribuição vai, em geral, depender também do tempo t, e será escrita assim:

$$F_{\mathbf{X}}(x;t) = P\{\mathbf{X}_{\xi}(t) \leq x\} \tag{E.11}$$

A função $F_{\mathbf{X}}(x;t)$ será chamada de "distribuição de primeira ordem" do processo $\mathbf{X}_\xi(t)$, e a correspondente densidade de probabilidade será obtida similarmente:

$$\rho_{\mathbf{X}}(x;t) = \frac{\mathrm{d}F_{\mathbf{X}}(x,t)}{\mathrm{d}x} \tag{E.12}$$

Dados dois instantes, t_1 e t_2, considerando as variáveis aleatórias correspondentes, $\mathbf{X}_\xi(t_1)$ e $\mathbf{X}_\xi(t_2)$, podemos calcular a função distribuição conjunta:

$$F(x_1,x_2;t_1,t_2) = P\{\mathbf{X}_\xi(t_1) \leq x_1, \mathbf{X}_\xi(t_2) \leq x2\} \tag{E.13}$$

que será chamada "função de distribuição de segunda ordem" com sua correspondente densidade (também de segunda ordem):

$$\rho(x_1,x_2;t_1,t_2) = \frac{\mathrm{d}^2F(x_1,x_2;t_1,t_2)}{\mathrm{d}x_1\mathrm{d}x_2} \tag{E.14}$$

Note que:

$$F(x_1,\infty;t_1,t_2) = F(x_1;t_1) \qquad \rho(x_1;t_1) = \int_{-\infty}^{\infty} f(x_1,x_2;t_1,t_2)\,\mathrm{d}x_2 \tag{E.15}$$

E.2.2 Valor médio e autocorrelação

Valor médio $\eta(t)$ de um processo $\mathbf{X}(t)$:

$$\eta(t) = E\{\mathbf{X}(t)\} = \int_{-\infty}^{\infty} x\,\rho(x;t)\,\mathrm{d}x \tag{E.16}$$

que é, em geral, função do tempo, e onde E { } representa a "esperança matemática". A autocorrelação $\Gamma(t_1,t_2)$ do processo $\mathbf{X}(t)$ é:

$$\Gamma(t_1,t_2) = E\{\mathbf{X}(t_1)\mathbf{X}(t_2)\} = \int_{-\infty}^{\infty} x_1x_2\,\rho(x_1,x_2;t_1,t_2)\,\mathrm{d}x_1\,\mathrm{d}x_2 \tag{E.17}$$

que será função de t_1 e de t_2.

E.2.3 Processos estacionários

- No sentido estrito:

  Um processo $\mathbf{X}(t)$ chama-se "estacionário", no sentido estrito, se sua estatística não for afetada por um deslocamento no tempo, ou seja:

$$\mathbf{X}(t) \text{ e } \mathbf{X}(t+\tau) \tag{E.18}$$

  têm a mesma estatística para qualquer τ.
- No sentido amplo:

Há estacionariedade, em sentido amplo, quando se verifica que:

$$E\{\mathbf{X}(t)\} = \eta = \text{constante} \tag{E.19}$$

$$\Gamma(t_1,t_2) = \Gamma(\tau) \qquad \tau \equiv t_2 - t_1 \tag{E.20}$$

E.2.4 Ergodicidade e média temporal

O conceito de "ergodicidade", em Teoria de Probabilidades, refere-se à possibilidade de obter informações estatísticas sobre um determinado conjunto, num dado momento, a partir de observações do comportamento de um elemento desse conjunto ao longo do tempo. Se isso for possível, dizemos que esse conjunto possui ergodicidade.

Vamos supor que queremos saber quais são os teatros mais concorridos, nas noites de sexta-feira, numa dada cidade. Podemos então fazer um registro instantâneo da população da cidade, verificando, numa determinada sexta-feira, quantas pessoas estão no teatro A, no teatro B, no teatro C etc. Podemos utilizar outra estratégia, escolhendo uma pessoa dessa cidade e verificando quais os teatros para onde ela vai às sextas-feiras, ao longo de um período de tempo suficientemente longo (p. ex., um ano). Obtemos, assim, dois resultados diferentes: o primeiro nos dá a estatística do conjunto de pessoas na cidade, num dado instante, enquanto o segundo nos dá a estatística de uma pessoa dessa cidade, ao longo de um tempo adequadamente longo. O primeiro resultado pode não ser representativo para um intervalo mais longo de tempo, enquanto o segundo pode não representar o conjunto da população da cidade. Um conjunto será ergódico somente se ambos os resultados coincidirem.

A ergodicidade refere-se, então, ao problema da determinação da estatística de um processo $\mathbf{X}(t)$ (estocástico ou randômico) a partir de um único resultado $\mathbf{X}_\xi(t)$(determinístico) desse processo.

Ergodicidade e valor médio

Seja um processo estocástico $\mathbf{X}(t)$, estacionário no sentido amplo e, por isso:

$$E\{\mathbf{X}(t)\} \equiv \int_{-\infty}^{\infty} x(t)\,\rho_{\mathbf{X}}(x)\,dx = \eta \text{ constante} \tag{E.21}$$

Calculemos a média temporal de $E\{\mathbf{X}(t)\}$:

$$\begin{aligned}
\lim_{T\to\infty} \frac{1}{2T}\int_{-T}^{T} E\{\mathbf{X}(t)\}\,dt &= \lim_{T\to\infty} \frac{1}{2T}\int_{-T}^{T} \eta\,dt = \eta \\
&= \lim_{T\to\infty} \frac{1}{2T}\int_{-T}^{T} dt \int_{-\infty}^{\infty} x(t)\,\rho_{\mathbf{X}}(x)\,dx \\
&= \int_{-\infty}^{\infty} \rho_{\mathbf{X}}(x)\,dx \lim_{T\to\infty} \frac{1}{2T}\int_{-T}^{T} x(t)\,dt
\end{aligned} \tag{E.22}$$

Sabendo que:

$$\int_{-\infty}^{\infty} \rho_{\mathbf{X}}(x)\,dx = 1 \tag{E.23}$$

e substituindo em (E.22), resulta:

$$\eta = \lim_{T\to\infty} \frac{1}{2T} \int_{-T}^{T} x(t)\,dt \qquad \textbf{(E.24)}$$

O que prova que a esperança matemática (valor médio) pode ser calculada como a média temporal para um processo estocástico estacionário, em sentido amplo.

Ergodicidade e autocorrelação

Seja a autocorrelação definida como:

$$\Gamma(t, t+\tau) = \mathrm{E}\{X_1 X_2\} \quad X_1 \equiv X(t) \quad X_2 \equiv X(t+\tau)$$

Considerando estacionário o processo em questão, em sentido amplo, resulta:

$$\Gamma(t,t+\tau) = \Gamma(\tau) \qquad \textbf{(E.25)}$$

$$= \int_{-\infty}^{\infty}\int_{-\infty}^{\infty} x_1 x_2 \rho_{\mathbf{X_1},\mathbf{X_2}}(x_1,x_2)\,dx_1\,dx_2 \qquad x_1 \equiv x(t) \qquad x_2 \equiv x(t+\tau) \qquad \textbf{(E.26)}$$

Ao se calcular a média temporal, tem-se:

$$\Gamma(\tau) = \lim_{T\to\infty} \frac{1}{2T} \int_{-\infty}^{\infty} \Gamma(\tau)\,dt = \lim_{T\to\infty} \frac{1}{2T} \int_{-\infty}^{\infty} E\{\mathbf{X}(t)\mathbf{X}(t+\tau)\}dt$$

$$= \lim_{T\to\infty} \frac{1}{2T} \int_{-\infty}^{\infty} dt \int_{-\infty}^{\infty}\int_{-\infty}^{\infty} x_1 x_2 \rho_{\mathbf{X_1},\mathbf{X_2}}(x_1,x_2)\,dx_1\,dx_2$$

$$= \int_{-\infty}^{\infty}\int_{-\infty}^{\infty} \rho_{\mathbf{X_1},\mathbf{X_2}}(x_1,x_2)\,dx_1\,dx_2 \lim_{T\to\infty} \frac{1}{2T} \int_{-\infty}^{\infty} x(t)x(t+\tau)\,dt$$

Porém, sabendo que:

$$\int_{-\infty}^{\infty}\int_{-\infty}^{\infty} \rho_{\mathbf{X_1},\mathbf{X_2}}(x_1,x_2)\,dx_1\,dx_2 = 1 \qquad \textbf{(E.27)}$$

resulta:

$$\Gamma(\tau) = \lim_{T\to\infty} \frac{1}{2T} \int_{-\infty}^{\infty} x(t)x(t+\tau)\,dt \qquad \textbf{(E.28)}$$

Esse resultado mostra que, como para o caso do valor médio, a "esperança matemática" pode ser também substituída pela "média temporal", desde que os processos envolvidos sejam estacionários, em sentido amplo. Obviamente, os resultados apresentados valem para o caso de a função X ser complexa e $X_2 = X^*(t+\tau)$ ser utilizada em lugar de $X(t+\tau)$.

Alinhamento de lentes

F

Em alguns casos, é necessário fazer um alinhamento preciso de lentes. Para isso, podemos utilizar o feixe de um *laser* como referência numa montagem simples, como indicado na Fig. F.1. Nessa montagem, temos que observar as manchas de luz refletidas por cada uma das duas faces da lente, que, no caso das Figs. F.2, F.4, F.6 e F.8 estão indicadas pelas reflexões centrais nas flechas grossas, que indicam o centro do feixe *laser*: a preta indica a mancha refletida na primeira face da lente e a cinza, a refletida na segunda face, após refração. Por outro lado, o feixe refletido na primeira face da lente forma uma frente de onda esférica centrada no ponto *A*, enquanto a luz refletida na segunda face se focaliza no ponto *B*, de onde parte outra onda esférica. A interferência de ambas as ondas, com diferente esfericidade, produz anéis de interferência centrados na linha $A - B$. Quando a lente está centrada e seu eixo óptico está alinhado com o feixe *laser*, como ilustrado na Fig. F.8, ambas as manchas refletidas, assim como o centro dos anéis, ficam todos centrados com o eixo do raio *laser*, ou seja, centrados no furinho do anteparo da Fig. F.1, como mostra a fotografia da Fig. F.9.

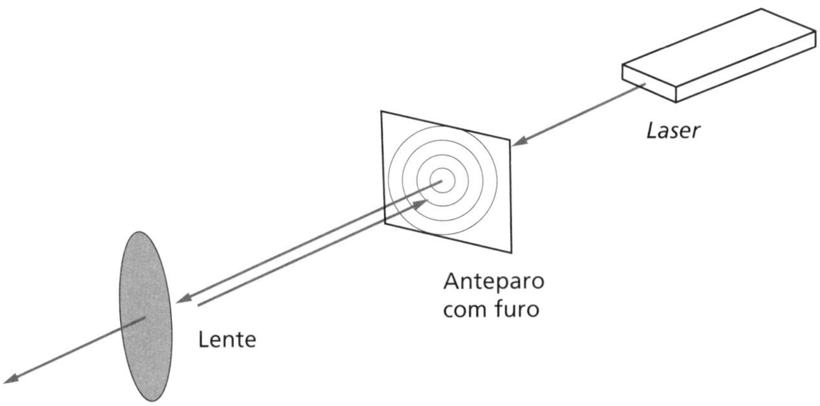

Fig. F.1 Esquema da montagem com o uso de um *laser*, um anteparo com um furo no centro (por onde passa o raio *laser*) e a lente a ser alinhada

As diferentes situações possíveis estão ilustradas nas Figs. F.2-F.6. Obviamente, quando quisermos alinhar um sistema com várias lentes, teremos que começar pela mais afastada do *laser*.

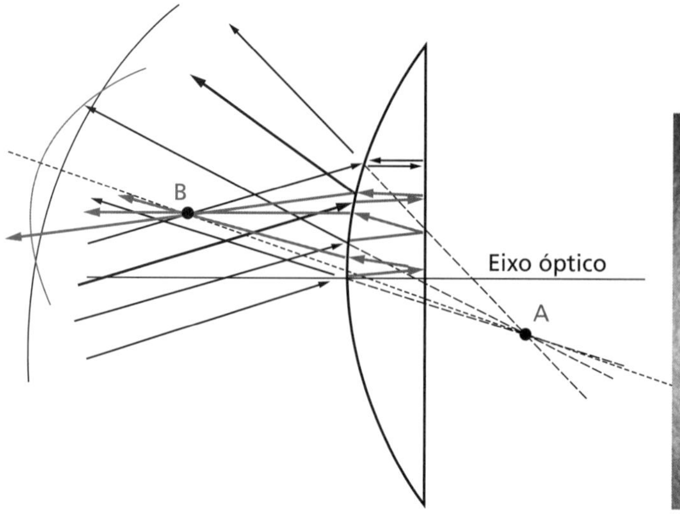

Fig. F.2 Esquema de uma lente não centrada e fora do eixo em relação ao feixe incidente, cujo eixo central é representado pela flecha mais grossa; a luz refletida pela segunda face da lente está indicada por flechas cinzas. O resultado são duas manchas luminosas (uma por cada superfície refletora) separadas, e o eixo dos anéis de interferência (na linha A-B) também fora do eixo do raio incidente, como mostrado na Fig. F.3

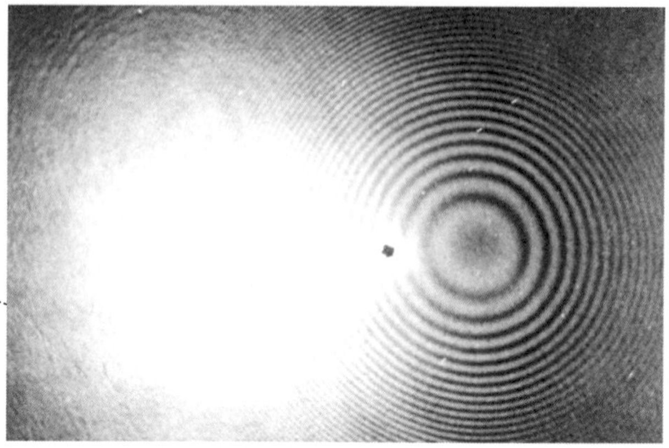

Fig. F.3 Imagem observada no anteparo para o caso representado na Fig. F.2; a mancha escura no centro da fotografia indica o furo no anteparo, por onde passa o feixe laser

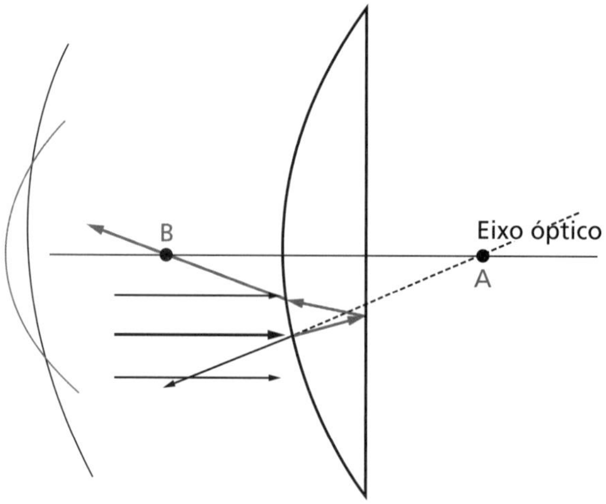

Fig. F.4 Eixo óptico da lente paralelo ao raio laser, mas lente não centrada no raio

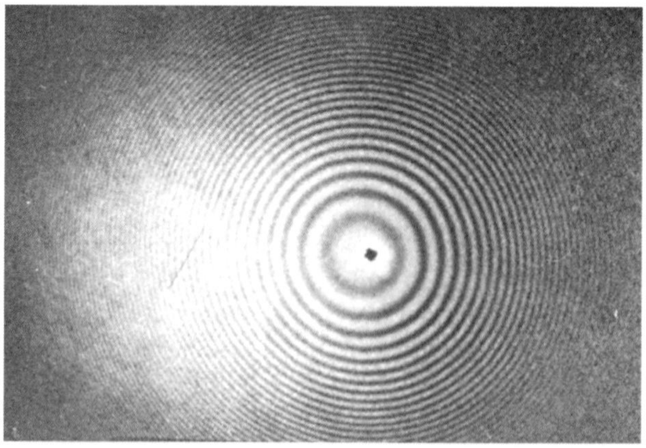

Fig. F.5 Imagem observada no anteparo, numa situação como a representada na Fig. F.4, em que os anéis estão centrados, mas as manchas não

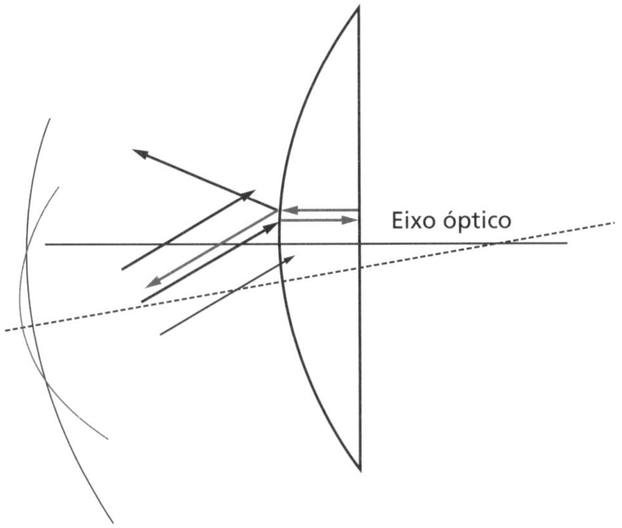

Fig. F.6 Esquema mostrando uma lente com o eixo óptico desalinhado e com uma das manchas refletidas voltando sobre o feixe incidente

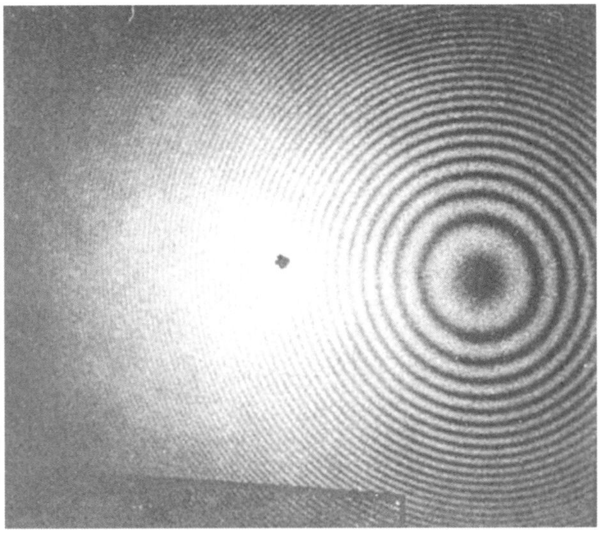

Fig. F.7 Fotografia mostrando o caso descrito na Fig. F.6

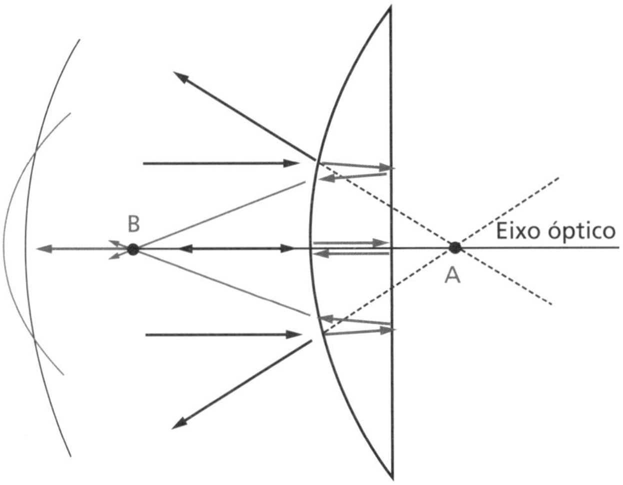

Fig. F.8 Esquema mostrando uma lente centrada e alinhada

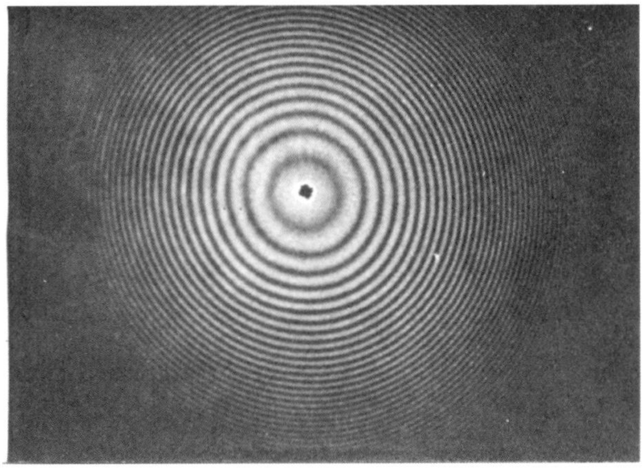

Fig. F.9 Fotografia mostrando a imagem para o caso de uma lente alinhada e centrada, como indicado na Fig. F.8

Interferômetro de Michelson

G

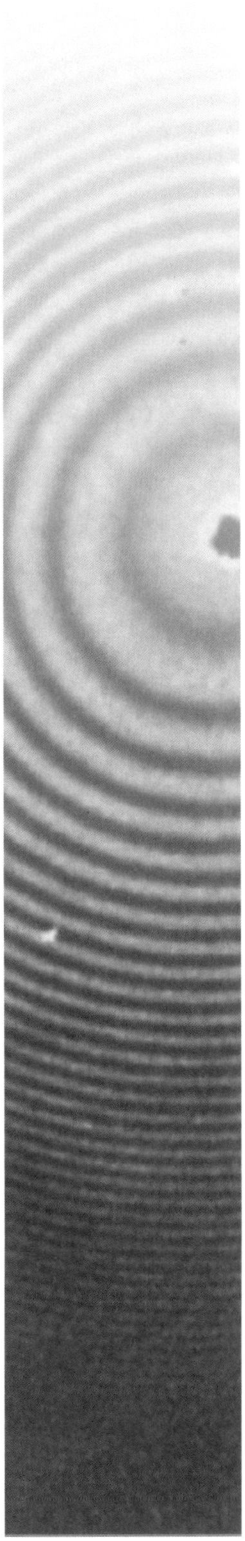

O interferômetro de Michelson, esquematizado na Fig. G.1, é formado por dois espelhos (B e C) perpendiculares; um divisor de feixe **BS**, formado por uma lâmina de vidro com uma das faces semiespelhada; e uma lâmina compensadora **COM**, que tem a mesma espessura de vidro que **BS**, mas sem espelhamento.

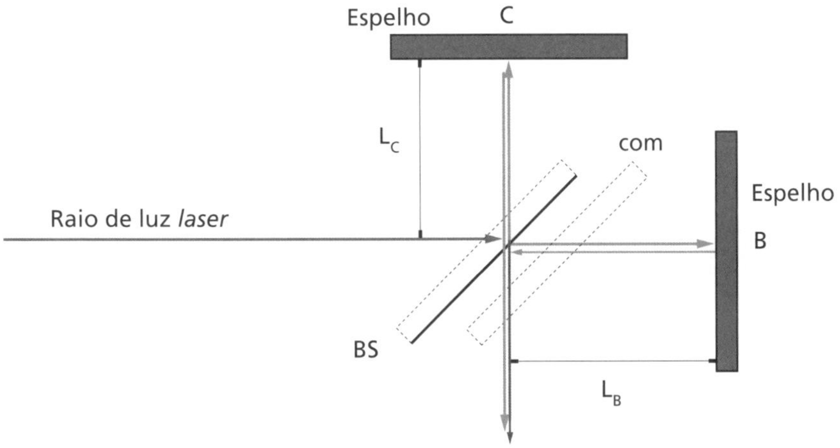

Fig. G.1 Esquema do interferômetro de Michelson: **B** e **C**, espelhos; **BS**, divisor de feixe de 30% de transmitância e de reflectância; e **COM**, lâmina compensadora com 10% de reflectância em cada interfase

O feixe que se reflete no espelho **C** passa duas vezes pela espessura de vidro do **BS** antes de chegar ao detector, enquanto o outro, nenhuma. Como a lâmina está inclinada para a passagem do feixe, isso produz uma aberração na frente de onda. Para que essa aberração não provoque deformações nas franjas de interferência, produzimos o mesmo defeito no outro feixe, colocada a lâmina **COM**, para que ele também passe duas vezes por uma lâmina de vidro similar à do **BS**.

G.1 Ajuste do instrumento

Para os ajustes do aparelho, procede-se da seguinte maneira:

- Alinhar os dois espelhos e a lâmina divisora de feixe do interferômetro, para que a luz que chega ao detector pelos dois caminhos interfira, formando franjas com o maior período espacial possível. Isso significa que os dois espelhos serão ajustados o mais perpendicularmente possível entre si, para que os dois feixes emergentes, após reflexão nos espelhos, sejam o mais paralelos possível. Para tanto, será utilizado, primeiramente, um feixe *laser* direto de baixa potência, centrado aproximadamente no meio dos espelhos, do **BS** e da **COM**. Cada um dos dois feixes sofre uma reflexão principal num dos espelhos e várias reflexões nas interfaces dos vidros, porém muito mais fracas que a reflexão principal. Nesse estágio é necessário fazer coincidir cada uma das reflexões principais entre si, fazendo aparecer uma franja de interferência visível a olho nu. Isso garante a perpendicularidade mútua aproximada dos espelhos. A Fig. G.2 mostra o feixe *laser* direto refletido e projetado na parede. Observe que os espelhos não estão alinhados, pois os conjuntos de manchinhas luminosas vindos de cada um dos dois espelhos não estão superpostos, mas deslocados vertical e lateralmente. Os parafusos de um dos espelhos devem ser acionados até que as manchas (a mancha central e mais forte em cada linha indica a reflexão principal em cada espelho) coincidam e se formem franjas de interferência claramente visíveis a olho nu.
- Utilizando o mesmo feixe *laser*, mas agora suficientemente expandido (usando uma objetiva de microscópio, p. ex.) como para iluminar uma boa parte da superfície dos

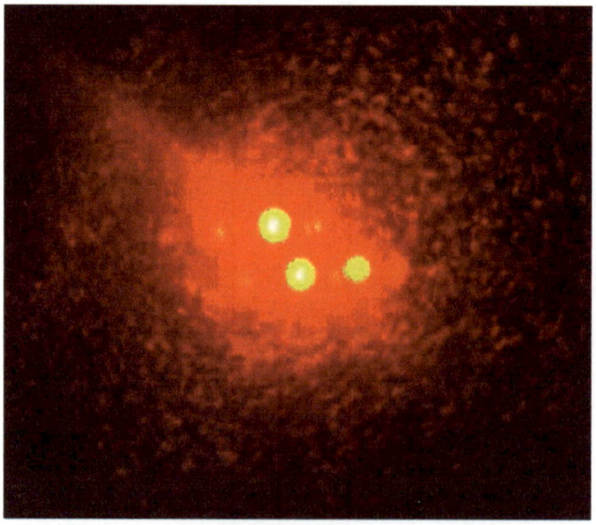

Fig. G.2 Ajuste do interferômetro de Michelson com raio laser direto. Cada conjunto de manchas alinhadas na horizontal é produzido por um mesmo espelho, onde a mancha central e mais luminosa é a reflexão direta. Os dois conjuntos não são coincidentes porque os dois espelhos não estão corretamente alinhados. Um conjunto de manchas similares, muito mais fracas, aparece também (não mostrado na figura) à esquerda, produzido pela lâmina compensadora

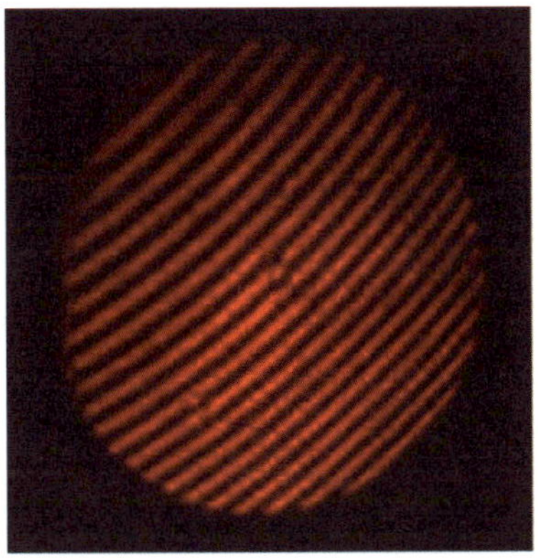

Fig. G.3 Ajuste do interferômetro com raio laser expandido. Foto cedida pelo Eng. A. C. Costa, do Laboratório de Ensino de Óptica, IFGW/Unicamp

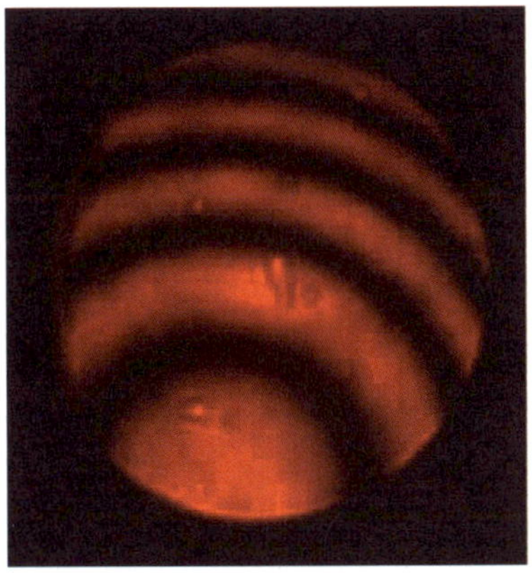

Fig. G.4 Ajuste do interferômetro com raio laser expandido: ajustando o paralelismo dos espelhos. Foto cedida pelo Eng. A. C. Costa, do Laboratório de Ensino de Óptica, IFGW/Unicamp

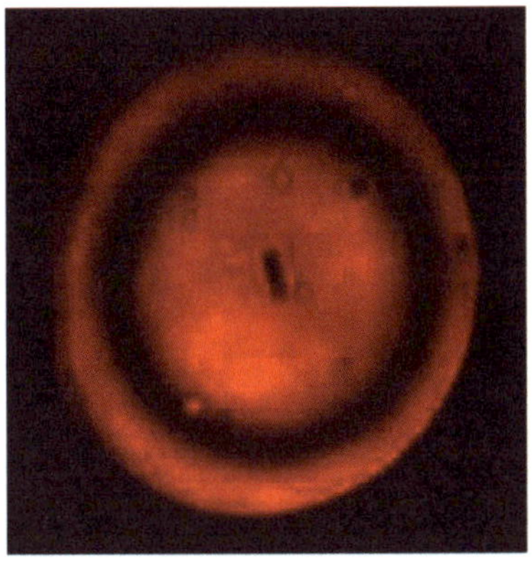

Fig. G.5 Ajuste do interferômetro com raio laser expandido: anéis concêntricos indicando o paralelismo dos espelhos. Foto cedida pelo Eng. A. C. Costa, do Laboratório de Ensino de Óptica, IFGW/Unicamp

espelhos, podemos afinar o ajuste da perpendicularidade dos espelhos. Formam-se, assim, franjas como as observadas na Fig. G.3. O passo seguinte é ajustar o paralelismo dos espelhos, o que se pode fazer ajustando-os até que apareçam anéis, como ilustrado na Fig. G.4. O paralelismo perfeito se atinge quando os anéis ficam centrados, como na Fig. G.5. Resta ajustar o aparelho para colocar os espelhos à mesma distância do divisor de feixe na entrada, ou seja, para que $L_C = L_B$ na Fig. G.1, condição que chamaremos de "diferença de caminho óptico zero" (DCOZ). Para isso, e sem mexer no paralelismo dos espelhos, vamos mudando a distância do espelho móvel até que o raio de curvatura dos anéis seja grande o suficiente para serem quase que franjas retas, apenas levemente curvadas para um lado. Nesse estágio, os anéis devem ter desaparecido do campo visual, por causa do grande raio de curvatura. Para facilitar a observação, pode ser necessário inclinar um pouco um dos espelhos, de forma a poder ver franjas bem espaçadas, indicando uma pequena inclinação apenas, que são os raios de grande raio de curvatura, como ilustrado na Fig. G.6, em que, quando as franjas estiverem passando de levemente curvadas para um lado a levemente curvadas para o outro, estaremos muito próximos de atingir a DCOZ desejada.

- O ajuste final da condição DCOZ se consegue substituindo a luz do *laser* por outra (ou outras) de muito menor coerência, como, por exemplo, um LED ou uma lâmpada de filamento. Deve-se procurar a posição dos espelhos que permita ver a franja mais brilhante (a franja preta, no caso da lâmpada de filamento) no centro do campo visual. Caso a intensidade da luz seja fraca para projetar na parede, pode-se colocar um vidro despolido na entrada do interferômetro (para uniformizar a iluminação) e observar diretamente as franjas a olho nu.

* Para atingir exatamente a condição de DCOZ, precisamos utilizar fontes de luz com coerência longitudinal menor. Para facilitar o procedimento, podemos ir trocando as fontes por outras com coerências progressivamente menores, se possível. Para isso, colocamos os espelhos levemente fora da perpendicularidade, para podermos observar franjas não circulares, mas aproximadamente paralelas e suficientemente espaçadas para serem facilmente vistas a olho nu. Substituímos então a luz do *laser* por outra com comprimento de coerência (longitudinal) menor. Dessa forma, poderemos observar franjas de interferência com a visibilidade (contraste) aumentando claramente à medida que nos aproximamos da **DCOZ**. Diversas fontes de luz (ver apêndice I) podem ser utilizadas para isso:
    * *laser* de diodo, que pode ter uma coerência de alguns milímetros ou até centímetros;
    * lâmpada de sódio (Na) de baixa pressão, que tem uma coerência longitudinal que pode chegar até 50 mm;
    * lâmpada de mercúrio (Hg), também de baixa pressão, com coerência bastante menor que a de Na, o que dificulta o procedimento de ajuste;
    * fonte de luz branca com um filtro interferencial, ou um LED, que podem apresentar 10 ou 20 nm de largura espectral, que representa uma coerência longitudinal de apenas 10 ou 20 μm, o que dificulta bastante o ajuste;
    * quando, de uma forma ou de outra, estivermos muito próximos da DCOZ, o ajuste mais fino deve ser feito com uma luz branca (sem filtro), que tem uma coerência de 2 ou 3 μm, por meio da qual o ajuste perfeito fica evidenciado por uma franja central preta, como ilustrado na Fig. G.7.

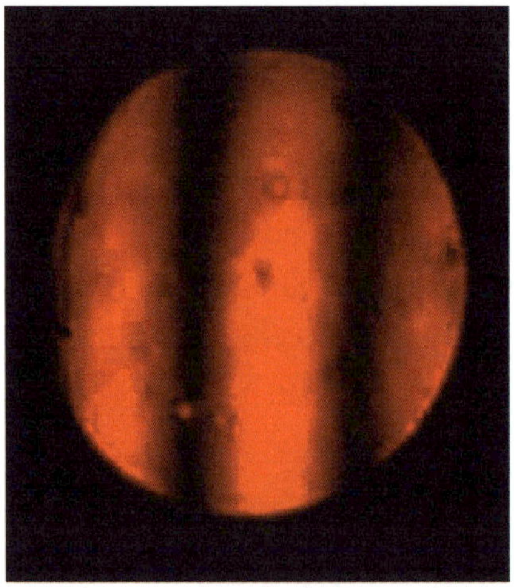

Fig. G.6 Ajuste do interferômetro com raio laser expandido: franjas retas, passando de levemente curvadas para um lado a levemente curvadas para o outro, indicam a condição de DCOZ. Foto cedida pelo Eng. A. C. Costa, do Laboratório de Ensino de Óptica, IFGW/Unicamp

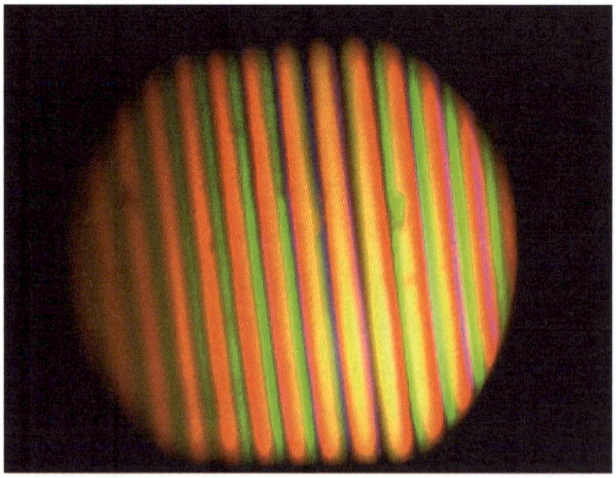

Fig. G.7 Franjas de interferência com luz branca vistas no interferômetro, com um despolido na entrada da luz. Veja a franja mais escura, quase preta, no centro e as franjas coloridas aos lados

Vale lembrar que as franjas de interferência com luz *laser* são deslocalizadas, isto é, formam-se em todo o volume onde se superpõem as duas frentes de onda, e isso por causa da grande coerência longitudinal (temporal) e transversal da luz *laser*. É por isso que elas podem ser projetadas e observadas em qualquer plano.

Na utilização de fontes de luz diferentes de um *laser*, que são geralmente extensas, devemos levar em conta que elas têm coerência longitudinal, mas praticamente nenhuma coerência transversal. Isso significa que, com essas fontes, não será possível obtermos franjas deslocalizadas. Elas poderão ser vistas a olho nu ou, então, ser focalizadas num plano com o uso de uma lente, como ilustrado na Fig. G.8.

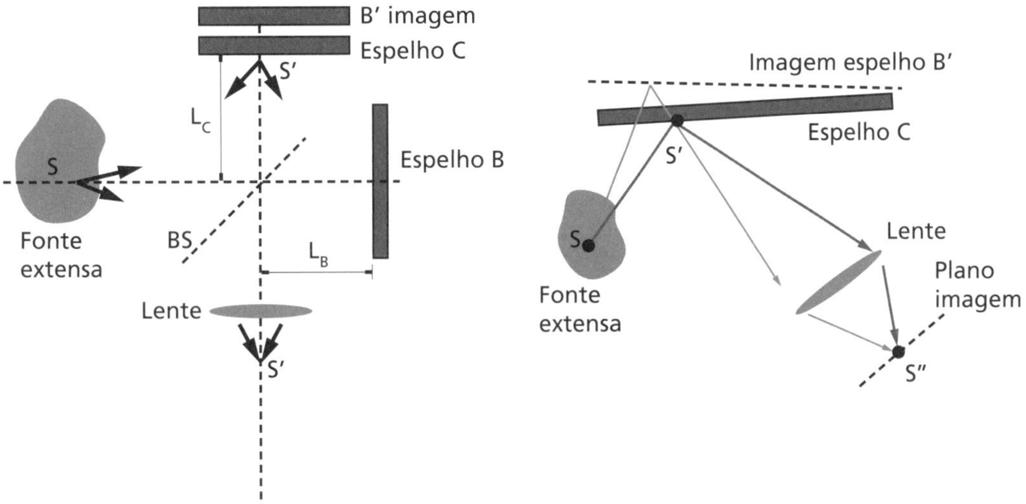

Fig. G.8 Franjas de interferência com fonte de luz monocromátrica extensa sem coerência transversal. O esquema da esquerda mostra o interferômetro de Michelson iluminado com uma fonte de luz monocromática extensa, sem coerência transversal. O espelho **B** é mostrado na figura, na forma de sua imagem pelo **BS**, para facilitar a interpretação da formação de franjas de interferência com fonte estendida. As imagens da fonte refletidas nos dois espelhos se superpõem no plano imagem (ou na retina do olho) mediante o uso de uma lente (ou cristalino do olho). No esquema da direita, mostra-se a diferença de caminho óptico dos dois raios, saídos do mesmo ponto **S** da fonte, se refletindo em cada um dos dois espelhos (real e imagem, ambos quase paralelos) e focalizados no plano imagem pela lente. Nesse plano, localizado, observam-se as franjas de interferência geradas pelos dois feixes

Fotodiodos

H

Os fotodiodos são, essencialmente, interfaces semicondutoras tipo n-p (Fig. H.1). Às vezes se coloca uma camada intermediária intrínseca, dando origem às estruturas p-i-n (Fig. H.2). A função da camada "i" é aumentar a espessura da chamada "camada de depleção", a fim de permitir que maior quantidade de pares elétron-buraco seja gerada nessa camada, para se mover sob a ação da barreira de potencial, dando assim uma resposta maior e mais rápida à ação da luz.

A corrente direta i (ao longo do sentido do campo aplicado V) está relacionada à tensão direta V de *bias* pela equação:

$$i = i_o\left(e^{V/(k_B T/e)} - 1\right) - i_{sc} \qquad i_{sc} = KI \qquad \textbf{(H.1)}$$

onde I representa a irradiância sobre o fotodiodo; K é uma constante que depende do comprimento de onda (como ilustrado na Fig. H.3) e do próprio diodo; e i_o é a chamada corrente reversa de saturação.

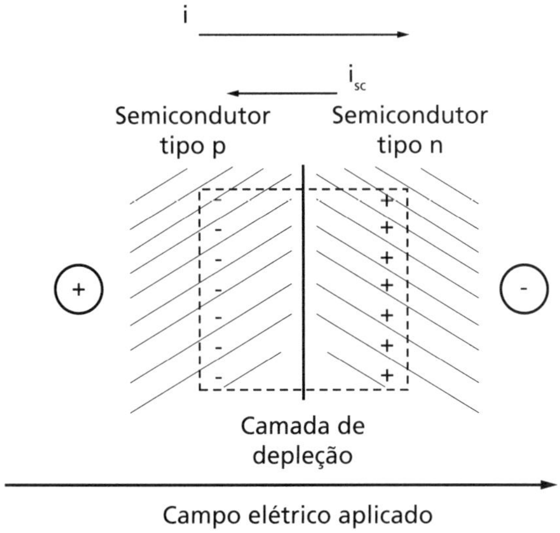

Fig. H.1 Junção p-n mostrando a camada de depleção e um diagrama da barreira de potencial de Schottky

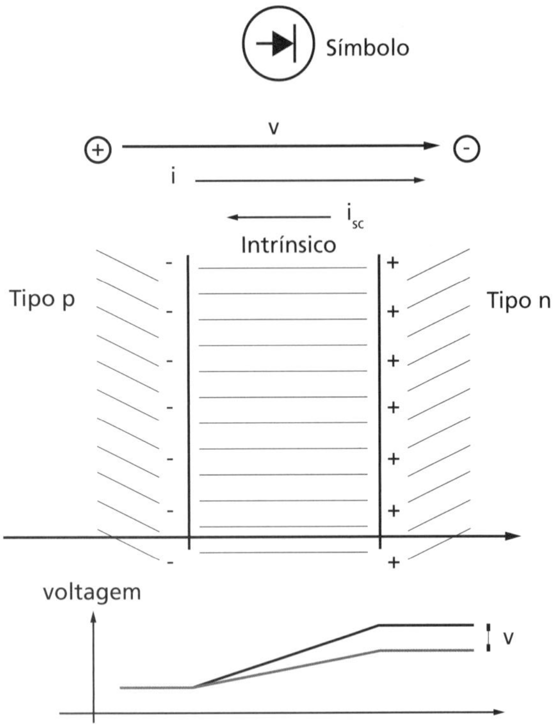

Fig. H.2 Junção p-n mostrando a camada de depleção, incluindo a camada intrínseca e o diagrama da barreira de potencial de Schottky. A curva vermelha mostra a barreira de potencial subação de um *bias* direto de potencial V

H.1 Regime de operação

Os fotodiodos podem ser utilizados em regime fotovoltaico (Fig. H.4) ou fotocondutivo (Fig. H.5), como será discutido a seguir.

H.1.1 Regime fotovoltaico

O regime fotovoltaico, indicado no esquema A da Fig. H.4, pode ser descrito pela equação:

$$V/R_L = i_o(e^{V/(k_B T/e)} - 1) - KI \qquad \textbf{(H.2)}$$

mostrando uma relação não linear entre a irradiância I e a tensão V resultante na resistência de carga R_L. A resposta aproxima-se da linearidade somente para $V \ll k_B T/e$, ou seja, para um sinal pequeno. No esquema B da Fig. H.4, que é a chamada operação em circuito aberto, há uma relação logarítmica entre I e a tensão de saída V:

$$0 = i_o(e^{V/(k_B T/e)} - 1) - KI$$
$$V = \frac{k_B T}{e} \ln\left(\frac{KI}{i_o} + 1\right) \qquad \textbf{(H.3)}$$

O esquema C da Fig. H.4 mostra a chamada configuração em curto-circuito, em que a corrente é proporcional a I:

$$i = i_o(e^0 - 1) - KI \qquad i = -KI \qquad \textbf{(H.4)}$$

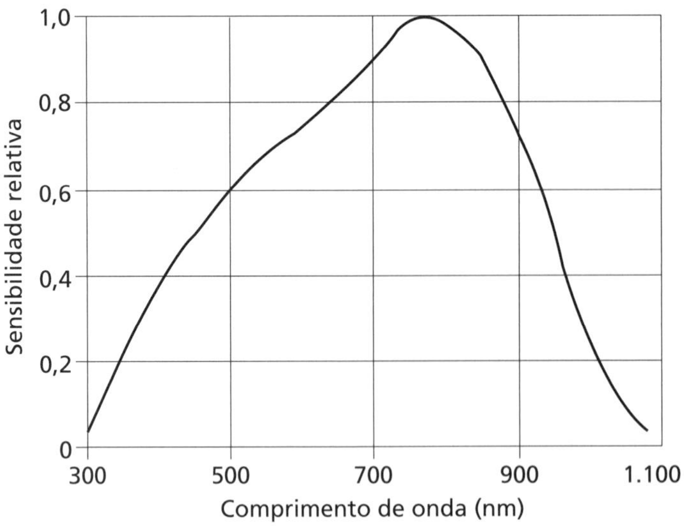

Fig. H.3 Resposta espectral típica de fotodetector de Si

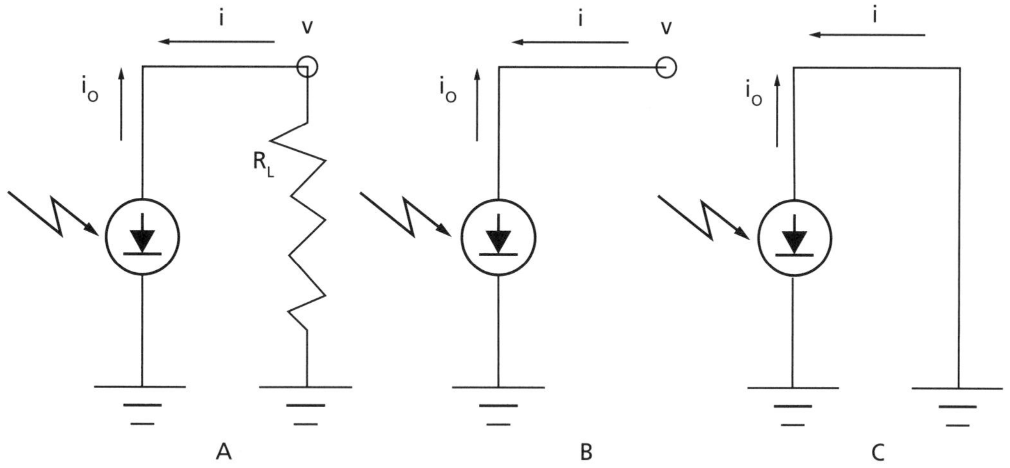

Fig. H.4 Fotodetector: modo fotovoltaico. (A) mostra a operação com uma carga R_L; (B) mostra a operação em circuito aberto; (C), em curto-circuito

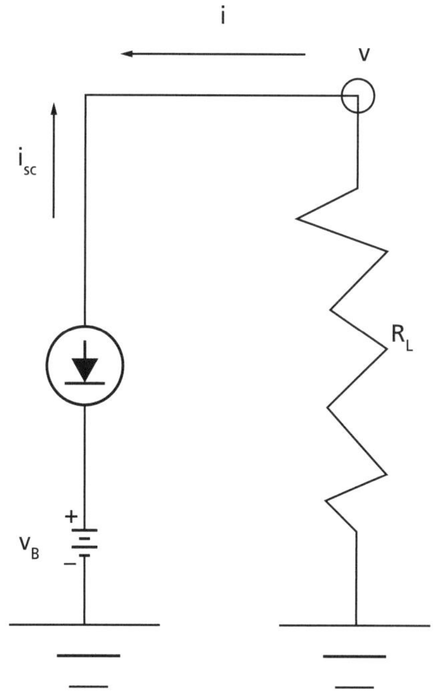

Fig. H.5 Fotodetector: modo fotocondutivo. Um potencial de *bias* reverso V_B (normalmente $V_B \gg V$) é aplicado como indicado, para aumentar a velocidade e melhorar a linearidade da resposta

H.1.2 Regime fotocondutivo

O modo fotocondutivo, mostrado na Fig. H.5, em que se aplica uma tensão de *bias* reversa V_B, é descrito pela relação:

$$\frac{V}{R_L} = i_o\left(\left(e^{\frac{V-V_B}{k_B T/e}}\right) - 1\right) - KI \quad \text{(H.5)}$$

$$\text{Para } V_B \gg V \Rightarrow \frac{V}{R_L} \approx -i_o - KI \quad \text{(H.6)}$$

onde i_o é o ruído, termo este que não aparece na operação fotovoltaica em curto-circuito. Fotodiodos em modo fotocondutivo são, portanto, mais ruidosos, porém mais rápidos, porque a voltagem de *bias* reverso reduz a capacitância da camada de depleção, razão pela qual a constante de tempo RC é proporcionalmente reduzida.

H.2 Amplificadores operacionais

Esses dispositivos permitem utilizar os fotodetectores em regime de curto-circuito, beneficiando-nos assim com a linearidade da resposta ilustrada pela Eq. (H.4) e, ao mesmo tempo, permitem a amplificação do sinal via resistência de carga, como ilustrado na Eq. (H.2). Por causa dessas vantagens, muitos fotodiodos já vêm como circuito integrado com um amplificador operacional (OPA) embutido.

H.2.1 Uso dos amplificadores operacionais

A Fig. H.6 representa um amplificador operacional com *feedback*, cujas características teóricas devem ser:

$$R_i \approx \infty \tag{H.7}$$

$$R_o \approx 0 \tag{H.8}$$

$$A \equiv -V_o/V_i \approx \infty \tag{H.9}$$

$$V_i \approx 0 \text{ terra virtual} \tag{H.10}$$

$$R_s \text{ pequeno} \tag{H.11}$$

Nessas condições, podemos calcular a corrente i na resistência de realimentação R_f:

$$i = \frac{V_s - V_i}{R_s} = \frac{V_i - V_o}{R_f} \tag{H.12}$$

$$= \frac{V_s + V_o/A}{R_s} = \frac{-V_o/A - V_o}{R_f} \tag{H.13}$$

concluindo que a tensão de saída será:

$$V_o \approx -R_f i \tag{H.14}$$

$$G \equiv V_o/V_s \approx -R_f/R_s \tag{H.15}$$

Sabendo que:

$$R_{\text{in}} \equiv V_i/i \tag{H.16}$$

$$i = \frac{V_i - V_o}{R_f} = \frac{V_i + AV_i}{R_f} = v_i\frac{1+A}{R_f} \approx V_i A/R_f \tag{H.17}$$

concluímos também que:

$$R_{\text{in}} \approx R_f/A \approx 0 \tag{H.18}$$

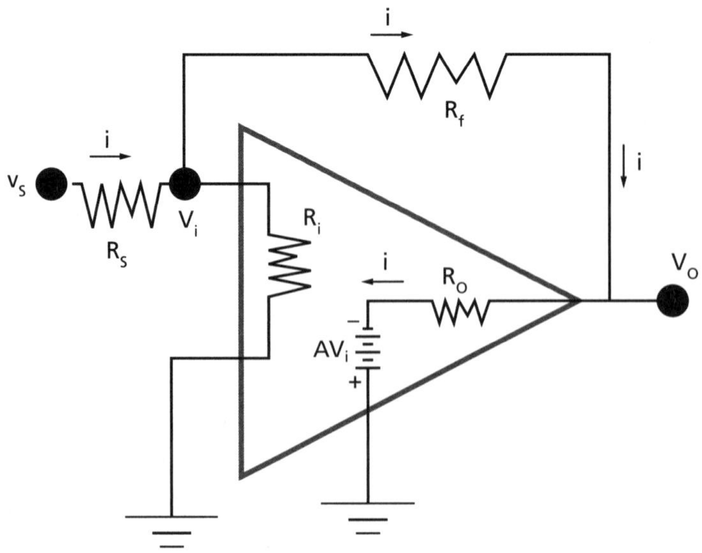

Fig. H.6 Amplificador operacional com *feedback*

Com essas características, o amplificador operacional com realimentação é ideal para ser conectado na saída de um fotodiodo que opera em modo fotovoltaico, em curto-circuito, como ilustrado no esquema C da Fig. H.4. Nessas condições, o fotodiodo estará em curto-circuito, pois a resistência de entrada ao amplificador será $R_{in} \approx 0$, dando na saída uma tensão amplificada no valor $V_o \approx iR_f$, com uma resistência de saída $R_o \approx 0$, o que é muito conveniente para ser medido num voltímetro.

I

Fontes de luz

Neste apêndice faremos uma breve descrição das fontes de luz mais utilizadas. O leitor interessado em informações mais detalhadas deverá procurar a ampla literatura especializada existente sobre esse assunto.

I.1 LÂMPADA DE FILAMENTO INCANDESCENTE

A fonte de luz mais simples é formada por uma lâmpada de filamento incandescente, cujo espectro de radiação (medido com um fotodetector de silício) aparece na Fig. I.1. Esse espectro pode se aproximar ao do chamado "Corpo Negro", que responde à formulação de Stefan-Boltzmann modificada por Planck:

$$S(\nu) = \frac{8\pi\nu^2}{c^3} \frac{h\nu}{e^{h\nu/k_B T} - 1} \tag{I.1}$$

onde $\nu = c/\lambda$ e os outros parâmetros são os usualmente utilizados. Os espectros calculados para T = 5.780 K e para T = 3.000 K são mostrados na Fig. I.2, na qual fica claro que quanto maior a temperatura T, mais se desloca o pico do espectro para comprimentos de onda menores. Por esse motivo, é interessante aumentar T ao máximo possível e, para isso, adiciona-se halogênio na lâmpada, cuja função é reagir com o W do filamento evaporado e depositado sobre as paredes da lâmpada, formando um composto gasoso que, ao entrar em contato com o filamento quente, decompõe-se, depositando novamente o W sobre o filamento. Com isso, a lâmpada pode operar a uma temperatura mais alta sem que o W do filamento se evapore rapidamente. O espectro da lâmpada está também limitado pela transmitância do invólucro, geralmente de quartzo, que tem boa transmitância apenas na faixa 160-200 até 2.500 nm. O vidro BK7, por sua vez, deixa passar luz numa faixa mais restrita: 300 até 2.500 nm. Por se tratar de fontes de luz de grande largura espectral, é claro que são fontes com pequeno comprimento de coerência, como se pode deduzir da relação entre larguras de $\Gamma(\tau)$ e $S(\nu)$, estudada na seção 4.2.2.

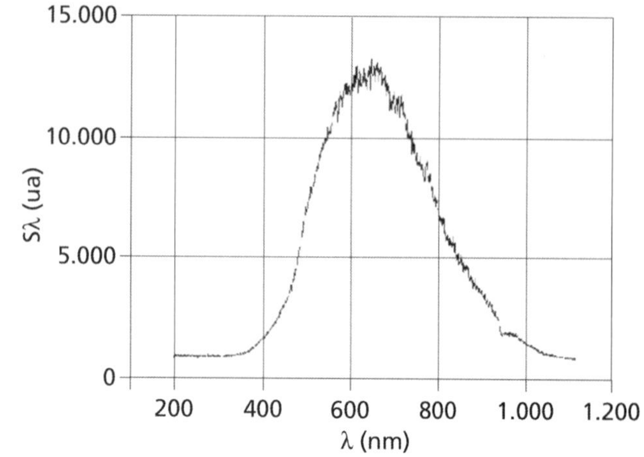

Fig. I.1 Espectro de uma lâmpada de filamento incandescente de halogênio, medida com detector de Si

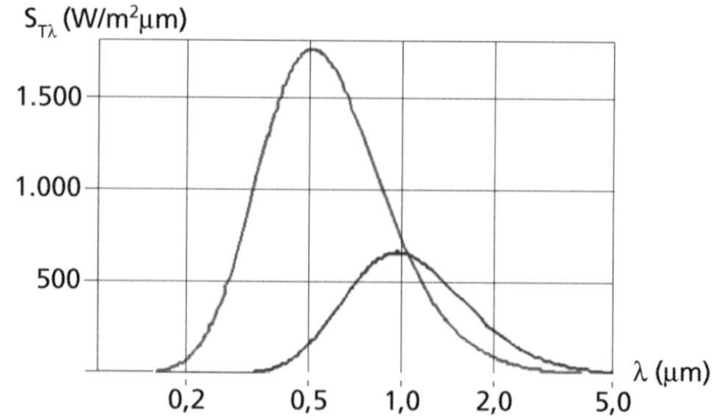

Fig. I.2 Radiação de corpo negro calculada para T = 5.780 K (temperatura do Sol), curva cinza à esquerda, e para T = 3.000 K (temperatura máxima para o filamento de lâmpada de halogênio), curva preta à direita, amplificada 10 vezes

I.2 *Light-emitting diodes* (LEDs)

Trata-se de dispositivos semicondutores que emitem luz, alguns dos quais podem emitir luz quase monocromática, como ilustrado no gráfico da Fig. I.3, cuja largura espectral é de 40 nm, mas que pode chegar até 10 ou 20 nm. Esses dispositivos são objeto de estudo detalhado na seção 4.7.3. No mercado existem LEDs com picos espectrais cobrindo quase toda a faixa do IV ao UV próximos, que são muito úteis para realizar experimentos que não exijam muita coerência temporal.

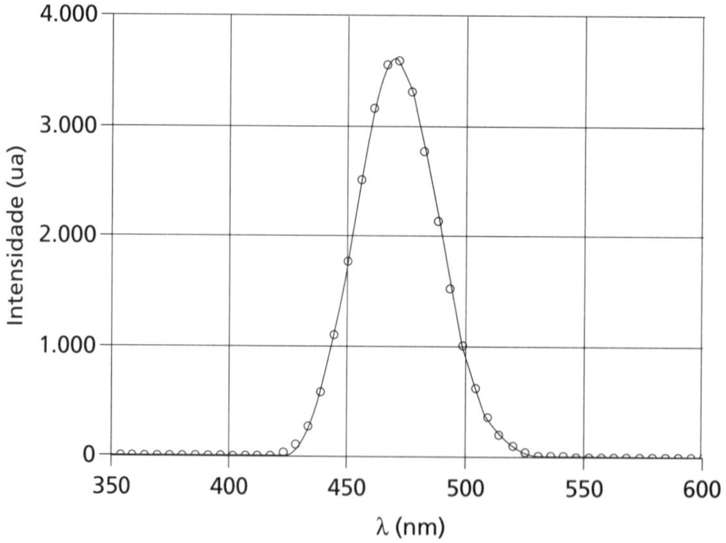

Fig. I.3 Espectro de LED centrado em 470 nm, com largura a meia altura de 40 nm

I.3 Lâmpadas de descarga: Na e Hg

Trata-se de lâmpadas que contêm gases (os mais comuns são Na e Hg) que, ao serem excitados por descargas elétricas, emitem diferentes linhas espectrais. No caso das lâmpadas

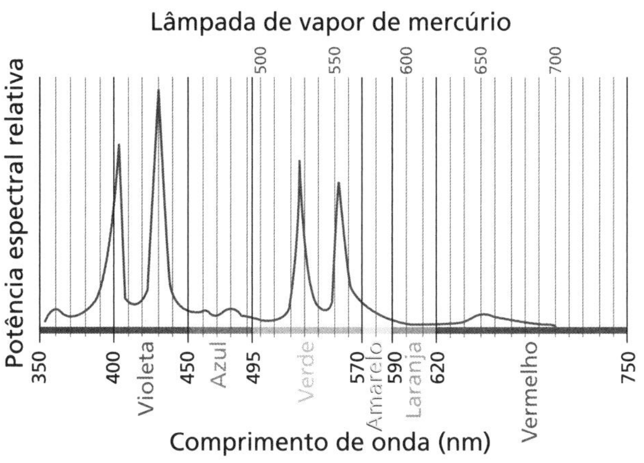

Fig. I.4 Espectro de lâmpada de mercúrio de alta pressão

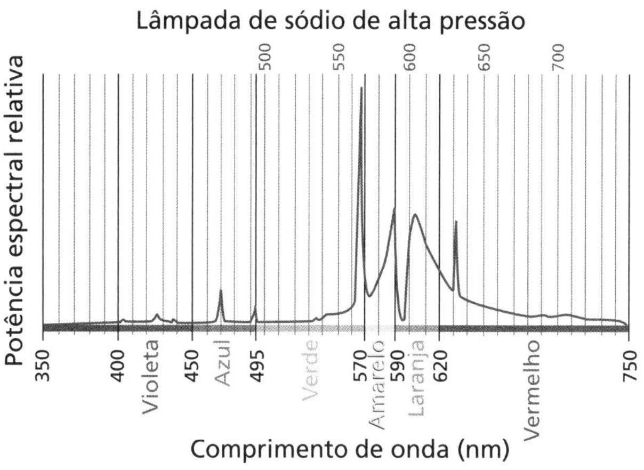

Fig. I.5 Espectro de lâmpada de sódio de alta pressão

de vapor de Hg (ver Fig. I.4), a linha mais utilizada é a verde em $\lambda = 546{,}1\,\text{nm}$, que pode ser separada das outras por meio de filtros de banda larga. No caso das lâmpadas de Na (Fig. I.5), as linhas mais conhecidas são o dublete em 589,0 e 589,6 nm. As lâmpadas de vapor em alta pressão têm a vantagem de emitir mais luz (pois é maior a quantidade de átomos confinados para emitir); em contrapartida, o comprimento de coerência é menor que nas de baixa pressão, por causa da maior frequência de colisões entre os átomos, o que diminui o tempo médio da cada pulso e, assim, alarga o espectro, como fica evidente no caso do Na na Fig. I.5, em que o dublete não se distingue na linha larga em $\lambda \approx 590\,\text{nm}$.

As linhas espectrais das lâmpadas de baixa pressão apresentam uma largura (além da intrínseca, decorrente da largura dos níveis atômicos entre os quais ocorrem as transições eletrônicas que geram a emissão da luz) decorrente do efeito Doppler e que depende da massa do átomo e da temperatura em que ele opera, e que vale (Yariv, 1985):

$$\Delta\nu_D = 2\nu_0\sqrt{\frac{2k_BT}{Mc^2}ln2} \qquad \text{(I.2)}$$

e que, para o caso do Na (A = 23) a T = 300 K, para $\lambda = 589\,\text{nm}$ vale $\Delta\nu_D = 1{,}50 \times 10^9$ Hz, o que equivale a $\Delta\lambda \approx 0{,}002\,\text{nm}$ e representa um comprimento de coerência de, pelo menos, 20 cm.

I.4 *Laser*

Trata-se de fontes de luz muito especiais, que se baseiam no efeito chamado de amplificação da luz por emissão estimulada da radiação (*Light Amplification by Stimulated Emission of Radiation*) e que, por meio de uma inversão da população excitada de átomos confinados numa cavidade ressonante, estimula a emissão sincrônica, de forma a se obter muitos pulsos em fase, formando um pulso coerente que pode chegar a vários quilômetros de comprimento, dependendo da tecnologia envolvida no instrumento. A inversão da população consegue-se por meio de descargas elétricas ou por iluminação intensa, e essa inversão permite estimular a emissão sincronizada. A cavidade ressonante (formada por dois espelhos)

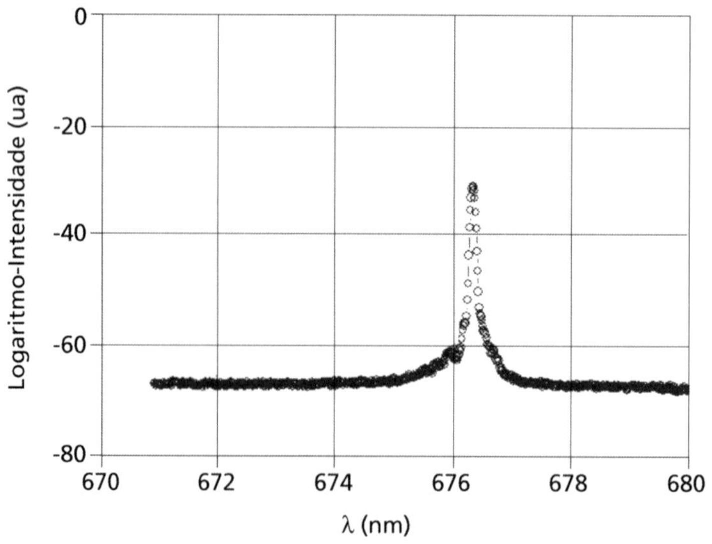

Fig. I.6 Espectro de laser de diodo em 676 nm, alimentado com 70 mA

permite selecionar uma única frequência (similarmente à ressonância num interferômetro Fabry-Perot) dentre as múltiplas que podem ser produzidas pelos átomos excitados.

A Fig. I.6 mostra o espectro de um *laser* de estado sólido (diodo) centrado em 676 nm, com largura espectral menor que 1 nm. Os *lasers* de cristais ou de gases podem ter larguras muito menores.

Referências Bibliográficas

ABÉLÈS, F. La détermination de l'indice et de l' épaisseur des couches minces transparentes. *J. Phys. Radium*, **11**, 1950. p. 310.

BORN, M.; WOLF, E. *Principles of Optics*. 5th ed. Oxford, Nova York, Toronto, Sydney, Paris: Pergamon Press, 1975.

COLLIER, R. J.; BURCKHARDT, C. B.; LIN, L. H. *Optical holography*. Nova York, San Francisco, Londres: Academic Press, 1971.

ERF, R. K. *Holographic Nondestructive Testing*. Academic Press, 1974.

FOWLES, G. R. *Introduction to Modern Optics*. 2a. ed. N. York, Chicago, Montreal, Toronto, Londres: Holt, Rinehart and Winston, 1975.

FREJLICH, J. *"Photorefractive Materials: Fundamental Concepts, Holographic Recording, and Materials Characterization"*. Nova York: Wiley-Interscience, 2006.

FREJLICH, J.; CARVALHO, E.; FRESCHI, A. A.; ANDREETA, J. P.; HERNANDES, A. C.; CARVALHO, J. F.; GALLO, N. J. H. Stabilized holographic setup for the real–time continuous measurement of surface vibrational mode patterns. In: *INTERNATIONAL CONFERENCE ON VIBRATION MEASUREMENTS BY LASER TECHNIQUES: ADVANCES AND APPLICATIONS, Proceedings*... Ancona: SPIE, 1996. p. 205-214

FREJLICH, J.; GARCIA, P. M.. Advances in real-time holographic interferometry for the measurement of vibrations and deformations. *Optics & Lasers Engineering*, **32**, 1999. p. 515–527.

FRESCHI, A. A.; CAETANO, N. R.; SANTARINE, G. A.; HESSEL, R. Laser interferometric characterization of a vibrating speaker system. *Am. J. Phys.*, **71**, 2003. p. 1121–1126.

GIBSON, M.; FREJLICH, J. Implementation of the Abélès method for thin–film refractive–index measurement with transparent substrates. *Appl. Opt.*, 1984. p. 1904–1905.

GOODMAN, J. W. *Introduction to Fourier Optics*. McGraw-Hill Book Company, 1968.

GUILLEMIN, V.; STERNBERG, S. *Symplectic techniques in physics*. Cambridge, USA: Cambridge University Press, 1984.

GÜNTER, P.; HUIGNARD, J. P. *Photorefractive Materials and Their Applications I*. Topics in Applied Physics, vol. 61. Berlin, Heidelberg: P. Günter and J.-P. Huignard, Springer-Verlag, 1988.

HEATON, J. M.; MILLS, P. A.; PAIGE, E. G. S.; SOLYMAR, L.; WILSON, T. Diffraction efficiency and angular selectivity of volume phase holograms recorded in photorefractive materials. *Opt. Acta*, **31**, 1984. p. 885–901.

HECHT, E. *Optics: Schaum's outlines*. N. York, Londres, Madrid, Toronto: McGraw–Hill, 1975.

HENRY, M.; MALLICK, S.; ROUÈDE, D. Propagation of light in an optically active electro–optic crystal of Bi_{12} SiO_{20}: measurement of the electro–optic coefficient. *J. Appl. Phys.*, **59**, 1986. p. 2650–2654.

HERRIAU, J. P.; HUIGNARD, J. P.; AUBOURG, P. Some polarization properties of volume holograms in $Bi_{12}SiO_{20}$ crystals and applications. *Appl. Opt.*, **17**, 1978. p. 1851–1852.

HUGONIN, J. P.; PETIT, R. Étude générale des déplacement à la réflexion totale. *J. d'Oprique (Paris)*, **8**, 1977. p. 73–88.

HUIGNARD, J. P.; HERRIAU, J. P.; VALENTIN, T. Time average holographic interferometry with photoconductive electrooptic $Bi_{12}SiO_{20}$ crystals. *Appl. Opt.*, **16**, 1977. p. 2796–2798.

JENKINS, F. A.; WHITE, H. E. *Fundamentals of Optics*. 4. ed. Auckland, Londres, Paris, São Paulo, Tóquio: McGraw–Hill International Editions, 1981.

KACSER, C. *Introduction to the special theory of Relativity*. Englewood cliffs, New Jersey: Prentice-Hall, 1967.

KAMSHILIN, A. A.; PETROV, M. P. Continuous reconstruction of holographic interferograms through anisotropic diffraction in photorefractive crystals. *Opt. Commun.*, **53**, 1985. p. 23–26.

KWAK, C. H.; PARK, S. Y.; LEE, H. K.; LEE, E-H. Exact solution of two-wave coupling for photorefractive and photochromic gratings in photorefractive materials. *Opt. Commun.*, **79**, 1990. p. 349–352.

NUSSBAUM, A. *Geometric Optics: An introduction*. McGraw–Hill International Editions, 1968.

OWECHKO, Y.; MAROM, E.; SOFFER, B. H.; DUNNING, G. Associative Memory in a Phase Conjugate Resonator Cavity Utilizing a Hologram. *International Optical Computing Conference*, 1986, Jerusalem; *Proceedings*... Jerusalem: SPIE, 1986. p. 296–300

PAPOULIS, A. *Probability, random variables and stochastic processes*. Tóquio, Londres, México, São Paulo, Sydney: McGraw–Hill Book Co, 1965.

PAPOULIS, A. *Systems and Transforms with Applications in Optics*. McGraw-Hill Book Company, 1968.

PEPPER, D. M.; FEINBERG, J.; KUKHTAREV, N. V. The Photorefractive Effect. *Scientific American*, **October**, 1990. p. 34–40.

SANTOS, P. A. M.; FREJLICH, J. Cristais Fotorrefrativos para Holografia em Tempo Real. *Rev. Fis. Apl. Inst.*, **2**, 1987.

SLATER, J. C.; FRANK, N. H. *Electromagnetism*. Nova York, Londres: McGraw-Hill Book Company, 1947.

SMARTT, R. N.; STEEL, W. H. Birrefringence in Quartz and Calcite. *J. Opt. Soc. Am.*, **49**, 1959. p. 710–712.

TOLSTOV, G. P. *Fourier series*. Nova York: Dover Publications, 1962.

URBACH,. J. C.; MEIER, R. W. *Appl. Optics*, **8**, 1969. p. 2269.

YARIV, A. *Optical Electronics*. 3. ed. Holt, Rinehart and Winston, 1985.

YEH, P. Two-Wave Mixing in Nonlinear Media. *IEEE J. Quant. Elect.*, **25**, 1989, p. 484–519.

Índice remissivo